Martin Bielenin

Prozessstrategien zur Vermeidung von Heißrissen beim Schweißen von Aluminium mit pulsmodulierbaren Laserstrahlquellen

Fertigungstechnik –
aus den Grundlagen für die Anwendung

Schriften aus der Ilmenauer Fertigungstechnik

Herausgegeben von
Univ.-Prof. Dr.-Ing. habil. Jean Pierre Bergmann
(Technische Universität Ilmenau).

Band 10

Prozessstrategien zur Vermeidung von Heißrissen beim Schweißen von Aluminium mit pulsmodulierbaren Laserstrahlquellen

Martin Bielenin

Universitätsverlag Ilmenau

2021

Impressum

Bibliografische Information der Deutschen Nationalbibliothek
Die Deutsche Nationalbibliothek verzeichnet diese Publikation in der Deutschen Nationalbibliografie; detaillierte bibliografische Angaben sind im Internet über http://dnb.d-nb.de abrufbar.

Diese Arbeit hat der Fakultät für Maschinenbau der Technischen Universität Ilmenau als Dissertation vorgelegen.

Tag der Einreichung:	27. September 2019
1. Gutachter:	Univ.-Prof. Dr.-Ing. habil. Jean Pierre Bergmann (Technische Universität Ilmenau)
2. Gutachter:	Prof. Dr.-Ing. Ludger Overmeyer (Leibniz Universität Hannover)
3. Gutachter:	Univ.-Prof. Dr.-Ing. Michael Rethmeier (Technische Universität Berlin)
Tag der Verteidigung:	23. Juni 2020

Technische Universität Ilmenau/Universitätsbibliothek
Universitätsverlag Ilmenau
Postfach 10 05 65
98684 Ilmenau
https://www.tu-ilmenau.de/universitaetsverlag

readbox unipress
in der readbox publishing GmbH
Rheinische Str. 171
44147 Dortmund
https://www.readbox.net/unipress/

ISSN 2199-8159
ISBN 978-3-86360-235-2 (Druckausgabe)
DOI 10.22032/dbt.47297
URN urn:nbn:de:gbv:ilm1-2020000609

Danksagung

Die vorliegende Arbeit entstand während meiner Tätigkeit als wissenschaftlicher Mitarbeiter am Fachgebiet Fertigungstechnik der Technischen Universität Ilmenau. Mein besonderer Dank gilt daher dem Fachgebietsleiter Herrn Professor Dr.-Ing. habil. Jean Pierre Bergmann für die Betreuung der Arbeit, die fortwährende Unterstützung, die anregenden Diskussionen, den großen Freiraum in der Themenfindung und –bearbeitung aber vor allem für meine fachliche und persönliche Weiterentwicklung und dementsprechend die bestmögliche Vorbereitung für meinen weiteren beruflichen Werdegang. Die ca. sechs Jahre an seinem Lehrstuhl waren für mich eine glückliche Zeit – nicht zuletzt aufgrund der ausgesprochen angenehmen und kollegialen Atmosphäre.

Weiter möchte ich mich besonders bei Herrn Prof. Dr.-Ing. Ludger Overmeyer sowie Herrn Prof. Dr.-Ing. Michael Rethmeier für die Übernahme der Gutachten bedanken.

Innerhalb des Fachgebietes Fertigungstechnik gilt mein Dank allen Kollegen und studentischen Mitarbeitern für die langjährige freundschaftliche Zusammenarbeit. Insbesondere möchte ich Herrn Dr.-Ing. Karsten Günther, Herrn Dr.-Ing. Klaus Schricker, Herrn Dr.-Ing. Jörg Hildebrand, Herrn Thomas Feustel und Herrn Alexander Herb hervorheben. Speziell die experimentellen Arbeiten wären ohne die tatkräftige Unterstützung von Herrn Dipl.-Ing. Michael Bastick nicht möglich gewesen.

Mein Dank gilt weiter dem Bundesministerium für Wirtschaft und Energie (BMWi) für die finanzielle Förderung des AiF-Projekts „Prozessstrategie zur Stabilisierung des gepulsten Laserstrahlschweißens und zur Verbesserung der Nahtgüte beim Schweißen von Aluminiumwerkstoffen mittels Kombination eines Diodenlasers mit einem gepulsten Festkörperlaser“ (IGF-Nr. 17487 BG) in dessen Rahmen der Grundstein dieser Arbeit gelegt wurde.

Abschließend sei meinen Eltern, Malgorzata und Roman Bielenin, meiner Familie und meinen Freunden gedankt, die mich bei der Anfertigung der Arbeit stets unterstützt und mir diesen Weg ermöglicht haben.

Zusammenfassung

Das gepulste Laserstrahlschweißen ermöglicht die Vermeidung der Heißrissbildung beim Schweißen von 6xxx Aluminilegierungen ohne den Einsatz eines Schweißzusatzwerkstoffes. Im Rahmen der Arbeit wurden die Mechanismen und physikalischen Ursachen der Heißrissbildung beim gepulsten Laserstrahlschweißen untersucht und zusammenhängend beschrieben. Dafür wurde ein transientes thermomechanisches Simulationsmodell zur Abbildung des gepulsten Laserstrahlschweißprozesses mit zeitlich veränderlichem Pulsleistungsverlauf aufgebaut und experimentell validiert. Die zeit- und ortsaufgelöste Berechnung des gesamten Spannungs-, Dehnungs- und Temperaturfeldes ermöglichte die Quantifizierung der wesentlichen Erstarrungsparameter an der Phasenfront zu jedem Zeitpunkt während Schmelzbadkristallisation.

Die experimentellen Untersuchungen erfolgten repräsentativ an der industriell etablierten, aber heißrissanfälligen Legierung EN AW 6082-T6. Die grundlegenden experimentellen Untersuchungen wurden zunächst an modellhaften Einzelpunktschweißungen ausgeführt. Innerhalb der experimentellen Untersuchungen wurden drei Regime identifiziert, die sich in Abhängigkeit der Erstarrungsgeschwindigkeit des Schmelzbades ergeben und in denen unterschiedliche Mechanismen die Entstehung von Heißrissen dominieren. Wohingegen die Rissbildung bei hohen Erstarrungsgeschwindigkeiten auf die Dehnrate, die geringe Permeabilität des interdendritischen Netzwerks und die große Nachspeisedistanz zurückgeführt werden konnte, wurde bei langsamen Erstarrungsgeschwindigkeiten die Seigerung niedrigschmelzender Phasen an der Erstarrungsfront als Rissursache identifiziert. Punktüberlappende Nahtschweißungen sind durch das Umschmelzen rissbehafteter Bereiche des vorherigen Schweißpunktes weniger sensibel für die Bildung von Heißrissen als Punktschweißen.

Auf Basis der gewonnenen Erkenntnisse wurden aus den prozesstechnischen und physikalischen Ursachen für die Prozessgrenzen Strategien zur Erweiterung abgeleitet, entwickelt und umgesetzt. Hierfür wurde das gepulste Laserstrahlschweißen mit räumlich überlagerter cw-Diodenlaserstrahlung im niedrigen Leistungsbereich untersucht. Mit dem entwickelten Prozessansatz können heißrissfreie Schweißnähte auch mit konventionellen Rechteckpulsen erzeugt werden. Darüber hinaus wird einerseits die Einschweißtiefe signifikant gesteigert. Anderseits wird durch die geringe Leistungszugabe des Diodenlasers die Schweißgeschwindigkeit um den Faktor 4 gegenüber dem derzeitigen Stand der Technik erhöht.

Abstract

Pulsed laser welding enables crack-free welding of heat treatable aluminum alloys (6xxx) without using an additional filler wire. In this work, hot cracking mechanisms and physical phenomena during pulsed laser beam welding were investigated and described. In order to quantify the phenomena during the melt pool solidification, a transient thermomechanical simulation model with a non-uniform heat flux was developed and experimentally validated.

The aluminum alloy EN AW 6082-T6 was used for the welding experiments. Three different welding regimes where solidification cracking appears were identified, which can be influenced by the laser parameters. From the investigations carried out, the formation of hot cracks is directly related to the solidification rate. At high solidification rates, hot cracking is attributed to the high strain rate, the dendritic network's low permeability, and the long feeding distance of liquid. At low solidification rates, low melting eutectic formation in the interdendritic network causes hot cracking. Due to the remelting of cracked areas of the previous weld spots, seam welding, where individual spot welds were set overlapped, is less sensitive for hot cracking.

Based on the experimental and numerical results, a new welding process was developed in which the pulsed laser was spatially superimposed with a cw-diode laser. Both laser beams arrangement allows the crack-free welding of heat treatable aluminum alloys using a conventional rectangular pulse. Weld penetration depth and process speed are increasing when using the dual laser beam welding process.

Inhaltsverzeichnis

1 Einleitung

Das wachsende Interesse sowie der zunehmende Einsatz von Aluminiumlegierungen in verschiedenen Bereichen der Wirtschaft und Industrie liegt in den Eigenschaften dieses Metalls begründet. Aufgrund der geringen Dichte bei gleichzeitig hoher spezifischer Festigkeit gilt Aluminium als einer der wichtigsten Werkstoffe für die Umsetzung von Leichtbauanforderungen im Automobil- und Flugzeugbau. Zusätzlich kommen Aluminiumlegierungen in der Elektro- und Medizintechnik zum Einsatz, wo neben geringem Gewicht und hoher Festigkeit auch die spezifische Funktionalität, wie etwa die elektrische Leitfähigkeit und die elektromagnetische Verträglichkeit (EMV), gefragt ist.

Ein wesentliches Kernelement für die Realisierung funktionsintegrierter Leichtbaukonstruktionen aus Aluminium ist eine werkstoffgerechte und prozesssichere Fügetechnik. Nur so können die Werkstoffeigenschaften auf die gesamte Struktur bzw. Baugruppe übertragen und wirksam umgesetzt werden. Im Rahmen des zunehmenden Einsatzes von Aluminiumlegierungen unter Serienbedingungen hat sich das Laserstrahlschweißen als ein besonders geeignetes Verfahren erwiesen. Die Vorteile gegenüber dem konventionellen Lichtbogenschweißverfahren liegen in der hohen Leistungsdichte. Sie erlaubt es, einerseits hohe Prozessgeschwindigkeiten zu erreichen und anderseits den Gesamtenergieeintrag in das Bauteil zu minimieren. Dadurch lassen sich der Bauteilverzug sowie die Ausdehnung der Wärmeeinflusszone (WEZ) eingrenzen.

Zum Schweißen von Blechdicken ≤ 1 mm haben sich in der industriellen Anwendung bislang gepulste Laserstrahlquellen etabliert. Die gepulste Prozessführung ermöglicht eine weitere Anpassung des Temperaturfeldes, indem es beim Schweißen mit angepassten Pulsfrequenzen (< 50 Hz) zu einer vollständigen Erstarrung der Schweißpunkte zwischen den Laserpulsen kommt. Dadurch kann das zu schweißende Bauteil zwischen den einzelnen Laserpulsen abkühlen. Unter diesen Bedingungen hat sich das gepulste Laserstrahlschweißen für ein breites Spektrum vom hermetischen Dichtschweißen elektronischer Komponenten in einem Aluminiumgehäuse bis hin zu elektrischen Kontaktierungen in der Elektrotechnik etabliert.

Unabhängig von der Prozessführung (gepulste oder kontinuierliche Laserstrahlung) ist das Schmelzschweißen von Aluminiumlegierungen aufgrund der physikalischen und chemischen Eigenschaften mit Herausforderungen verbunden. Insbesondere die in den genannten Industriezweigen häufig eingesetzten ausscheidungsgehärteten AlMgSi-Legierungen der 6xxx-Serie neigen zu einer ausgeprägten Bildung von Heißrissen beim Schweißen. Diese Risse können einerseits die mechanischen Eigenschaften der Schweißnaht erheblich reduzieren und anderseits zu einer Unbrauchbarkeit geschweißter Komponenten insbesondere dort führen, wo die Dichtheit eine essentielle Forderung darstellt. Heißrisse verursachen hohe wirtschaftliche Schäden, weshalb ihre Vermeidung in der Industrie von großer Bedeutung ist. Beim gepulsten Laserstrahlschweißen hat sich im industriellen Umfeld die zeitliche Formung der Laserpulse als ein adäquates Werkzeug zur Unterdrückung von Heißrissen erwiesen. Dabei wird die Leistung im Laserpuls meistens linear über einen definierten Zeitraum abgesenkt, um die Abkühlgeschwindigkeit der Schmelze zu verringern.

Zum gegenwärtigen Stand der Technik sind die bisherigeren Untersuchungen lediglich prozesstechnischer Art und basieren hauptsächlich auf experimentellen Untersuchungen, indem die Prozessparameter und die Pulsform den metallographisch erfassten Risslängen bzw. der Rissanzahl gegenübergestellt werden. Neben den bisher eher phänomenologisch vorliegenden Erkenntnissen zum Einfluss der Laserparameter, der Pulsform und der Legierung fehlt ein tiefergehendes Verständnis von den Zusammenhängen zwischen der zeitlichen Formung der Laserpulsleistung, den im Schmelzbad auftretenden physikalischen und metallurgischen Vorgängen und der daraus resultierenden Heißrissbildung. Diese Betrachtungen stehen im Mittelpunkt der vorliegenden Arbeit.

2 Stand der Technik

2.1 Aluminium

2.1.1 Gewinnung, Eigenschaften und Anwendung

Aluminium (Al) ist nach Sauerstoff (O) und Silizium (Si) das dritthäufigste Element der Erdkruste und mit ca. 8 % an ihrem Aufbau beteiligt [Bar08, Sch02]. Wegen der starken Neigung, mit Nichtmetallen – vor allem mit Sauerstoff – zu reagieren, kommt Aluminium in der Natur nicht in metallischer Form, sondern nur in Verbindungen vor [Roo02]. Der Rohstoff für die Aluminiumerzeugung ist Bauxit – ein Verwitterungsprodukt aus Kalk- und Silikatgestein, dessen Gehalt an Aluminiumoxid (Al_2O_3) häufig über 50 % beträgt [Ost07]. Infolge der starken Neigung des Aluminiums, sich mit Sauerstoff zu verbinden, ist die übliche thermische Reduktion mit Kohlenstoff oder durch wässrige Elektrolyse nicht möglich. Die Gewinnung von Aluminium aus Bauxit im industriellen Maßstab beruht auf dem Prozess der Schmelzflusselektrolyse [Ost07].

Die bei Aluminiumlegierungen am häufigsten verwendeten Legierungselemente sind Cu, Mn, Si, Mg und Zn [Mat02]. Durch das Zulegieren dieser Elemente lassen sich vor allem die Festigkeitswerte in erheblichem Maße erhöhen [Dor98]. Eine weitere Unterscheidung von Aluminiumlegierungen ergibt sich aus der Art der Verarbeitung in Knet- oder Gusswerkstoffe [Dav93]. Aluminiumgusslegierungen besitzen aufgrund der hohen Mengen an Silizium (3 % bis 20 %) ein gutes Formfüllungs- und Fließvermögen sowie eine hohe Heißrissbeständigkeit [Roo02]. Das Element Silizium reduziert die Erstarrungsschrumpfung von reinem Aluminium von 7,1 % auf ca. 4 %, da Si während der Erstarrung eine Volumenzunahme erfährt und der Schrumpfung des Aluminiums entgegenwirkt [Mag01, Ost07]. Verarbeitet werden Aluminiumknetlegierungen mithilfe verschiedener Umformverfahren wie bspw. Strangpressen und Walzen [Ost07]. Bereits geringe Zusätze der jeweiligen Legierungselemente reichen aus, um eine deutliche Veränderung der Eigenschaften zu bewirken. Die Festigkeitssteigerung durch Kornfeinung und Mischkristallhärtung spielt bei Al-Legierungen nur eine untergeordnete Rolle [Dor98]. Die entscheidenden festigkeitssteigernden Mechanismen sind Kaltverformung (nur bei Raumtemperaturanwendungen) und Ausscheidungshärtung [Wei07]. Daher wird generell zwischen aushärtbaren und nicht aushärtbaren Legierungen unterschieden. Durch den Mechanismus der Ausscheidungshärtung gelingt es, einen weiten Festigkeitsbereich von 50 $N \cdot mm^{-2}$ bis 700 $N \cdot mm^{-2}$ abzudecken [Dor98]. Die Aushärtung findet sowohl bei Raumtemperatur (Kaltaushärtung) als auch bei erhöhten Temperaturen von 120 bis 200 °C (Warmaushärtung) statt [Stö05, Row02].

In Abhängigkeit von der Legierungszusammensetzung, dem Grad der Kaltverfestigung und dem Wärmebehandlungszustand besitzen Aluminiumlegierungen eine Reihe von Vorteilen gegenüber Stählen:

- Geringe Dichte (2,7 g · cm^{-3} im Vergleich zu Stahl 7,8 g · cm^{-3}) [Hes08]
- Vorteilhaftes Verhältnis von Festigkeit zur Dichte (hohe spezifische Festigkeit)
- Hohe Korrosionsbeständigkeit
- Hohe Duktilität und Zähigkeit
- Hohe thermische Leitfähigkeit λ (230 W $m^{-1} \cdot K^{-1}$) für Al 99,5 im Vergleich zu niedriglegiertem Stahl 50 W $m^{-1} \cdot K^{-1}$) [Mer03]

Aufgrund der zuvor genannten Eigenschaften haben sich Aluminiumlegierungen im Verlauf des letzten Jahrhunderts zunehmend als einer der wichtigsten Konstruktions- und Leichtbauwerkstoffe etabliert. So stieg die weltweite Produktion von Aluminium von ca. 0,3 Mio. t im Jahr 1931 auf ca. 58,9 Mio. t im Jahr 2016 [Alu18]. Zusätzlich ist ein zunehmender Anstieg der weltweiten Produktion von Sekundäraluminium zu verzeichnen, bei der bis zu 95 % weniger Energie als zur Ersterzeugung benötigt wird [VWM17].

Aluminium-Knetlegierungen werden gemäß DIN EN 573-3 und der American Aluminium Association in Relation zu ihren Hauptlegierungselementen in 8 Legierungsgruppen eingeteilt (Tabelle 2-1).

Tabelle 2-1: Serien von Aluminiumknetlegierungen [Kau00, Alu06, Wei07]

Serie	Hauptlegierungs-element(e)	Härtungsmechanismus	Wichtige Eigenschaft	Typische Anwendung
1xxx	–	Kaltverfestigung	Umformbarkeit	Verpackung (Folie)
2xxx	Cu	Ausscheidungs-härtung	Festigkeit	Luftfahrt
3xxx	Mn	Kaltverfestigung	Korrosionsbeständig-keit	Dosen
4xxx	Si	Kaltverfestigung	Umformbarkeit	Kolben
5xxx	Mg	Kaltverfestigung	Korrosionsbeständig-keit	Schiffsbau
6xxx	Mg + Si	Ausscheidungs-härtung	Umformbarkeit	Automobilka-rosse
7xxx	Zn	Ausscheidungs-härtung	Festigkeit	Fahrradrah-men
8xxx	–	Ausscheidungs-härtung	Festigkeit	Raumfahrt

Infolge des günstigen Verhältnisses von Dichte zu Festigkeit, der Korrosionsbeständigkeit, der guten Recyclingeigenschaft sowie wegen ihrer guten Verformbarkeit haben sich Aluminium und Al-Legierungen in der Automobilindustrie [Gou12, Neu13, Kre07], in der Luft- und Raumfahrtindustrie [Enz12, Gru08], in der Verpackungsindustrie bspw. für Getränkedosen [Gda17], in der Strombranche (Überlandstromleitungen) [Led13], im Baugewerbe [Kai07] oder als Kupferersatz bei elektrischen Leitungen etabliert [Dil11].

2.1.2 Schweißeignung von Aluminiumlegierungen

Bei der Fertigung von Konstruktionen in unterschiedlichen Bereichen kommt dem Verbinden von Bauteilen durch Schweißen eine besondere Bedeutung zu. Ein Anwendungsbeispiel ist das Schweißen von Karosseriebauteilen aus Aluminium im Automobilbereich [Gou12]. Diese Strukturen bestehen hauptsächlich aus Legierungen der 6xxx-Serie und werden mittels Metall-Inertgasschweißen verbunden [Sta09, And09]. Im Schiffsbau (5xxx) [Dud11] und bei Fahrradrahmen (7xxx) [Yas16] erfolgt das Verbinden mittels Wolfram-Inertgasschweißen. Im Flugzeugbau sind Aluminiumlegierungen der wichtigste Konstruktionswerkstoff, sodass auch hier seit ca. 15 Jahren das Laserstrahlschweißen Einzug gefunden und das bislang vorherrschende Nieten zunehmend ersetzt hat [Enz12].

Im Gegensatz zu un- und niedriglegierten Stählen weisen Aluminiumlegierungen keine polymorphen Erscheinungen auf, sodass allein die Erstarrungsbedingungen die resultierenden Werkstoffeigenschaften bestimmen [Dor98]. Das bedeutet, dass nach dem Schmelzschweißen die Schweißnaht und der wärmebeeinflusste Bereich die schwächste Zone bilden (Auflösung von kaltverfestigten Bereichen bei naturharten Aluminiumlegierungen und ausscheidungshärtenden Bereichen durch Kornwachstum) [Dor98, Cro03]. Der Festigkeitsverlust durch das Schweißen kann im Vergleich zur Grundwerkstofffestigkeit bis zu 50 % betragen [Cro03, Ber14]. Bei ausscheidungshärtenden Legierungen lässt sich der Ausgangszustand durch eine legierungsspezifische Wärmebehandlung wiederherstellen [Cie88].

Als Folge der hohen Affinität zu Sauerstoff (O) entsteht an der Atmosphäre auf der Aluminiumoberfläche eine dünne Oxidschicht und Hydroxidschicht [Mat02]. Das entstehende Oxid Al_2O_3 bildet eine dichte, festhaftende, elektrisch nicht leitfähige Schicht. Der Schmelzpunkt des Oxids liegt bei 2050 °C [Kah12] und weicht somit erheblich vom Schmelzpunkt der Aluminiumlegierung ab, die je nach Legierungszusammensetzung in einem Temperaturbereich zwischen 550 und 650 °C schmilzt [Dor98]. Durch die hohe Wärmeleitfähigkeit (λ) im Bereich von 120 bis 240 $W\ m^{-1} \cdot K^{-1}$ wird trotz des geringen Schmelzpunkts eine hohe und konzentrierte Wärmezufuhr erfordert

[Klo77, Ger88]. Der hohen Reflektivität von bis zu 95 % gerade bei den Wellenlängen 1030–1070 nm und 10600 nm muss beim Laserstrahlschweißen mit hohen Intensitäten entgegengewirkt werden. Dadurch erhöhen sich der Energieaufwand und somit auch die Investitionskosten [Sut10]. Aufgrund der im Vergleich zu Stahl um den Faktor 2 erhöhten Wärmeausdehnung (α) wird es vor allem beim Schweißen im Dünnblechbereich schwierig, die Toleranzen durch die Ausbildung von Verzug einzuhalten [Dil05]. Aufgrund der niedrigen Viskosität [Avi12] und Oberflächenspannung [Avi12, Lid88] besteht beim Aluminiumschmelzschweißen die erhöhte Gefahr eines Durchbrechens der Schmelze [Bac14] – eines Austropfens der Schmelze beim Durchschweißen von Blechen – sowie der Bildung von Schweißspritzern [Sch13, Hug15] und Schmelzbadauswürfen [Mül02, Ber15]. Die Ursache der Porenbildung beim Schmelzschweißen von Aluminiumlegierungen ist hingegen die sprunghafte Verringerung der Löslichkeit von Gasen beim Übergang vom schmelzflüssigen in den festen Zustand [Thi73].

Eine Herausforderung beim Schmelzschweißen von Aluminiumlegierungen ist das Auftreten von Heißrissen. Die Heißrissanfälligkeit einer Aluminiumlegierung definiert deren Schweißeignung. Sie wird vom Legierungssystem, dem Schweißverfahren und der Konstruktion bestimmt [Cro05]. Einige Aluminiumlegierungen weisen eine derart hohe Heißrissanfälligkeit auf, dass ein Schweißen ohne Heißrissbildung nicht möglich ist [Cro90]. Dies betrifft vor allem die ausscheidungshärtenden Legierungen der 2xxx-, 6xxx- und 7xxx-Serie, die aus diesem Grund in ihren Einsatzbereichen oft durch „kalte", also mechanische Fügetechniken, so bspw. in der Luft- und Raumfahrt [Pal06] und im Automobilbau [Neu12], verbunden werden.

Den ausgeprägten Zusammenhang zwischen der Legierungszusammensetzung und der Heißrissanfälligkeit zeigten bereits Ende der 1940er Jahre Gießexperimente [Sin46, Sin47, Jen48, Pum48] und durchgeführte Heißrisstests beim Schweißen [Ara74, Sen71]. Auf der Grundlage dieser Ergebnisse kann die Schweißeignung anhand der Legierungsgruppen bereits im Vorfeld abgeschätzt werden. Viele binäre und ternäre Legierungssysteme bspw. Al-Si [Sin46], Al-Cu [Pum48], Al-Mg [Dow52] und Al-Mg-Si [Jen48] zeigen bei einer bestimmten Legierungszusammensetzung eine maximale Rissanfälligkeit. Bei binären Legierungssystemen kann die Heißrissanfälligkeit der Größe des Erstarrungsintervalls gegenübergestellt und auf diese Weise abgeschätzt werden [Bor60]. Wird über die maximale Löslichkeit des Mischkristalls legiert, erfolgt eine verstärkte eutektische Erstarrung, was die Heißrissneigung reduziert. Der daraus resultierende charakteristische Verlauf wird in der Literatur als „Lambda-Kurve (Λ-Kurve)" bezeichnet [Esk04]. Auch die Bewertung der Heißrissanfälligkeit von 6xxx-

Legierungen (Al-Mg-Si) wurde von [Jen48] mittels Ringgussproben ermittelt; sie zeigen die höchste Heißrissanfälligkeit bei einem Legierungsgehalt von ca. 0,25 Gew.-% Mg und 0,5 Gew.-% Si (s. Abbildung 2.1).

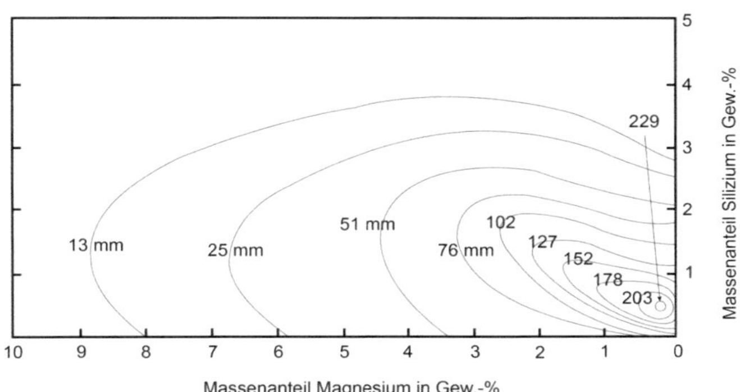

Abbildung 2.1 An Ringgussproben ermittelte Risslänge in Abhängigkeit von der chemischen Zusammensetzung für das 6xxx-Legierungssystem (Al-Mg-Si) [Jen48]

2.2 Heißrissbildung

2.2.1 Definition, Einteilung und Ursachen

Nach Merkblatt DVS 1004-1 [DVS96] sind Heißrisse als Risserscheinungen definiert, die „in Anwesenheit von niedrigschmelzenden sowie spröden Substanzen auf den Korngrenzen bei hohen Temperaturen im Verlauf und nach Beendigung des Schweißprozesses entstehen können". Der interkristalline Verlauf [Str16] sowie die Merkmale einer frei erstarrten Bruchoberfläche, an der niedrigschmelzende Eutektika nachgewiesen werden können, sind typische Merkmale von Heißrissen [Sch04, Hil01, Kou03].

Die übergreifende Literatur klassifiziert Heißrisse nach ihrer örtlichen Lage zur Fügezone in drei Arten. Diese Einteilung geht auf die Arbeit von [Hem69] zurück, der als Erster die Unterteilung in Erstarrungsrisse, Wiederaufschmelzrisse und Risse durch Verformbarkeitsabfall vorgenommen hat.

- Erstarrungsrisse (engl.: solidification cracks), deren Bildung im Schweißgut erfolgt und deren Rissverlauf im Normalfall bis zur Oberfläche reicht

- Wiederaufschmelzrisse (engl.: liquation cracks), die in der WEZ durch das Aufschmelzen niedrigschmelzender Phasen an den Korngrenzen infolge des Wärmeeintrags durch den Schweißprozess entstehen, jedoch bis ins Schweißgut verlaufen; der Rissbildungsmechanismus ist dabei dem Mechanismus der Erstarrungsrissbildung gleich
- Risse infolge von Verformbarkeitsabfall (engl.: ductility dip cracks, DDC), die in Verbindung mit hohen Temperaturen, jedoch unabhängig von flüssigen Phasen an den Korngrenzen meist in einiger Entfernung zum Schmelzbad auftreten

Sowohl beim Gießen als auch beim Schweißen ist die während der Erstarrung eintretende Heißrissbildung ein komplexes Phänomen. Es beruht auf metallurgischen Vorgängen (Ausbildung von Kristallen und eutektischen Bereichen) sowie auf durch Schrumpfung und Wärmekontraktion erzeugten Spannungen (schweißbedingte inhomogene Wärmeverteilung) [Tan14]. Obwohl der exakte Mechanismus bis heute widersprüchlich bzw. ungeklärt ist [Esk07], werden unabhängig vom Legierungssystem gewisse Grundvoraussetzungen in der Literatur wiederkehrend definiert. So führen [Hil01, Zha08, Esk07] übereinstimmend

- niedrigschmelzende Phasen im Korngrenzenbereich und
- mechanische Zugbeanspruchung während der Erstarrung und Abkühlung

als notwendige Bedingungen für die Bildung von Heißrissen an. [Sch04] postuliert zusätzlich ein

- grobkörniges oder grobdendritisches Gefüge als Voraussetzung für die Entstehung langer Rissbahnen.

Die Heißrissentstehung basiert somit auf der Koexistenz von fester und flüssiger Phase. Sie tritt ein, wenn das Deformationsvermögen des Zweiphasenverbundes (Mushy-Zone) nicht ausreicht, die induzierten Spannungen beim Übergang zwischen flüssiger und fester Phase durch Umlagern bzw. Nachspeisen der Restschmelze zu kompensieren. Die erforderlichen Kräfte zur Trennung der Korngrenzen ergeben sich aus der Erstarrungsschrumpfung und der thermischen Kontraktion des Werkstoffes [Esk06]. Aufgrund ihres flüssigen Aggregatzustandes besitzen die niedrigschmelzenden Phasen an den Korngrenzen keine Formelastizität. Somit können sie die auftretenden Schrumpfspannungen nicht übertragen und reißen auf. Der Ort der Rissinitiierung ist daher die benetzte Korngrenze bzw. die Restschmelze zwischen den Zellen oder Dendriten.

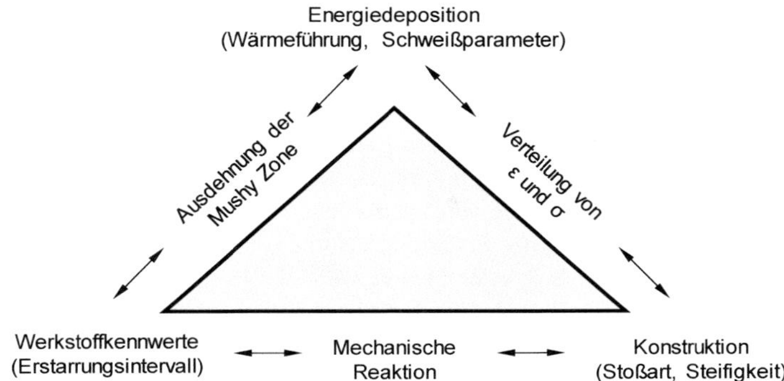

Abbildung 2.2: Komplexe Wechselwirkung der Einflüsse auf die Heißrissbildung [Cro05]

In Bezug auf Schweißprozesse ist das wechselseitige Aufeinander-Einwirken der Haupteinflussfaktor Werkstoff, Konstruktion und Wärmeführung in Abbildung 2.2 dargestellt [Cro05]. Die komplexen Interaktionen zwischen metallurgischen und mechanischen Einflussgrößen entstehen durch die im Schweißprozess auftretenden Temperaturgradienten. Während die Wärmeführung und der Werkstoff die resultierende Mikrostruktur bestimmen, wird die lokale Verteilung thermischer Dehnungen durch die Wechselwirkung zwischen Wärmeführung und Konstruktion beeinflusst. Die Behinderung der freien Ausdehnung durch konstruktive Auslegungen resultiert in mechanischen Spannungen.

2.2.2 Theorien

Im letzten Jahrhundert wurde eine Vielzahl an Modellvorstellungen konzipiert und weiterentwickelt, um den Mechanismus der Heißrissbildung zu erklären. Eine strukturierte und zusammenfassende Übersicht über die derzeit vorherrschenden Theorien findet sich in der Arbeit von [Esk07]. Jede vorgestellte Theorie hebt andere Ursachen hervor und definiert individuelle Kriterien der Heißrissentstehung. Beispielsweise definiert Pellini die kritische Dehnung [Pel52], Rappaz [Rap99] und Prokhorov [Pro62, Pro68] die Dehnrate, für Zacharia [Zac93, Zac94] ist die Spannungsverteilung ausschlaggebend und Borland [Bor60] stellt die Verteilung der Mengenverhältnisse flüssiger Phasen an den Korngrenzen in den Vordergrund. Die genannten Heißrissmodelle wurden meist für Gießprozesse entwickelt und durch Anpassung der Randbedingungen in Bezug auf Abkühlrate und Temperaturgradient auf Schweißprozesse übertragen.

Im Gegensatz zu reinen Metallen erstarren Legierungen in dem Temperaturintervall zwischen Solidus- und Liquidustemperatur, wobei feste und flüssige Phasen in einem sich ständig ändernden Mengenverhältnis gemeinsam vorliegen. Bereits 1950 zeigte eine Vielzahl von Untersuchungen, dass Heißrisse in dieser sogenannten „Mushy-Zone" entstehen und sich entlang der interdendritischen Restschmelze ausbreiten. Weitergehend stimmt eine Reihe von Autoren darin überein, dass Heißrisse hauptsächlich im letzten Stadium der Erstarrung auftreten, d. h. in einem Temperaturbereich knapp oberhalb der Solidustemperatur, wenn der Feststoffanteil über 85–95 % liegt [Esk07]. Auch lässt sich aus dem derzeitigen Stand der Wissenschaft eindeutig ableiten, dass die Heißrissbildung verstärkt auftritt, wenn die Schmelze bei hohen Temperaturgradienten abkühlt und erstarrt [Zha08, Kat01].

Nach [Bor60] besteht zwischen der Größe des Erstarrungsintervalls und der Heißrissanfälligkeit eine direkte Proportionalität, da die Verweildauer der schmelzflüssigen Filme im interdendritischen Netzwerk mit zunehmender Vergrößerung des Erstarrungsintervalls ansteigt. Bei einer Ungleichgewichtserstarrung wird die Solidustemperatur durch das niedrigste Eutektikum definiert. Ebenso führt eine filmartige Verteilung der flüssigen Phase entlang der Kristalle zu einer hohen Heißrissneigung [Bor60], da in diesem Zustand bereits geringe Kräfte bzw. Dehnungen ausreichen, um einen Heißriss zu bilden.

[Esk04] separiert das Erstarrungsgebiet in die Bereiche „Slurry" und „Mush". Während im „Slurry" (dt. Schlamm) Liquidus- und Solidusphasen ungehindert zwischen Kristallen fließen, sind die Dendritenarme im Bereich „Mush" vereinigt und bilden so eingeschlossene Schmelzbereiche. Der Zustand, in dem die Dendritenarme vereinigt sind, wird als Kohärent [Rap99, Esk04], der Zeitpunkt der Vereinigung als Kohärenztemperatur bezeichnet. In diesem Zustand kann das Solidusnetzwerk Spannungen übertragen. Die Zugspannungen entstehen einerseits aufgrund der Erstarrungsschrumpfung durch die Differenz der Dichte zwischen flüssiger und fester Phase und anderseits durch die thermische Kontraktion aufgrund der temperaturabhängigen Dichte im festen Zustand. Aufgrund der wirkenden Zugspannungen ergibt sich entlang des Erstarrungsgebietes ein Druckabfall [Rap99], wodurch die Schmelze entgegen der Erstarrungsrichtung fließen kann. Dies wird in der Literatur als Nachspeisung bezeichnet [Cro05]. Oberhalb der Kohärenztemperatur, im Slurry, können auftretende Zugspannungen das Dendritennetzwerk verformen und die Dendritenarme auseinanderziehen. Die hohe Permeabilität der Schmelze in diesem Bereich ermöglicht die Nachspeisung der geweiteten Bereiche. Tief in der Mushy-Zone ist die Permeabilität des

Solidusnetzwerks klein und die Viskosität der Schmelze groß, weshalb die Nachspeisung der Schmelze als gering zu werten ist. Damit kann eine Öffnung des kohärenten Netzwerks nicht mehr durch Nachspeisen der Restschmelze kompensiert werden. Dies führt zur Heißrissbildung [Cam91].

Die Nachspeisung des interdendritischen Netzwerkes nimmt somit einen wichtigen Stellenwert für die Heißrissbildung ein. Daher leiten einige Autoren [Feu77, Niy77] Theorien auf der Grundlage der Nachspeisung ab. So entstehen Heißrisse, wenn die Nachspeisung durch bereits erstarrte Kristalle unterbunden wird [Niy77]. Entsprechend dem Ansatz von [Feu77] kommt es im Verlauf der Erstarrung zur Heißrissbildung, wenn die Geschwindigkeit der Erstarrungsschrumpfung größer wird als die Geschwindigkeit, mit der die fließende Schmelze entstehende Hohlräume nachspeisen kann. Ab einem gewissen Zeitpunkt sind die Zwischenräume in diesem Netzwerk so klein, dass eine Nachspeisung behindert oder unterbunden wird. Somit hat auch das sich ausbildende Erstarrungsgefüge in Bezug auf Morphologie und Größe einen signifikanten Einfluss auf die Heißrissbildung.

Neben den metallurgischen Vorgängen bei der Erstarrung sowie der Nachspeisung üben auch die durch Erstarrungsschrumpfung und thermische Kontraktion verursachten Spannungen und Dehnungen einen wesentlichen Einfluss auf die Heißrissbildung [Cro05] aus. Eine Vielzahl von Theorien betrachtet die Dehnung (ε) als wesentliches Kriterium für die Heißrissbildung. Nach [Pel52] liegt der Heißrissentstehung die Dehnungslokalisierung im interkristallinen Schmelzfilm zugrunde. Die aus dem Schweißprozess resultierenden Zugdehnungen werden aus dem vollständig erstarrten Bereich und den Dendriten im Erstarrungsgebiet in die interdendritischen Schmelzfilme übertragen und dort akkumuliert. Die Rissinitiierung erfolgt nahe der Solidustemperatur, da die Korngrenzen in diesem Stadium mit dünnen Schmelzfilmen bedeckt sind und bereits geringe Dehnungen zur Rissbildung ausreichen. Aufbauend auf den Arbeiten von [Pel52] erläutern [Dod56] und [Met69], dass die Seigerung niedrigschmelzender Elemente die zeitliche Existenz des Schmelzfilms erhöht. Dadurch wird die gesamte Dehnung über dem Schmelzfilm erhöht. Dies führt zur Erhöhung der Heißrissanfälligkeit. [Pro62] definiert das „Temperaturintervall der Sprödigkeit – TIS“. Innerhalb dieses Temperaturbereichs durchläuft das Schweißgut während der Erstarrung sein Minimum an Verformbarkeit. Übersteigen die entstehenden Dehnungen das Verformbarkeitsvermögen der kristallisierenden Schmelze, kommt es zum Heißriss. Aufbauend auf dieser Grundidee haben verschiedene Autoren die maximal tragfähige Dehnung dieses Temperaturbereichs experimentell bestimmt [Pro68, Bor60, Sen71]. Das TIS-Konzept von [Pro62] betrachtet zwar nur die mechanische Komponente der

Heißrissbildung, eignet sich jedoch besonders, um verschiedene Werkstoffe hinsichtlich ihrer Heißrissanfälligkeit zu vergleichen.

Infolge der kontinuumsmechanischen Verknüpfung müssen bei den zuvor aufgeführten dehnungsbasierten Theorien auch Spannungen eine wesentliche Rolle spielen. Spannungsbasierte Kriterien beruhen auf der Annahme, dass Heißrisse im teigigen Zweiphasengebiet entstehen, wenn die anliegenden Zugspannungen die Werkstofffestigkeit überschreiten. Aus einer transienten thermomechanischen Betrachtung der Schmelzbadumgebung leitet [Zac93] die Rissinitiierung ab und postuliert eine Heißrissentstehung für den Fall, dass sich das lokale Zugspannungsfeld in die Mushy-Zone verschiebt.

[Esk07] und [Cro05] nehmen an, dass die Dehnrate bzw. Dehngeschwindigkeit für die Entstehung eines Heißrisses entscheidend ist, da das teilerstarrte Schmelzbad den auferlegten thermischen Dehnungen durch plastische Verformung, Diffusionskriechen, strukturelle Neuordnung und das Nachfließen von Restschmelze in Hohlräume und Poren entgegenwirken kann. Da die genannten Vorgänge zeitabhängig sind, kommt es zur Rissentstehung, wenn das betreffende Zeitintervall zu kurz ist. Somit besteht laut [Esk07] eine maximale Dehnrate, die das teilerstarrte Schmelzbad während der Erstarrung ertragen kann. Die Bedeutung der Dehnrate für die Heißrissbildung rückte [Pro56] im Zuge seiner Arbeit als Erster in den Vordergrund. Für die Ermittlung der kritischen Dehnrate gehen [Feu77] und [Rap99] von einer Bilanzierung zwischen flüssiger und fester Phase während der Kristallisation aus. [Rap99] stellt eine interdendritische Druckbilanz auf. Unter Berücksichtigung einer Massenbilanz über die Dendritenlänge wird sowohl die Verformung des bereits erstarrten Werkstoffes als auch die Möglichkeit einer interdendritischen Nachspeisung ermittelt. Für eine ideal angenommene Kornstruktur wird über die Verformungsgeschwindigkeit des bereits erstarrten Materials der maximale Druckabfall berechnet, der zur Rissinitiierung führt. Dabei resultiert die Verformung aus der Volumenänderung durch den Phasenwechsel flüssig/fest, wodurch im interdendritischen Raum ein Druckabfall entsteht, der das Nachspeisen durch Restschmelze bis zu den Dendritenwurzeln bewirkt. Somit kann der entstehende Hohlraum als Ort der Heißrissinitiierung angesehen werden.

Der in den vorangegangenen Abschnitten vorgestellte theoretische und experimentelle Wissensstand der aktuell einschlägigen Fachliteratur macht deutlich, dass die Heißrissentstehung durch eine Vielzahl unterschiedlicher Modellvorstellungen und Kriterien beschrieben werden kann. Im Hinblick auf die hohe Heißrissanfälligkeit beim Schweißen von ausscheidungshärtenden Aluminiumlegierungen lassen sich vorläufig folgende Ursachen ableiten:

- Durch das große Erstarrungsintervall (Temperaturdifferenz zwischen Liquidus- und Solidustemperatur) ergeben sich für die Restschmelze lange Nachspeisewege im interdendritischen Netzwerk.
- Aus den hohen Temperaturgradienten resultiert ein grobstängeliges Gefüge mit langen Strecken für die eingeschlossene Schmelze.
- Infolge der hohen thermischen Wärmeausdehnung (ca. $23 \cdot 10^{-6}$ K^{-1}) und der Volumenkontraktion (Erstarrungsschrumpfung) am Phasenübergang flüssig/fest entstehen um bis zu 7 % höhere Dehnungen und Zugspannungen.
- Die hohe Wärmeableitung bewirkt höhere Dehnraten für das teilerstarrte Schmelzbad.

2.3 Erstarrung beim Laserstrahlschweißen

2.3.1 Legierungsumverteilung und konstitutionelle Unterkühlung

Die Heißrissbildung beim Schweißen tritt während der Schmelzbaderstarrung ein. Aus diesem Grund haben die Erstarrungsbedingungen und das sich bildende Erstarrungsgefüge in Bezug auf Morphologie und Größe einen signifikanten Einfluss. Obgleich die Erstarrung bei Schweißprozessen unter anderen thermischen Randbedingungen abläuft als bei Gießprozessen, liegen ähnliche Gesetzmäßigkeiten zugrunde. Die Erstarrung wird durch einen Wärmeentzug an der Phasengrenze zwischen fest und flüssig erzielt und setzt sich im unmittelbaren Bereich der Liquidustemperatur aus mehreren Teilreaktionen zusammen.

Bei Aluminiumlegierungen handelt es sich um Stoffsysteme mit mindestens zwei Stoffen. Die Hauptlegierungselemente wirken ausschließlich schmelzpunkterniedrigend, was aus binären [Sch10] und ternären [Eas12] Zustandsdiagrammen direkt abgelesen werden kann und an der Phasengrenze Erscheinungen hervorruft, die den Erstarrungsverlauf im Gegensatz zu reinen Metallen zusätzlich beeinflussen [Sah99]. Während der Erstarrung von Legierungen kommt es an der Phasengrenze zwischen fest und flüssig zu einer Umverteilung der Legierungselemente zwischen der Schmelze und dem erstarrten Mischkristall. Die Ursache dafür ist die im Vergleich zum Kristall bzw. Festkörper weitaus höhere Löslichkeit und Diffusionsgeschwindigkeit der einzelnen Legierungselemente in der Schmelze. Während der Erstarrung können die wachsenden Al-Mischkristalle nur einen begrenzten Gehalt der Legierungselemente lösen. Dadurch wird die Restschmelze vor der Erstarrungsfront zunehmend mit schmelzpunktherabsenkenden Elementen angereichert. Dieser lokal auftretende Konzentrationsunterschied wird als Entmischung bzw. Seigerung bezeichnet. Die Schmelze erstarrt dort nicht beim Erreichen der Liquidustemperatur der Legierung, sondern aufgrund ihrer veränderten chemischen Zusammensetzung bei geringeren

Temperaturen. Dieser Bereich der Konzentrationsverschiebung wird als Zone der konstitutionellen Unterkühlung bezeichnet, die ausschließlich bei Legierungen auftritt und im Folgenden erläutert wird.

Abbildung 2.3 rechts zeigt schematisch das Phasendiagramm A-B einer Legierung mit Mischkristallbildung in der festen Phase, wobei die Liquidustemperatur mit zunehmender Konzentration des Elementes B abfällt, wie es binären Al-Si-, Al-Cu- oder Al-Mg-Phasendiagrammen entspricht. Im Phasendiagramm kennzeichnet L die Schmelze und α_{AL} den Mischkristall. Die Ausgangskonzentration der Schmelze ist c_0.

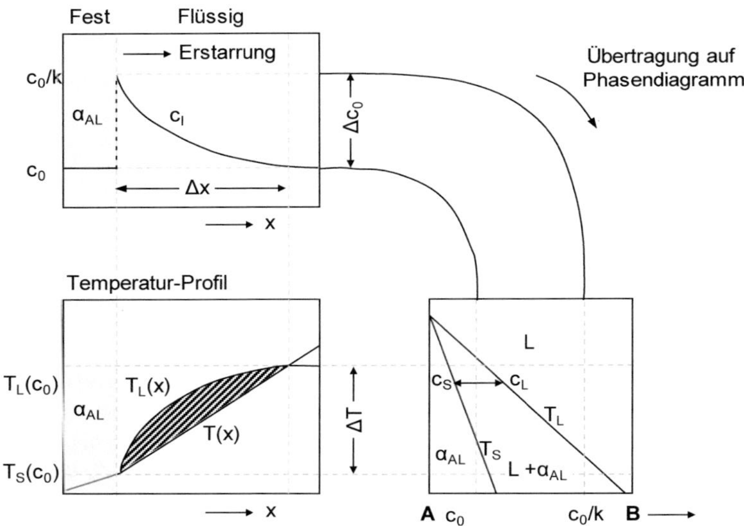

Abbildung 2.3: Konstitutionelle Unterkühlung: Konzentrationsprofil, Verlauf von T_L, Phasendiagramm nach [Kou03]

$T_L(c_0)$ ist die Liquidus- und $T_S(c_0)$ die Solidustemperatur, c_L und c_S sind die Gleichgewichtskonzentrationen für eine bestimmte Temperatur im Erstarrungsintervall $\Delta T = T_L(c_0) - T_S(c_0)$. Ihr Verhältnis c_S/c_L wird als Verteilungskoeffizient k bezeichnet. Direkt beim Unterschreiten von T_L weisen die ersten erstarrten Mischkristalle α_{AL} mit der Konzentration kc_0 einen geringeren Gehalt des Elementes B als die Schmelze

(c_0). Bei der weiteren Erstarrung der Schmelze reichert sich diese mit B-Elementen an, sodass die Liquidustemperatur zunehmend sinkt.

Bei Gleichgewichtserstarrung (theoretisch unendlich langsamer Abkühlgeschwindigkeit) findet zwischen fester und flüssiger Phase ein vollständiger Diffusionsausgleich statt, sodass nach vollständiger Erstarrung ein metallurgisch homogener, seigerungsfreier Mischkristall mit der chemischen Zusammensetzung c_0 vorliegt. Da jedoch Schmelzbäder beim Schweißen nicht unter Gleichgewichtsbedingungen erstarren und die Zeit für einen Diffusionsausgleich nicht oder nur in einem begrenzten Umfang gegeben ist, kommt es in dieser schmalen Zone vor der Erstarrungsfront zu einer Anreicherung bzw. Konzentrationsüberhöhung von B-Atomen. Dabei steigt die Konzentration von B vor der Phasengrenze exponentiell über die Strecke Δx an. Dadurch werden die niedrigschmelzenden Legierungselemente im Verlauf der Erstarrung zunehmend im Zentrum des Schmelzbades in großen Mengen konzentriert. Im letzten Stadium der Schmelzbaderstarrung treten Heißrisse auf, weil die in der Nahtmitte mit B-Atomen angereicherte Restschmelze die entstehenden Schrumpfkräfte des Schweißgutes nicht aufnehmen kann [Cro05]. Somit bestimmen auch die Abkühlbedingungen der Schmelze die Mechanismen an der Phasengrenze.

2.3.2 Einfluss des Temperatur-Zeit-Profils auf die Gefügestruktur

Das sich in Bezug zur Morphologie und Größe ausbildende Erstarrungsgefüge wird nicht nur durch die chemische Legierungszusammensetzung der Schmelze und die Konzentrationsverhältnisse an der Grenzfläche zwischen fest und flüssig bestimmt, sondern auch durch das im Schmelzbad während der Erstarrung auftretende Temperatur-Zeit-Profil. Analog zu Gießprozessen kann die beim Schweißen entstehende Mikrostruktur durch folgende thermische Erstarrungsparameter beschrieben werden [Sah99, Kou03]:

- Abkühlrate β — dT/dt — ($K\,s^{-1}$)
- Temperaturgradient G — dT/dx — ($K\,m^{-1}$)
- Erstarrungsgeschwindigkeit R — dx/dt — ($m\,s^{-1}$)

Dabei stehen Abkühlrate (β), Temperaturgradient (G) und Erstarrungsgeschwindigkeit (R) in folgender Beziehung zueinander:

$$\frac{dT}{dt} = \frac{dT}{dx} \cdot \frac{dx}{dt}$$ Gleichung 2-1

Der Temperaturgradient beschreibt die Änderung der Temperatur in der Schmelze unmittelbar an der Phasengrenze zwischen fest und flüssig. Dabei wird G senkrecht zur Erstarrungsfront, bspw. entlang der Dendritenachse, angelegt. Den signifikanten Einfluss des Temperaturgradienten (G) auf die Ausdehnung des unterkühlten Bereiches bzw. die Länge des Erstarrungsgebietes (ψ) und die daraus resultierende Gefügestruktur [Kou03] zeigt Abbildung 2.4.

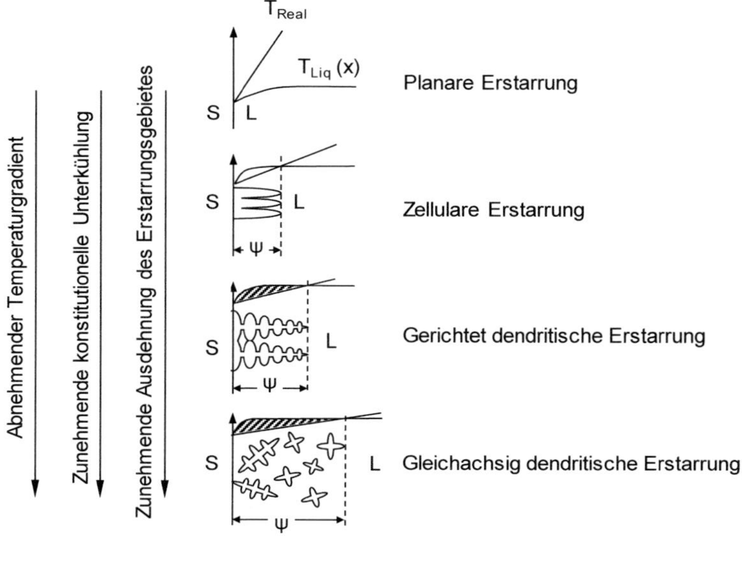

Abbildung 2.4: Einfluss der konstitutionellen Unterkühlung auf die Erstarrungsmorphologie nach [Kou03]

Mit abnehmendem Temperaturgradienten und der sich damit vergrößernden Zone der konstitutionellen Unterkühlung werden die Bedingungen für das Wachstum von Kristallen in das zunehmend tiefer unterkühlte Gebiet verbessert und die Bildung von Dendriten wird begünstigt. Dabei ändert sich die Kornunterstruktur mit abnehmenden Temperaturgradienten von planar oder zellular (bei kleinen Unterkühlungen) bis hin zu gerichtet und globular dendritisch (bei großen Unterkühlungen) [Ru53, Win54, Kou03]. Die Erstarrungsmorphologie auf mikrostruktureller Ebene ist somit eine Funktion der konstitutionellen Unterkühlung, die wiederum durch das Temperatur-Zeit-Profil beeinflusst wird.

Da technische Schmelzbäder in jedem Fall mindestens binäre Legierungssysteme darstellen, ist eine vollständig planare Erstarrung auszuschließen, da gemäß [Sav80] geringe Gehalte von Legierungselementen eine konstitutionelle Unterkühlung an der Erstarrungsfront hervorrufen. Die Verringerung des Temperaturgradienten während der Erstarrung ist somit entscheidend für die Ausbildung planarer bzw. zellularer Gefügestrukturen in Nahtrandbereichen [Zha08, Kou03] und dendritischer Gefügestrukturen im Nahtzentrum.

Darüber hinaus wird die resultierende Gefügestruktur neben dem Temperaturgradienten auch durch die Erstarrungsgeschwindigkeit (R) bestimmt. Der Zusammenhang beider Größen in Abbildung 2.5 zeigt, dass die Erstarrungsmorphologie durch das Verhältnis G/R und die Feinheit der Struktur durch das Produkt G·R bestimmt wird.

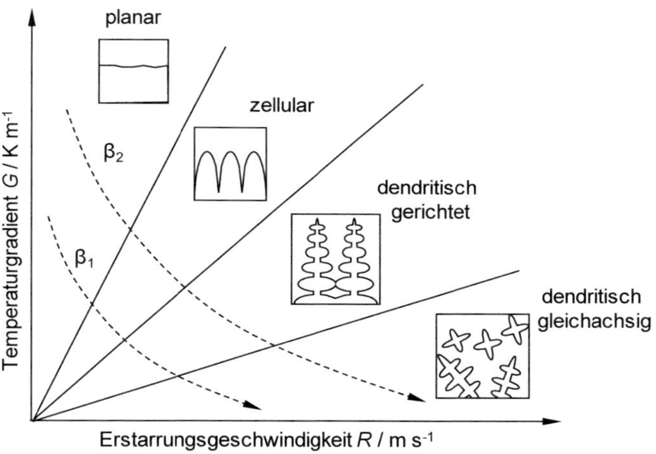

Abbildung 2.5: Einfluss von Temperaturgradient und Erstarrungsgeschwindigkeit auf die Ausbildung und Größe der Kornstruktur nach [Kou03]

Die Feinheit der sich ausbildenden Gefügestruktur in Schweißnähten steht in engem Zusammenhang mit der Abkühlrate des Schmelzbades und kann bspw. durch den primären Zell- bzw. Dendritenarmabstand (λ_1) charakterisiert werden, der nach [Hun79] folgende Proportionalität aufweist:

$$\lambda_1 = K \cdot G^{-0,5} \cdot R^{-0,25} \qquad \text{Gleichung 2-2}$$

Dabei ist K die legierungsabhängige Materialkonstante, die nach [Eas06] für EN AW 6082 den Wert 95,8 µm (K s^{-1}) beträgt. Somit ergibt sich aus einer höheren Abkühlrate bzw. geringeren Erstarrungszeit eine feinere Gefügestruktur. Die resultierende Länge der Zellen bzw. Dendriten lc wird durch den Temperaturgradienten im Schmelzintervall bestimmt und nach [Fle74] und [Zha08] durch folgende Gleichung 2-3 abgeschätzt:

$$l_c = \Delta T \cdot G^{-1} = (T^* - T_W) \cdot G^{-1} \qquad \text{Gleichung 2-3}$$

ΔT ist die Differenz zwischen der Dendritenspitze (T^*) und der Dendritenwurzel (T_W). Demnach führt eine Erstarrung mit geringen Temperaturgradienten im Schmelzintervall zur Ausbildung eines längeren Erstarrungsgebiets mit langen Zellen bzw. Dendriten und dementsprechend höherer Heißrissanfälligkeit durch die längere Strecke, die die Restschmelze interdendritisch nachspeisen muss.

Im Vergleich zu anderen Legierungsgruppen führt das vergleichsweise große Erstarrungsintervall aushärtbarer Aluminiumlegierungen zu einer hohen Heißrissanfälligkeit. Dies gründet in einem höheren Grad der konstitutionellen Unterkühlung an der Erstarrungsfront, sodass das Gefüge dendritisch erstarrt und sich im Vergleich zum zellularen schwerer speisen lässt. Durch die hohe Abkühlgeschwindigkeit hat die Restschmelze darüber hinaus eine nur begrenzte Zeit, die schwindenden Hohlräume im interdendritischen Netzwerk nachzuspeisen.

2.4 Modellhafte Zusammenfassung der Heißrissbildung

Entsprechend den vorherigen Abschnitten zu den theoretischen Grundlagen und der sich bildenden Mikrostruktur können der Mechanismus der Heißrissbildung sowie die Einflussfaktoren modellhaft dargestellt werden (Abbildung 2.6). Die Heißrissbildung erfolgt im Erstarrungsgebiet ψ im Temperaturbereich zwischen vollständig flüssig (T_L) und fest (T_S), wenn aufgrund von Erstarrungsschrumpfung und thermischer Kontraktion Hohlräume im interdendritischen Netzwerk entstehen, die durch das Nachfließen der Restschmelze nicht mehr kompensiert werden können. Dabei wird der entstehende Hohlraum als Ort der Heißrissinitiierung gesehen.

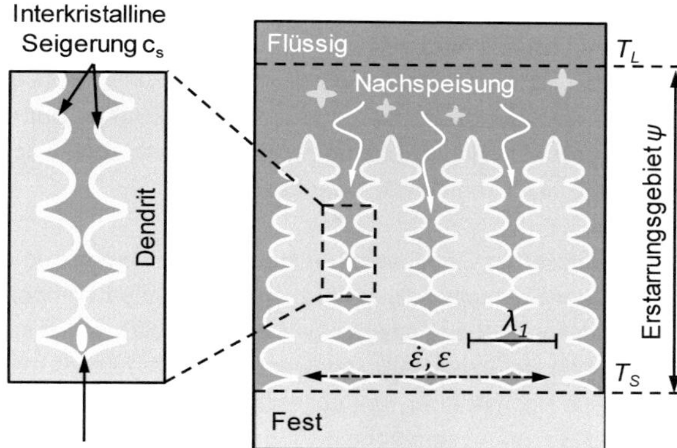

Abbildung 2.6: Modellhafte Darstellung der Heißrissbildung und ihrer Einflussgrößen

In Bezug auf die Nachspeisung des interdendritischen Netzwerkes im Erstarrungsgebiet können folgende Einflussfaktoren identifiziert werden:

- **Länge des Erstarrungsgebietes ψ**. Sie definiert wiederum die Distanz, die die Restschmelze nachfließen muss, um auftretende Hohlräume zu „schließen".
- **Erstarrungszeit des Schmelzbades**. Sie bestimmt auch den Zeitraum, die die Restschmelze hat, um in die entstehenden Hohlräume hineinzufließen.
- **Permeabilität der Schmelze im Erstarrungsgebiet**. Sie beschreibt, wie die Restschmelze im interdendritischen Netzwerk bzw. zwischen den Dendriten fließt. Ab einem gewissen Zustand sind die Zwischenräume im interdendritischen Netzwerk so klein, dass eine Nachspeisung behindert bzw. unterbrochen wird. Dies hängt wiederum vom strukturellen Aufbau des Zweiphasengebietes (Morphologie und Größe der Mikrostruktur) ab und kann metallographisch durch den primären Zell- bzw. Dendritenarmabstand (λ_1) quantifiziert werden.
- **Bildung von Seigerungen** im interdendritischen Netzwerk. Durch sie wird die Restschmelze mit niedrigschmelzenden Eutektika angereichert. Die Folge ist eine Vergrößerung des zeitlichen Beständigkeitsbereiches der flüssigen Phasen und die damit einhergehende Vergrößerung des Erstarrungsgebietes.

- Die auf das Erstarrungsgebiet bzw. den interkristallinen Schmelzfilm wirkende **Dehnung und Dehnrate**, bei deren Überschreitung eine interdendritische Aufweitung, d. h. die Bildung eines Hohlraumes auftreten kann.
- Die auf den Zweiphasenverbund wirkenden **Zugspannungen**, die im Verlauf der Erstarrung und Abkühlung durch Umlagern bzw. Nachspeisen der Restschmelze nicht kompensiert werden können.

Die zuvor identifizierten Einflussgrößen stehen dabei in direkter Wechselwirkung mit dem während der Schmelzbadkristallisation auftretenden Temperatur-Zeit-Profil. Bezogen auf die Wärmeführung bzw. den eingesetzten Schweißprozess resultiert daher eine zunehmende Heißrissanfälligkeit, wenn das Schmelzbad mit höheren Abkühlraten erstarrt. Aus der höheren Abkühlgeschwindigkeit resultieren einerseits höhere Dehnraten und Spannungsgradienten. Anderseits wird eine feinere Mikrostruktur mit geringer Permeabilität erzeugt. Das belegen die Arbeiten von [Zha08, Sta12, Kat01], weshalb die Heißrissanfälligkeit beim Laserstrahlschweißen gegenüber dem Lichtbogenschweißen bzw. dem Gießen stärker ausgeprägt ist.

2.5 Gepulstes Laserstrahlschweißen von Aluminiumlegierungen

2.5.1 Prozesstechnische Grundlagen und Anwendungen

Das Laserstrahlschweißen ist nach DIN 8593 als Fügeverfahren in die Gruppe der Schmelzschweißverfahren einzuordnen. Neben dem Laserstrahlschweißen mit kontinuierlicher Strahlung ist das gepulste Laserstrahlschweißen die wichtigste Verfahrensvariation [Bli13]. Im Vergleich zum Laserstrahlschweißen mit kontinuierlicher Strahlung, bei dem die Leistung der emittierenden Laserstrahlquelle auf ein definiertes Leistungsniveau ansteigt und über den gesamten Schweißprozess konstant gehalten bzw. mit einer Modulation (bspw. Sinusschwingung) beaufschlagt wird und erst bei Prozessende auf null absinkt, wird die Laserleistung beim gepulsten System in sequentiell geschalteten Pulsen abgegeben.

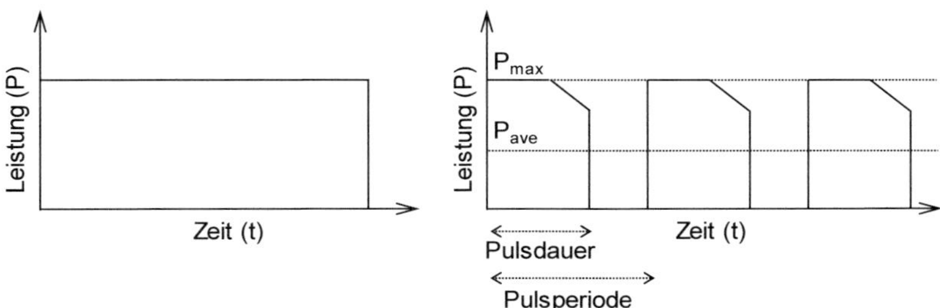

Abbildung 2.7: Kontinuierlich emittierende Laserquelle und gepulst emittierende Laserquelle

Der sich hieraus ergebende Parameterraum wird anhand der Pulsdauer eingestellt, der sich im Bereich von Femtosekunden [Bli13] bis hin zu mehreren Millisekunden [Bie15] bewegt. Im Mikroschweißen werden Pulsdauern im Bereich von ca. 1 bis 50 ms bei Frequenzen von 1 bis 50 Hz angewendet, was dazu führt, dass das Schmelzbad in den Pulspausen erstarrt. Somit liegen zu Pulsbeginn stets vergleichbare Randbedingungen vor. Die Laserpulse können als Einzelpulse zum Punktschweißen und pulsüberlappend zum Nahtschweißen ausgeführt werden. Zentrale Parameter des gepulsten Laserstrahlschweißprozesses werden in der Arbeit von [Tze00] zusammengefasst. Entscheidende Kenngrößen sind die Repetitionsrate (1/Pulsperiode), die Pulsdauer, die Pulsspitzenleistung (P_{max}) und die sich daraus ergebende mittlere Laserleistung (P_{ave}), die wie folgt definiert ist:

$$P_{ave} = \text{Repetitionsrate} \cdot \int_0^{\text{Pulsdauer}} P(t)\,dt$$ Gleichung 2-4

Nahtschweißungen entstehen, wenn einzelne Schweißpunkte nacheinander überlappend gesetzt werden. Während für ausreichende Festigkeiten eine Überdeckung > 50 % [Mül17] ausreicht, werden für gasdichte Schweißnähte Überdeckungsgrade > 75 % gefordert [Ama17, Mül17]. Die Pulsüberdeckung hängt von der Vorschubgeschwindigkeit, der Repetitionsrate und dem Schweißpunktdurchmesser ab und ist wie folgt definiert [Tze00]:

$$\ddot{U}berlappung = 1 - \frac{Vorschubgeschwindigkeit}{Repetitionsrate \cdot Schwei\ss punktdurchmesser}$$ Gleichung 2-5

Aufgrund der zeitlich diskontinuierlichen Energieabgabe können aus werkstofftechnischer Sicht die Pulsbereiche mit der Bildung des Schmelzbades und die leistungsfreien Bereiche mit der Abkühlphase einander gegenübergestellt werden. Das sich periodisch bildende Schmelzbad [Wit16], die hohe Abkühlrate [Mic96] und die damit einhergehende geringe Temperaturbelastung in unmittelbarer Umgebung der Schweißzone werden in der Literatur als signifikanter Vorteil angesehen, um bspw. den Verzug bei der schweißtechnischen Bearbeitung im Dünnblechbereich zu reduzieren [Zha08, Fre99]. Das Werkstoffspektrum, das mit gepulsten Laserstrahlquellen bearbeitet werden kann, reicht von Reinstoffen wie Kupfer und Gold [Gre01] bis hin zu komplexen Ti-Ni-Shape-Memory-Legierungen [Oga04] und Mischverbindungen (Titan – rostfreier Stahl) [Hir02]. Auch ist es gelungen, reaktive Titanlegierungen ohne eine signifikante Oxidation der Oberfläche zu fügen [Ged00]. Die Anwendungen des gepulsten Laserstrahlschweißens liegen im Bereich der Mikroelektronik und -kontaktierung [Kle04], des Reparaturschweißens von Turbinenschaufeln [Bie15] oder Werkzeugen [Ple12, Sül11] und des Dichtschweißens von elektronischen Komponenten in einem Aluminiumgehäuse [Zha08, Ber15].

Im Bereich des Mikroschweißens wird in der Literatur hauptsächlich der Einsatz eines konventionellen Rechteckpulses beschrieben, bei dem die Pulsleistung über die gesamte Dauer quasi konstant verläuft [She09, Mil93, Kat97, Zha08, Mic96, She15, She14, Liu14]. Die Pulsleistung wird hierbei in einer theoretisch unendlich kurzen Zeitspanne erreicht und fällt am Pulsende wieder auf null ab, woraus hohe Aufheiz- und Abkühlraten resultieren.

Im Jahr 1987 wurde in der Arbeit von [Wee87] erstmals der Ansatz der Pulsformung beim Laserstrahlschweißen vorgestellt, womit der Leistungsverlauf über die gesamte Dauer des Pulses individuell und materialangepasst eingestellt werden kann. [Kar03] und [Due08] kommen zu dem Ergebnis, dass bei Werkstoffen mit hoher Reflektivität bspw. Kupfer oder Aluminium ein überhöhter Pulsbeginn zu einer deutlich verbesserten Einkopplung in das Material führt. Hingegen lassen sich mit einem definierten Leistungsabfall am Pulsende Poren [Ber11] und Heißrisse [Bie17, Ber13] begrenzen bzw. vermeiden. In der Literatur wird von der „metallurgischen Pulsform“ gesprochen, wenn der bereits geformte Puls zusätzlich mit einer hochfrequenten Modulation (20 kHz) beaufschlagt wird [Wil09, Ber07]. Die Modulation führt nach [Wil09] zu veränderten Schmelzbadtemperaturen und demzufolge auch zu temperaturabhängigen Stoffwerten, wie Oberflächenspannung und Viskosität, wodurch die Schmelzbaddynamik beeinflusst wird [Hol04, Due03b].

So resultiert aus der hochfrequenten Modulation des Pulsleistungsverlaufes eine erhöhte Marangoni-Konvektion in der Schmelze, die zu einer verstärkten konstitutionellen Unterkühlung an der Schmelzbadgrenze führt [Kot08]. Dies bringt eine keimbildungsorientierte Erstarrung mit sich, die wiederum einen Kornfeinungseffekt hervorruft, d. h. die Bildung eines globularen Gefüges bewirkt [Wil10, Wil09]. Auf diese Weise wird die Bildung massiver, zusammenhängender intermetallischer Phasen eingegrenzt, sodass Mischverbindungen (bspw. Al/Ti, Al/St, Al/Cu) prozesssicher miteinander geschweißt werden können [Wil07].

2.5.2 Experimentelle Heißrissvermeidung

Trotz des deutlich ausgeweiteten Werkstoffspektrums, das mit gepulster Laserstrahlung bearbeitet werden kann, ergeben sich Herausforderungen bei der Bearbeitung heißrissanfälliger Aluminiumlegierungen. Durch die sequentielle Energieabgabe bei Laserstrahlintensitäten von $\sim 10^4$–10^6 W m^{-2} mit Pulsdauern im Bereich von $\sim 10^{-3}$ s ergeben sich im Vergleich zum Lichtbogenschweißen ($\sim 10^1$–10^3 K/s) und Gießen ($\sim 10^0$–10^1 K/s) weitaus höhere Abkühlraten ($\sim 10^4$–10^6 K/s) [Omr12, Kot08, Con13]. In Bezug auf die vorherigen Ausführungen liegt dem gepulsten Laserstrahlschweißen daher eine höhere Heißrissanfälligkeit zugrunde, was auch durch die Arbeiten von [Cie88] und [Cha10] bestätigt wird. [Cie88] vergleicht die Heißrissanfälligkeit des gepulsten und kontinuierlichen Laserstrahlschweißprozesses phänomenologisch anhand der Al-Legierungen der AA-5456-, AA-5086- und AA-6061-Reihe. In den experimentellen Untersuchungen wird ein Rechteckpuls verwendet, bei dem die Pulsleistung über die gesamte Pulsdauer quasi konstant abgegeben wird. Während die Schweißnähte mit kontinuierlicher Bestrahlung rissfrei erstarren, werden in allen gepulst geschweißten Nähten Heißrisse festgestellt. Die Heißrissanfälligkeit des pw-Prozesses führt [Cie88] auf höhere Spannungsgradienten während der Erstarrung zurück, ohne dass ein Nachweis dieser Hypothese erfolgt. Analog zu [Cie88] werden in [Cha10] das cw- und das pw-Laserstrahlschweißen mit Blick auf die Heißrissanfälligkeit einander gegenübergestellt. Beim Verbindungsschweißen der Legierungen AA6061-T651 mit AA3003-O an einer I-Naht am Stumpfstoß wird auch in diesen Untersuchungen die höhere Heißrissanfälligkeit dem gepulsten Schweißprozess zugesprochen. Die Heißrissanfälligkeit wurde hier ausschließlich durch die Gegenüberstellung von metallographisch ermittelten Risslängen vollzogen.

Zwar konnte bei punktüberlappenden Nahtschweißungen durch die Anpassung der Frequenz, d. h. des zeitlichen Abstands zwischen den einzelnen Pulsen, auch beim Schweißen mit Rechteckpulsen Einfluss auf die sich ergebende Risslänge, die Risscharakteristik und den Rissfortschritt genommen werden, eine vollständige Unterdrückung von Heißrissen ließ sich jedoch nicht erreichen [She09].

Die Arbeiten von [Mil93, Kat97, Zha08, Mic96, She09, She14, She15, Bra94, Kim99, Lip94, Che15] fassen den derzeitigen Wissensstand zum gepulsten Laserstrahlschweißen mit Rechteckpulsformen zusammen und belegen, dass ein Schweißen ohne Entstehung von Heißrissen beim Einsatz konventioneller Rechteckpulse nicht möglich ist. Dabei wurden die Schweißexperimente an Aluminiumlegierungen [Mil93, Kat97, Zha08, Mic96, She09, She14, She15] und nichtrostenden Stählen [Bra94, Kim99, Lip94, Che15] sowohl mit Punkt- als auch mit Nahtschweißungen ausgeführt. In der Literatur wird mehrfach der Einsatz eines Schweißzusatzwerkstoffes beschrieben, der als Draht, Pulver oder durch eine zuvor aufgebrachte Beschichtung [Wel13] in die Schweißzone geführt wird, um die Heißrissbildung zu unterdrücken. Dabei hat sich in der industriellen Anwendung die Zugabe siliziumhaltiger Zusatzwerkstoffe für das Lichtbogen- [Wel96] und das cw-Laserstrahlschweißen [Bes94, Plo06, Cic05] etabliert. Insbesondere naheutektische Legierungen bieten mit ihrer niedrigen Schmelztemperatur die Möglichkeit, eine verbesserte Nachspeisung der interdendritischen Räume und dementsprechend das Schließen der Risse zu gewährleisten. Zusätzlich wirkt die Volumenzunahme von *Si* der auftretenden Erstarrungsschrumpfung von *Al* entgegen [Mag01]. Die Zugabe kornfeiner Elemente im Schweißzusatzwerkstoff ist eine weitere Möglichkeit, die Heißrissbildung beim Schweißen zu reduzieren [Dvo89, Mou99, Ram00, Tan14]; ihre positive Auswirkung ist auch im Gießen bekannt [Spi83, Mur02, Sch12] und wird dort eingesetzt. Korngefeinte, globulare Körner zeigen gegenüber stängeligen Körnern eine geringere Heißrissanfälligkeit [Kou85], da mit abnehmender Korngröße das Korngrenzenvolumen zunimmt und die während der Erstarrung auftretenden Dehnungen auf mehrere Korngrenzen verteilt bzw. weniger konzentriert werden [Tse71]. Die kürzen Dendriten der globularen Körner haben zudem eine verbesserte interdendritische Nachspeisung zur Folge. In Bezug auf das gepulste Laserstrahlschweißen wird die Zugabe eines Schweißzusatzwerkstoffes durch das diskontinuierliche und nur wenige Millisekunden lang existierende Schmelzbad, aber auch durch die entstehenden geringen Schmelzbaddurchmesser (400 bis 800 µm) und Schmelzbadtiefen (100–500 µm) erschwert, sodass in der Literatur nur vereinzelte Studien im Labormaßstab zu finden sind [Pin10, Pam16]. Zudem haben handelsübliche Drähte einen Durchmesser im Bereich von 1,0–1,6 mm und sind damit größer als das sich bildende Schmelzbad. Überdies ist der Einsatz von Zusatzwerkstoffen aus prozesstechnischer Sicht im industriellen Umfeld nicht zu bevorzugen, da hierdurch die Kosten, Prozessschritte und ggf. das Gewicht des Bauteils zunehmen.

Weitere Untersuchungen zur Vermeidung der Heißrissbildung basieren auf der mechanischen Erzeugung von Druckspannungen in der Schweißzone, die bspw. durch eine angepasste Spannsituation [Kan07] oder simultan mitlaufende Andruckrollen

[Liu96, Yan11] induziert werden. Diese Verfahren erfordern jedoch eine komplexe Systemtechnik, die in vielen Fällen nicht auf die Randbedingungen gepulst zu schweißender Anwendungen aus dem Bereich der Mikrosystemtechnik übertragen werden können. Ähnliche Untersuchungen zur Beeinflussung der Zugspannungen mittels Wärmefeldern werden in [Tol11] veranschaulicht.

Experimentelle Untersuchungen, die an verschiedenen Aluminiumlegierungen [She15, Mil93, Zha08, Dwo13, Kat97, Wit16] durchgeführt worden sind, belegen, dass die Heißrissentstehung durch den Einsatz von Pulsformung prozesssicher vermieden werden kann. Hierbei wird der Leistungsverlauf während der gesamten Pulsdauer gezielt geformt und auf diese Weise direkt Einfluss auf das prozessbedingte Temperatur-Zeit-Regime und die daraus resultierenden Erstarrungsparameter genommen. Literaturübergreifend findet der sogenannte „Rampdown-Puls" Einsatz, der in die zwei Abschnitte Schweiß- und Abkühlphase separiert werden kann. Innerhalb der Schweißphase erfolgt das Aufschmelzen des Werkstoffes bzw. die Ausbildung des Schmelzbades. Dafür wird die Laserleistung für eine definierte Dauer konstant gehalten. In der Abkühlphase kann die Laserleistung über einen definierten Zeitraum linear [Wit16, Zha08, Dwo13], stufenweise [Wit16, Mat99] oder auch individuell herabgesenkt werden. Die jeweilige Pulsform ist dabei abhängig vom Werkstoff und von der zu fügenden Verbindung (Stoßart, Materialdicke etc.), wobei in der Literatur keine systematische Untersuchung über die Zusammenhänge vorliegt [Due03].
Punktförmige Untersuchungen mit Rampdown-Pulsformen sind in [Mic96, Mat99, Wit16] experimentell durchgeführt worden. In [Mic96] wird eine optimierte Rampdown-Pulsform empirisch an einer Aluminium-Kupfer-Legierung (2xxx) ermittelt. Die Evaluierung der Heißrissanfälligkeit erfolgt dabei einzig durch die Gegenüberstellung der metallographisch ermittelten Risslängen im Querschliff. Gegenüber dem mit einem konventionellen Rechteckpuls erzeugten Schweißpunkt wurden signifikant weniger Heißrisse in dem mit einem Rampdown-Puls ausgeführten Schweißpunkt festgestellt. In den Untersuchungen von [Mat99] wird die Tailing-Wave-Pulsform vorgestellt. Die experimentellen Arbeiten wurden hier an der Al-Legierung A70N1 (vergleichbar mit 6061-T6) ausgeführt. Dabei wurde die Pulsleistung nach der Schweißphase zunächst sprunghaft um mehr als 65 % reduziert und erst dann linear über 15 ms auf 0 W abgesenkt. Auch hier belegen metallographische Untersuchungen eine Reduzierung der Risslänge durch den Einsatz der Pulsformung. Die experimentellen Punktschweißuntersuchungen von [Wit16] zeigen die überproportionale Zunahme von Risslänge und Rissanzahl am Übergang vom Wärmeleitungs- zum Tiefschweißen. Die ausgeprägte Heißrissanfälligkeit im Tiefschweißregime wird auf höhere Dehnungen während der Erstarrung zurückgeführt, die sich aus der höheren Erstarrungsschrumpfung bzw. thermischen Kontraktion aufgrund des größeren Schmelzbadvolumens ergeben.

Linienförmige, punktüberlappende Nahtschweißungen, die industriell bevorzugt werden, um bspw. Gehäusedichtschweißungen durchzuführen, sind Untersuchungsschwerpunkt in [Dwo13, Zha08, Wit16]. Während die Experimente von [Dwo13] einen eher phänomenologischen Charakter aufweisen, sind an dieser Stelle die experimentellen Untersuchungen von [Zha08] hervorzuheben, der das Auftreten von Heißrissen in Abhängigkeit von der Intensität und dem eigens definierten Leistungsgradienten an EN AW 6061-T6 untersucht. Für die Schweißversuche wurde der Rampdownpuls mit einer Dauer der Schweißphase von 4 ms verwendet. Anschließend wurde die Leistung mit unterschiedlichen Leistungsgradienten linear herabgesenkt. [Zha08] zufolge bilden sich Risse bei hohen Leistungsgradienten, während bei einem mittleren Leistungsgradienten keine Heißrisse in der Schweißnaht festzustellen sind. Bei einem weiter absinkenden Leistungsgradienten wird dagegen eine wiederkehrende Heißrissbildung beobachtet. An den Bruchflächen wurde eine hohe Konzentration niedrigschmelzender Eutektika festgestellt; dies weist darauf hin, dass die Heißrissbildung bei langen Abkühldauern durch die Seigerung von Legierungselementen verursacht wird, die das Erstarrungsintervall vergrößern. Oberhalb einer bestimmten Laserstrahlintensität ist der Schweißprozess im Tiefschweißregime stabil und eine rissfreie Schweißnaht wird nicht erzeugt. In diesem Intensitätsbereich tritt die Heißrissbildung unabhängig vom eingestellten Leistungsgradienten auf, was analog zu den Untersuchungen von [Wit16] dem Tiefschweißregime zugesprochen werden kann.

Die bisher ausgeführten Untersuchungen diskutieren die Heißrissbildung lediglich im makroskopischen Sinne, indem die Laserparameter den nachfolgend metallographisch ausgewerteten Risslängen gegenübergestellt werden. Dies ermöglicht zwar die Eingrenzung angepasster Prozessführungen, erlaubt jedoch keine Beschreibung der unmittelbar an der Erstarrungsfront auftretenden physikalischen und metallurgischen Vorgänge. Lediglich die von Hochgeschwindigkeitsaufnahmen und Thermographie begleiteten Punktschweißuntersuchungen in [Wit16] verweisen auf veränderte Spitzentemperaturen und Abkühlgeschwindigkeiten im Schmelzbad, wenn mit verschiedenen Pulsformen geschweißt wird.

Die Schweißgeschwindigkeit, die einen maßgeblichen Faktor für die Wirtschaftlichkeit des Verfahrens darstellt, liegt auch in den Untersuchungen mit überlagerter Wärmequelle bei nur 40 mm $\cdot$ min^{-1}. Die lokale bzw. globale Überlagerung einer zusätzlichen Wärmequelle ist neben der zeitlichen Formung des Laserpulses eine weitere Möglichkeit, das sich während der Schmelzbaderstarrung einstellende Temperatur-Zeit-Regime zu beeinflussen und eine rissfreie Schmelzbaderstarrung ohne den Einsatz von Zusatzwerkstoffen zu erwirken [She15]. Experimentelle Untersuchungen mit globaler

Bauteilvorwärmung beim cw-Laserstrahlschweißen beinhalten die Arbeiten [Plo04] und [Bes93]. Der Ansatz der Vorwärmung beruht auf der Reduzierung der im Erstarrungsgebiet und im Grundwerkstoff auftretenden Temperaturgradienten und der damit verknüpften Zugdehnungen (Erstarrungsschrumpfung und thermische Kontraktion). In Bezug auf das gepulste Laserstrahlschweißen wird der Einfluss der globalen Bauteilvorwärmung (–190 °C, Raumtemperatur und 350 °C) einzig in der Arbeit von [She14a] an der Aluminiumlegierung 2024 untersucht. Die Punktschweißungen wurden mit einem Rechteckpuls ausgeführt. Mit steigender Vorwärmtemperatur nahmen Rissanzahl und Risslänge ab. Eine vollständige Rissunterdrückung konnte beim Verwenden eines Rechteckpulses selbst bei Vorwärmtemperaturen von bis zu 350 °C nicht erreicht werden.

Die lokale und zeitlich auf den gepulsten Laserstrahl abgestimmte Unterstützung mit einem gepulsten Plasmalichtbogen wird in [Ber14] betrachtet. Sie hat gegenüber elektromagnetischer Strahlung den Vorteil, dass sich die Temperatur unabhängig von der Absorption der Aluminiumoberfläche einstellen lässt. Der gepulste Plasmalichtbogen wurde mit der gleichen Frequenz wie der gepulste Nd:YAG-Laser betrieben. Zusätzlich wurde der Plasmalichtbogenpuls dem Nd:YAG-Laserpuls zeitlich vorangestellt, sodass der Plasmalichtbogen eine Vorwärmung bewirkte. Die Schweißexperimente fanden an der Außenhautlegierung EN AW 6016 - T4 mit einer metallurgischen Pulsform statt. Die Heißrissbildung wurde vollständig unterdrückt. In den Untersuchungen wurde bereits durch den Lichtbogen ein kleines Schmelzbad erzeugt. Dadurch steigt der Gesamtwärmeeintrag, wodurch der Verzug zunimmt und die Maßhaltigkeit vor allem im adressierten Dünnblechbereich nicht mehr gewährleistet ist. Die durch die notwendigen geringen Stromstärken bedingte Lichtbogenzündung schränkt die Prozessführung in Bezug auf die Lichtbogenstabilität ein.

Aus diesem Grund wird die lokale Vorwärmung in den meisten Fällen durch die Überlagerung mit einer zusätzlichen Laserquelle realisiert [Wit16, Nak11]. Für Aluminiumlegierungen werden zur effizienten Vorwärmung vornehmlich Diodenlaser eingesetzt. Dies begründet sich durch die um den Faktor 3 verbesserte Absorption im Wellenlängenbereich von 808 nm gegenüber der Nd:YAG-Laserstrahlung bei 1064 nm [Sut10, Bli13]. Dabei kann mithilfe unterschiedlicher Strahlformungselemente der Diodenlaserstrahl sowohl räumlich als auch in Abhängigkeit der Betriebsart (kontinuierlich oder gepulst) zeitlich dem gepulsten Nd:YAG Laserstrahl überlagert werden [Bie17]. Die heutigen Erkenntnisse zur Kombination von Diode und YAG basieren in wenigen Fällen lediglich auf der punktuellen Feststellung einer Effizienzsteigerung, die jedoch nur durch höhere Geschwindigkeiten bzw. eine größere Einschweißtiefe begründet wird [Sak11, Miu10, Che07]. Mit Blick auf die Heißrissbildung wird die Kombination eines gepulsten Nd:YAG-Lasers und eines gepulsten Diodenlasers mit der Wellenlänge von 808 nm an individuellen Punktschweißungen in [Nak11] vorgestellt. Die Untersuchungen erfolgten an der Aluminiumlegierung EN AW 3003. Durch die zeitliche Überlagerung des Diodenlaserpulses mit einer Vorwärm- und Nachwärmphase konnte die sich herausbildende Risslänge gegenüber dem gepulsten Schweißprozess ohne überlagerte Diodenlaserstrahlung signifikant reduziert werden.

Analog zu [Nak11] stellt [Wit16] die Kombination eines gepulsten Nd:YAG-Lasers mit überlagerter Diodenlaserstrahlung im gepulsten Betrieb zur Unterdrückung der Heißrissbildung an punktüberlappenden Nahtschweißungen an der Aluminiumlegierung EN AW 6082 vor. Beide Laserstrahlen wurden koaxial in einem Strahlengang geführt. Die Laserstrahlung des Diodenlasers wurde mit der gleichen Repetitionsrate des Nd:YAG-Lasers überlagert. In den Schweißexperimenten kam eine Rampdown-Pulsform mit einer Schweißphase von 4 ms und verschiedenen Abkühldauern zum Einsatz. Die Länge des Diodenlaserpulses betrug 10 ms bei applizierten Leistungen von 100–300 W. Durch die Überlagerung konnten heißrissfreie Schweißnähte im Tiefschweißregime erzeugt werden. Aus der gepulsten Betriebsart des Diodenlasers resultiert zwar ein geringerer Temperatureintrag in das Bauteil, heißrissfreie Schweißnähte können jedoch nur in einem kleinen Prozessbereich erzielt werden. Die Strahlung des Diodenlasers und des Nd:YAG-Lasers müssen sowohl räumlich als auch zeitlich eng aufeinander abgestimmt werden. Der Diodenlaserpuls muss zu einem definierten Zeitpunkt während des Schweißpulses hinzugeschaltet werden, um die Erstarrungsbedingungen positiv zu beeinflussen. Wird der Diodenlaserpuls nur 1–2 ms zu früh bzw. zu spät zugeschaltet, ist die resultierende Schweißnaht mit Heißrissen versehen. Auch die zuvor aufgeführten Untersuchungen mit überlagerter Wärmequelle wurden ausschließlich experimentell durchgeführt, wobei auch hier die Heißrissanfälligkeit ausschließlich der metallographisch gemessenen Risslänge gegenüberstellt wurde.

Für die Kombination von YAG und Diode zeigen die bisherigen Untersuchungen von [Nak11] und [Wit16], dass die wesentlichen Effekte zur Reduzierung der Heißrissbildung unmittelbar mit den sich aus der Überlappung ergebenden T-Feldern verknüpft sind. Aus den bisherigen experimentellen Untersuchungen lassen sich keine Aussagen zur Auswirkung der überlagerten Wärmequelle auf die thermischen und strukturmechanischen Erstarrungsparameter ableiten. Systematische Untersuchungen sowie quantifizierbare Ergebnisse zur geometrischen Abbildung des Diodenlaserstrahls durch die Variation der Fokusdurchmesser bzw. der Strahlgeometrien sind in der Literatur zurzeit ebenfalls nicht zu finden, obwohl auf diesem Wege unterschiedliche

Wärmefelder induziert werden können, die wiederum die Abkühlbedingungen und Spannungszustände während der Schmelzbaderstarrung beeinflussen.

Der gegenwärtige Stand der Technik berücksichtigt folgende zwei Verfahrensansätze zur Vermeidung der Heißrissbildung beim gepulsten Laserstrahlschweißen:

- Zeitliche Formung der Laserpulse
- Örtliche Überlagerung einer Wärmequelle

Dabei zielen beide Verfahrensansätze darauf ab, das Temperatur-Zeit-Regime bezüglich der auftretenden Abkühlraten und Temperaturgradienten während der Schmelzbaderstarrung zu beeinflussen. In bisherigen Studien zum gepulsten Laserstrahlschweißen erfolgte eine hauptsächlich phänomenologische Betrachtung der Heißrissentstehung, weil der Großteil der erarbeiteten Erkenntnisse ausschließlich experimentellen Untersuchungen entstammt, in denen die jeweilige Laserpulsform den metallographisch ermittelten Risslängen gegenübergestellt wurde. Lediglich vereinzelte Untersuchungen sind mit Hochgeschwindigkeits- und Thermographieaufnahmen durchgeführt worden und verweisen darauf, dass sich auch die Spitzentemperaturen und Erstarrungsgeschwindigkeiten im Schmelzbad ändern [Wit16, Kat97]. Dementsprechend wird der Erstarrungsprozess beeinflusst, wenn mit unterschiedlichen Pulsformen bzw. -parametern geschweißt wird. Die verallgemeinerte und durchgehende Beschreibung des Heißrissmechanismus setzt jedoch eine zeit- und ortsaufgelöste Kenntnis des gesamten Temperatur-, Spannungs- und Dehnungsfeldes und somit die numerische Beschreibung des gepulsten Laserstrahlschweißprozesses voraus.

2.5.3 Prozessmodellierung und -simulation

Im Gegensatz zu anderen Schmelzschweißprozessen ist das gepulste Laserstrahlschweißen dadurch gekennzeichnet, dass Spitzentemperaturen (T_{Max} > 1500 °C) und Abkühlraten (ca. 10^6 K/s) in einem nur begrenzt ausgedehnten (Ø < 800 µm) und nur für 5–20 ms existierenden bzw. flüssigen Schmelzbad auftreten. In Bezug auf die Schmelzbaderstarrung ist die experimentelle Quantifizierung der sich ergebenden Temperaturgradienten (ca. 10^6 K/m), Erstarrungsgeschwindigkeiten (ca. 0,01–6 m/s) und des transienten mechanischen Werkstoffverhaltens nur bedingt bzw. nicht möglich. Die experimentelle Bestimmung der Erstarrungsparameter im Schmelzbad ist auf die Ausgabe punktueller Werte und Oberflächenfelder beschränkt. Einerseits wird hierbei das Messequipment in vielen Fällen aufgrund der hohen Schmelzbadtemperaturen zerstört. Anderseits handelt es sich um transiente Feldverteilungen, die aufgrund der geringen Schmelzbadgröße optisch nicht hinreichend aufgelöst werden können. Die experimentelle Bestimmung der Bedingungen, die zu einer Rissbildung führen, ist somit quantitativ nicht möglich.

Hingegen ermöglicht die numerische Abbildung (FEM) des gepulsten Laserstrahlschweißprozesses die Ausgabe des gesamten zeitabhängigen, zwei- oder dreidimensionalen Spannungs-, Dehnungs- und Temperaturfeldes und somit die quantitative Untersuchung der Einflussgrößen. Die numerische Modellierung und Simulation der Schmelzbadausbildung und -erstarrung erreicht zwar kein vollständiges Abbild der realen Vorgänge beim Laserschweißen, bietet jedoch eine Reihe von Vorteilen zum besseren physikalischen Verständnis und zur Optimierung der Prozessführung. Dazu gehört die Möglichkeit, den Einfluss bestimmter Erstarrungsparameter zu bestimmen, indem die entsprechenden Terme (bspw. latente Wärme, Werkstoffdaten oder Absorptionsgrad) im mathematischen Modell hinzugefügt bzw. variiert werden.

Numerische Untersuchungen in Bezug auf die Schmelzbaderstarrung beim gepulsten Laserstrahlschweißen von Aluminiumlegierungen sind in der wissenschaftlichen Literatur nur vereinzelt durch die Arbeiten von [Kat97, Liu14, Mic96] repräsentiert. In [Liu14] und [Kat97] erfolgt eine Temperaturfeldberechnung ausschließlich für den Rechteckpuls. Die durchgeführte Berechnung zur Beschreibung des Einflusses der latenten Wärme liefert bei [Kat97] keinen nennenswerten Einfluss auf die Abkühlbedingungen. In [Liu14] wird auf der Grundlage des berechneten Temperaturfeldes die resultierende Spannungsverteilung abgebildet. Das im Verlauf der Abkühlung kontrahierende Material führt zur Ausbildung eines an das Schmelzbad angrenzenden Zugspannungsfeldes, das von [Lui14] jedoch nur qualitativ andiskutiert wird. In beiden Modellen [Kat97] und [Liu14] sind die angenommenen Randbedingungen zu hinterfragen, da sowohl die Wärmeabfuhr über Konvektion und Strahlung als auch temperaturabhängige Werkstoffdaten über den Phasenübergang von fest zu flüssig hinaus nicht berücksichtigt werden. Darüber hinaus wird für beide Modelle keine experimentelle Validierung durchgeführt.
Eine weiter gehende Modellierung des gepulsten Laserstrahlschweißprozesses liefert nur [Mic96]. Neben Wärmeleitung, Konvektion und Strahlung werden auch temperaturabhängige Werkstoffdaten berücksichtigt. Vereinfachend wird der zeitabhängige Energieeintrag durch den gepulsten Laserstrahl mit gaußförmiger Intensitätsverteilung als Wärmestromdichte am Rand abgebildet. Die Validierung des Modells erfolgt durch die Gegenüberstellung der berechneten Temperaturfeldverteilung mit der experimentell ermittelten Schmelzbadgeometrie. Die thermische Simulation wird genutzt, um das Temperaturfeld beim Schweißen mit einem konventionellen Rechteckpuls und einem experimentell optimierten Rampdownpuls abzubilden. Die Berech-

nungen liefern das punktuelle Ergebnis, dass der Rampdownpuls die Erstarrungsgeschwindigkeit der Schmelze im Vergleich zum Rechteckpuls signifikant reduziert hat. Die nachgelagerte metallographische Auswertung ergab signifikant weniger Heißrisse in der Schweißnaht, die mit dem optimierten Rampdownpuls geschweißt wurde. Zusätzlich lag im Schweißgut eine vergröberte Mikrostruktur mit verbesserter Permeabilität für die interdendritische Schmelze vor. Eine systematische und parameterübergreifende Untersuchung der Erstarrungsgeschwindigkeit findet in der Arbeit von [Mic96] nicht statt.

Konsistente Simulationsmodelle zur Beschreibung des Temperatur- bzw. Spannungsfeldes für die Kombination aus YAG und Diode sind in der wissenschaftlichen Literatur nicht vorzufinden. Numerische Modelle zur Abbildung des gepulsten Laserstrahlschweißprozesses haben bislang nur punktuell das Temperaturfeld für ausgewählte Parameter betrachtet. Systematische und parameterübergreifende Berechnungen, um die Vorgänge an der Grenzfläche zeit- und ortaufgelöst zu beschreiben, sucht man in der gegenwärtigen Literatur vergebens. Vor allem in Bezug auf die Strukturmechanik enthält der gegenwärtige Stand der Technik nahezu keine Aussagen zu den wirkenden Beanspruchungsverhältnissen während der Schmelzbaderstarrung. Entsprechende Erweiterungen wären jedoch erforderlich, um die während der Schmelzbaderstarrung ineinandergreifenden thermischen, strukturmechanischen und werkstofftechnischen Einflussgrößen separiert betrachten und anschließend ein ganzheitliches werkstoffunabhängiges Prozessverständnis zur Beschreibung der Heißrissbildung ableiten zu können.

2.6 Zusammenfassende Betrachtung

Beim gepulsten Laserstrahlschweißen von ausscheidungshärtenden Aluminiumlegierungen ist die Heißrissbildung eine bisher noch nicht vollständig gelöste Herausforderung im industriellen, aber auch im wissenschaftlichen Umfeld. Weil das sich periodisch bildende Schmelzbad mit einem Durchmesser von < 800 µm nur für wenige Millisekunden flüssig ist, kann der industriell etablierte Ansatz, die Heißrissbildung durch die Zuführung eines Zusatzwerkstoffs zu unterdrücken, nur bedingt bzw. gar nicht realisiert werden. Zudem betragen die Durchmesser handelsüblicher Schweißzusatzdrähte zwischen 1,2 und 1,6 mm und sind demnach größer als das sich bildende Schmelzbad.

Aus diesem Grund wird die Heißrissbildung beim gepulsten Laserstrahlschweißen durch Pulsformung oder Überlagerung lokaler Wärmequellen vermieden. Derzeit wird als Ursache für das verbesserte Fügeverhalten auf die Modifikation des Zeit-Temperatur-Regimes während der Schmelzbaderstarrung und die sich daraus bildende Mikrostruktur verwiesen, die im Wesentlichen durch die auftretenden Abkühlraten und Temperaturgradienten bestimmt wird. Systematische Untersuchungen über die Zusammenhänge zwischen Pulsform, Schmelzbaderstarrung und metallurgischem Ergebnis hatten in den letzten beiden Dekaden einen vornehmlich phänomenologischen Charakter und basieren hauptsächlich auf experimentellen Untersuchungen und deren Gegenüberstellung mit metallographisch erfassten Risslängen bzw. Risszahlen.

Detaillierte experimentelle und numerische Erkenntnisse, welche die physikalischen Zusammenhänge zeit- und ortsaufgelöst quantifizieren und umfängliche Aussagen zu Abkühlrate, Schmelzbaderstarrungszeit und -geschwindigkeit, Temperaturgradienten, Dehnung, Dehnrate und zur lateralen Ausdehnung des Erstarrungsgebietes liefern, sind den bisherigen Untersuchungen nicht oder nur sehr eingeschränkt zu entnehmen, weil diese Größen experimentell nur bedingt bzw. nicht hinreichend bestimmt werden können. Ein durchgehendes Prozessverständnis, das die Ursachen der Heißrissbildung beim gepulsten Laserstrahlschweißen umfassend beschreibt und dementsprechend ein prozesssicheres Schweißen ermöglicht, kann dem Stand der Technik nicht entnommen werden. Gleichzeitig lässt sich das Potential, das die pulsmodulierbare Prozessführung bietet, derzeit nur bedingt nutzen. Dies ist primär auf die geringe Schweißgeschwindigkeit von maximal 40 mm $\cdot$ min^{-1} und die geringen Einschweißtiefen von < 0,5 mm zurückzuführen.

3 Ziel der Arbeit

Beim gepulsten Laserstrahlschweißen von aushärtbaren Aluminiumlegierungen der 6xxx-Reihe ist die Bildung von Heißrissen eine wissenschaftlich noch nicht vollständig gelöste Herausforderung. Ihr liegt eine komplexe Interaktion zwischen thermischen, mechanischen und metallurgischen Phänomenen während der Schmelzbaderstarrung zugrunde. Die bisherigen Erkenntnisse sind lediglich prozesstechnischer Art und basieren auf Schweißexperimenten mit nachgelagerter metallurgischer Schweißnahtauswertung. Die systematische Untersuchung, vor allem aber die Separation der ineinandergreifenden physikalischen Zusammenhänge während der Schmelzbadkristallisation, die im Vergleich zu konventionellen Schweißprozessen (MIG, WIG, cw-Laser) bei signifikant höheren Temperaturgradienten erfolgt, wurde gegenwärtig noch nicht umfänglich erarbeitet und beschrieben.

Das Ziel dieser Arbeit soll es daher sein, in wissenschaftlich fundierter, zugleich aber praxisbezogener Form die Ursachen der Heißrissbildung beim gepulsten Laserstrahlschweißen zusammenhängend zu beschreiben. Im Mittelpunkt steht insbesondere die Klärung folgender wissenschaftlich und technisch noch nicht gelöster Fragestellungen:

- Welches Heißrissverhalten zeigt sich beim gepulsten Laserstrahlschweißen von AlMgSi-Legierungen und unter welchen Bedingungen können Heißrisse vollständig vermieden werden?
- Wie beeinflussen die Prozessparameter die Bildung von Heißrissen? Welche Wirkmechanismen liegen dem zugrunde?
- Welche Auswirkung haben die thermischen Erstarrungsparameter (Temperaturgradient, Erstarrungsgeschwindigkeit) und wie korrelieren diese mit der experimentell quantifizierten Heißrissanfälligkeit?
- Welche Auswirkungen haben die mechanischen Erstarrungsparameter (Spannungsfeld, Dehnung und Dehnrate) und wie korrelieren diese mit der experimentell quantifizierten Heißrissanfälligkeit?
- Kann das Heißrissverhalten beim gepulsten Laserstrahlschweißen modellhaft beschrieben werden? Wenn ja, ist eine Separierung der ineinandergreifenden thermischen, mechanischen und werkstofftechnischen Einflussgrößen möglich?
- Durch welche Maßnahmen kann auch ein rissfreies Schweißen mit konventionellen Rechteckpulsen erreicht werden?

- Wie kann die Prozesseffizienz im Sinne der Schweißgeschwindigkeit und Einschweißtiefe gesteigert werden?
- Lässt sich das gepulste Laserstrahlschweißen von AlMgSi-Legierungen für eine industrielle Serienfertigung einsetzen?

Die Zielsetzung dieser Arbeit erfolgt daher mit einem konkreten Praxisbezug sowie einer hohen industriellen Relevanz, widmet sich gleichermaßen aber auch dem Wissensgewinn auf theoretischer Ebene. Um dies zu erreichen, werden die experimentell durchzuführenden Untersuchungen von numerischen Berechnungen flankiert. Dafür wird ein transientes thermomechanisches Simulationsmodell zur Abbildung des gepulsten Laserstrahlschweißprozesses mit zeitlich veränderlichem Pulsleistungsverlauf aufgebaut und experimentell validiert. Die zeit- und ortsaufgelöste Berechnung des gesamten Spannungs-, Dehnungs- und Temperaturfeldes ermöglicht die Quantifizierung der wesentlichen Erstarrungsparameter an der Phasenfront zu jedem Zeitpunkt während Schmelzbadkristallisation. Auf diese Weise wird eine Separierung der ineinandergreifenden thermischen, mechanischen und werkstofftechnischen Einflussgrößen ermöglicht, sodass eine allgemeine Ableitung der Mechanismen, die zur Bildung von Heißrissen führen, vorgenommen werden kann.

Die in dieser Arbeit durchgeführte Prozess- und Struktursimulation mit der Finite-Elemente-Methode entspricht in ihrer Modellierung dem derzeitigen Stand der Technik auf dem Gebiet der Schweißsimulation. Es ist ausdrücklich nicht das Ziel dieser Arbeit, neue Modellierungsmethoden zu erforschen, sondern mit den derzeit vorhandenen Techniken einen Erkenntnisgewinn hinsichtlich der thermischen und mechanischen Vorgänge bei der Heißrissbildung zu erzielen.

4 Versuchsdurchführung

4.1 Werkstoff und Probengeometrie

Als Werkstoff wird die Aluminiumlegierung EN AW 6082-T6 (AlMgSi1) im warmausgelagerten Zustand verwendet. Ihr Erstarrungsintervall erstreckt sich nach Angabe des Herstellers zwischen T_L = 650 °C und T_S = 585 °C [Gem18]. Die chemische Zusammensetzung ist Tabelle 4-1 zu entnehmen. Mit einem Gewichtsanteil von 1 % Silizium bzw. 0,5 % Magnesium liegt diese Legierung im Bereich maximaler Heißrissanfälligkeit der 6xxx-Reihe (Abbildung 2.1).

Tabelle 4-1: Chemische Zusammensetzung der Legierung EN AW 6082-T6 in % [Gem18]

Si	Fe	Cu	Mn	Mg	Cr	Zn	Ti	Al
0,7–1,3	0,5	0,1	0,4–1,0	0,6–1,2	0,25	0,2	0,1	Rest

Für die experimentellen Untersuchungen werden die 0,5 mm und 1 mm dicken Bleche auf die Probengröße von 50 x 50 mm^2 und 100 x 50 mm^2 zugeschnitten. Die Probenmaße sind aufgrund des großen Umfangs in den entsprechenden Ergebnissen jeweils mit angegeben.

4.2 Versuchsaufbau und Schweißanlage

Für die Schweißexperimente werden zwei Laserstrahlquellen eingesetzt, deren Spezifikationen in Tabelle 4-2 aufgeführt sind. Als Schweißlaser wird ein lampengepumpter, pulsmodulierbarer Nd:YAG-Laser der Firma Rofin-Lasag SLS 200 CL60 eingesetzt, dessen Fokusdurchmesser 0,4 mm beträgt. Für die räumliche Überlagerung der Nd:YAG-Laserstrahlung wird der Diodenlaser LDM 1000-30 der Firma Laserline eingesetzt.

Tabelle 4-2: Spezifikationen der eingesetzten Laserstrahlquellen

	Nd:YAG	**Diodenlaser**
Wellenlänge	1064 nm	980 nm
Max. mittlere Leistung	220 W	1000 W
Max. Pulsspitzenleistung	8000 W	–
Repetitionsrate	0,1–500 Hz	–
Pulsdauer	0,1–20 ms	–
Faserkerndurchmesser	0,4 mm	1 mm

Der Versuchsstand ist in Abbildung 4.1 dargestellt. Er ermöglicht das simultane Schweißen mit beiden Laserstrahlquellen. Innerhalb der experimentellen Untersuchungen sind beide Laserstrahlen off-axis zueinander ausgerichtet. Um die Schädigung optischer Komponenten durch Rückreflexionen zu vermeiden, sind beide Laserköpfe gegenüber der vertikalen Achse geneigt (Nd:YAG = 10° und Diode = 15°).

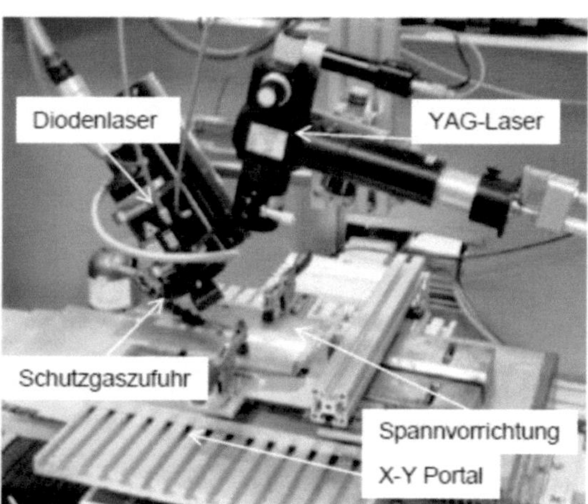

Abbildung 4.1: Versuchsstand

Der Fokusdurchmesser der gepulsten Nd:YAG-Laserstrahlung beträgt 0,4 mm. Der Diodenlaser wird in den Schweißexperimenten ausschließlich kontinuierlich emittierend betrieben. Die Untersuchungen erfolgen zunächst mit einem punktförmig in der Fokusebene abgebildeten Diodenlaserstrahl, der mithilfe variierender Kollimations- und Fokussieroptiken auf unterschiedliche Durchmesser fokussiert wird. Dementsprechend werden die Leistung und die Leistungsdichte variiert. Voruntersuchungen haben gezeigt, dass der Schmelzbaddurchmesser beim gepulsten Laserschweißen im Bereich von 800–1200 μm variiert. Um durch die konzentrische überlagerte Diodenlaserstrahlung eine Vor- und Nachwärmung des das Schmelzbad umgebenden Grundwerkstoffes zu realisieren, wurde der minimale Durchmesser eines punktförmig abgebildeten Diodenlaserstrahls von 2 mm definiert. Damit wird ein Verhältnis des Brennfleckdurchmessers des Diodenlaserstrahl zum Schmelzbad von ca. 2 : 1 bzw. 3 : 1 und 5 : 1 realisiert.

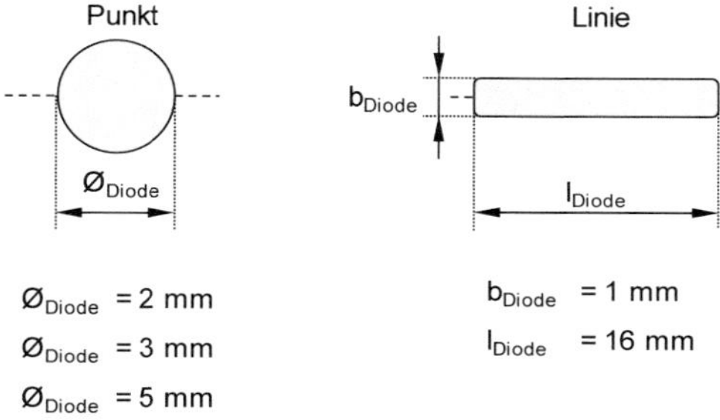

$\varnothing_{Diode}$ = 2 mm

$\varnothing_{Diode}$ = 3 mm

$\varnothing_{Diode}$ = 5 mm

b_{Diode} = 1 mm

l_{Diode} = 16 mm

Abbildung 4.2: Formung des Diodenlaserstrahls

In einem weiteren Schritt werden Strahlformungskomponenten eingesetzt, um den aus der Laserstrahlquelle austretenden Rohstrahl auch linienförmig abzubilden. Die Linie ermöglicht es, die Schweißzone im Prozess über einen längeren Zeitraum vor- bzw. nachzuwärmen und somit Einfluss auf das prozessbedingte Temperatur-Zeit-Regime zu nehmen. Die geometrischen Abmessungen der Diodenlaserstrahlen sind in Abbildung 4.2 hinterlegt.

Die Montage der Laseroptiken auf einer linearen Achse erlaubt zudem die räumlich flexible und aufeinander abgestimmte Anordnung der Laserstrahlen zueinander. So kann durch einem dem Nd:YAG-Laser vor- oder nachlaufenden Diodenlaserstrahl verstärkt Einfluss auf das sich räumlich ausbildende Temperatur- und Spannungsfeld während der Schmelzbaderstarrung genommen werden. Vor dem Hintergrund, dass eine Reduzierung der Abkühlrate die Bildung einer Mikrostruktur mit verbesserter Permeabilität der Restschmelze hervorruft, wird der linienförmig abgebildete Diodenlaserstrahl dem Nd:YAG-Laserstrahl nachlaufend angeordnet. Damit werden die Bereiche des Nachwärmens örtlich ausgedehnt und sie wirken über einen längeren Zeitraum. Die räumliche Anordnung der Strahlen zueinander ist Abbildung 4.3 zu entnehmen.

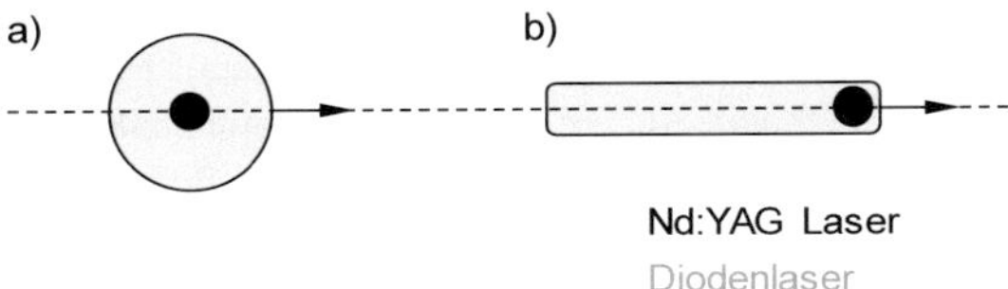

Abbildung 4.3: Relative räumliche Anordnung von Nd:YAG- und Diodenlaserstrahlung

Das genutzte Spannmittel ist in Abbildung 4.4 dargestellt und ermöglicht es die Bleche unter einem konstanten, durch Pneumatikzylinder aufgebrachten Fügedruck, zu fixieren. Das Spannmittel ist auf einem dreiachsigen Bearbeitungssystem befestigt und mit einer Steuerung verknüpft, die verschiedene Verfahrensstrategien (u. a. Haltezeiten am Nahtanfang, Vorschubgeschwindigkeit) umsetzt.

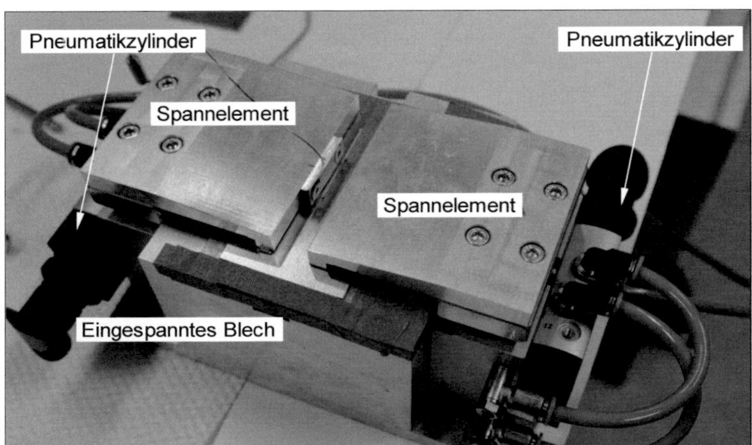

Abbildung 4.4: Einspannvorrichtung zum Fixieren der Bleche

4.3 Versuchsdurchführung

Im Vorfeld der Schweißuntersuchungen wird das Aluminiumblech mit Isopropanol gereinigt und anschließend mit der in Abbildung 4.4 dargestellten Spannvorrichtung fixiert. Zur statistischen Absicherung werden alle Versuche mindestens dreimal durchgeführt. Die Fokusse beider Laserstrahlen (Nd:YAG und Diode) sind innerhalb der gesamten Untersuchungen auf die Oberfläche des Aluminiumbleches positioniert. Um das aufgeschmolzene Material vor Oxidation zu schützen, wird Argon mit einer Durchflussrate von 8 l/min über ein Aluminiumrohr mit einem Durchmesser von 12 mm der Prozesszone zugeführt.

Im ersten Schritt wird das gepulste Laserstrahlschweißen ohne überlagerte Diodenlaserstrahlung untersucht. Die grundlegenden experimentellen Untersuchungen beginnen zunächst modellhaft an Einzelpunktschweißungen und werden anschließend auf punktüberlappende Nahtschweißungen übertragen. Erste referenzierende Untersuchungen erfolgen am Beispiel eines 5 ms langen Rechteckpulses (Abbildung 4.5a). Unter diesen Bedingungen erfolgt der Energieeintrag „quasi konstant" während des Pulses. In einem weiteren Schritt werden die Schweißexperimente mit Rampdownpulsformen (Abbildung 4.5b) ausgeführt, die bereits in den Untersuchungen von [Zha08, Wit16, Kat97] eingesetzt wurden. Analog zum Rechteckpuls wird zu Beginn mit einer konstanten Laserpulsleistung geschweißt. Anschließend wird die Laserleistung über einen definierten Zeitraum (t_{RD}) linear abgesenkt. Die grau eingefärbte Fläche unter der Pulsleistungskurve entspricht dabei der Pulsenergie. Der Energieeintrag pro Puls steigt mit höheren Pulsspitzenleistungen (P_{YAG}) und längeren Abkühlzeiten (t_{RD}).

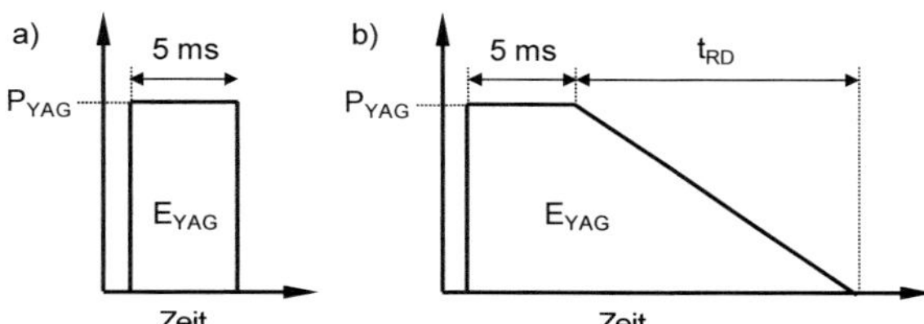

Abbildung 4.5: Verwendete Pulsformen: Rechteckpulsform und Rampdownpulsform

Die individuellen Punktschweißungen werden an einem unbewegten Aluminiumblech ausgeführt. Bei Nahtschweißungen wird mit einem Vorschub von $v = 40 \text{ mm} \cdot \text{min}^{-1}$ gearbeitet, was die nach dem derzeitigen Stand der Technik maximal erreichbare Schweißgeschwindigkeit darstellt [Wit16, Zha08]. Um eine hermetische dichte Schweißnaht zu gewährleisten, wird mit einer Repetitionsrate von 6 Hz geschweißt (Gleichung 4-1). Dadurch ergibt sich ein Überdeckungsgrad der individuellen Schweißpunkte von ca. 75 %. Der Schweißpunktdurchmesser wurde metallographisch aus individuellen Punktschweißuntersuchungen ermittelt.

$$\text{Pulsfrequenz} = \frac{\text{Vorschubgeschwindigkeit}}{(1 - \text{Überdeckung}) \cdot \text{Schweißpunktdurchmesser}} \qquad \text{Gleichung 4-1}$$

Bei den experimentellen Untersuchungen mit räumlich überlagerter cw-Diodenlaserstrahlung wird der gepulste Nd:YAG-Laser ausschließlich mit dem heißrissanfälligen Rechteckpuls betrieben. Auf diese Weise kann die Auswirkung der räumlich überlagerten Diodenlaserstrahlung und damit ihr Anteil an der Heißrissvermeidung besser abgeleitet werden. Auch hier beträgt der Überdeckungsgrad der individuellen Schweißpunkte ca. 75 %.

In ausgewählten Versuchsreihen werden die Schweißexperimente von Hochgeschwindigkeitsaufnahmen begleitet, um den Erstarrungsprozess des nur zwischen 1 und 15 ms lang existierenden Schmelzbades aufzuzeichnen und Rückschlüsse zum Verlauf des Schmelzbaddurchmessers und der Erstarrungsgeschwindigkeit zu ziehen. Beide Größen dienen zur Validierung und Verifizierung der numerischen Simulation. Die Hochgeschwindigkeitskamera ist dabei lateral zur Laserstrahlung ausgerichtet. Über ein Zoomobjektiv wird der Kamerafokus auf die Fokusebene der Laserstrahlen ausgerichtet. Eingesetzt wird die Hochgeschwindigkeitskamera „Fastcam SA-X2“ der Firma Photron. Mit einer eingeschränkten Pixelzahl von 512 x 512 wird der Schweißprozess mit 30.000 Hz bzw. Bildern pro Sekunde beobachtet. Bedingt durch die hohen Bildaufnahmeraten sind nur kurze Belichtungszeiten möglich. Daher wird der Laserstrahlschweißprozess mit einem Diodenlaser beleuchtet, um trotz der kurzen Belichtungszeiten eine ausreichende Helligkeit bzw. Belichtungsintensität für die Aufnahmen zu schaffen. Ein Bandpassfilter für die Beleuchtungswellenlänge von 808 nm wird vor dem Zoomobjektiv platziert. Er ermöglicht ein gezieltes Ausblenden des Prozessleuchtens und liefert somit unabhängig von der eingesetzten Laserleistung vergleichbare Aufnahmen.

4.4 Metallographische und metallurgische Schweißnahtcharakterisierung

Die sich ausbildende Nahtgeometrie wird anhand des Schweißpunktdurchmessers an individuellen Punktschweißungen bzw. an punktüberlappenden Nahtschweißungen durch die Nahtbreite und -tiefe quantifiziert (Abbildung 4.6).

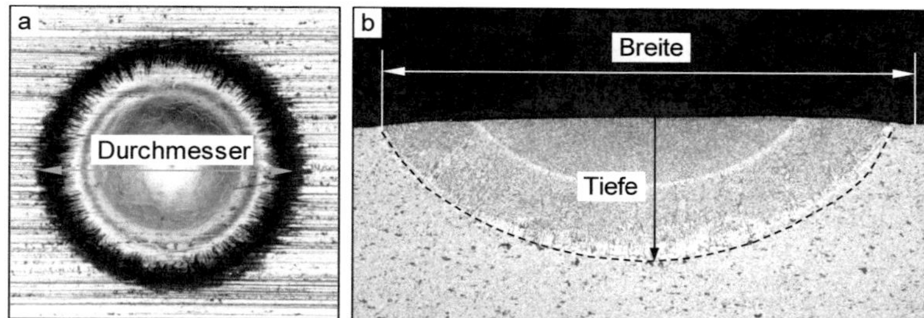

Abbildung 4.6: Vermessung von geometrischen Nahtmerkmalen a) an individuellen Punktschweißungen, b) an punktüberlappenden Nahtschweißungen

Die Evaluierung der Heißrissanfälligkeit erfolgt durch die Ermittlung von Risslängen an der Oberfläche und einen Querschliff. Dabei werden sowohl für Punkt- als auch für punktüberlappende Nahtschweißungen spezifische Risscharakteristika definiert und ausgewertet. Bei individuellen Punktschweißungen werden der an der Schweißpunktoberfläche auftretende Rissradius r_{Riss} sowie die kumulierte Risslänge Σ_{Riss} als Maß für die Heißrissanfälligkeit herangezogen (Abbildung 4.7). r_{Riss} ist der Radius des Kreises, der seinen Mittelpunkt in der Schweißpunktmitte hat und den Anfang des längsten Risses schneidet, sodass r_{Riss} maximiert ist. r_{Riss} wurde auch in den Untersuchungen von [Nak11] und [Wit16] verwendet, um verschiedene Laserparameter in ihrem Verhältnis zur Heißrissanfälligkeit zu bewerten. Zusätzlich werden die Längen aller an der Oberfläche auftretenden Risse aufsummiert (Σ_{Riss}).

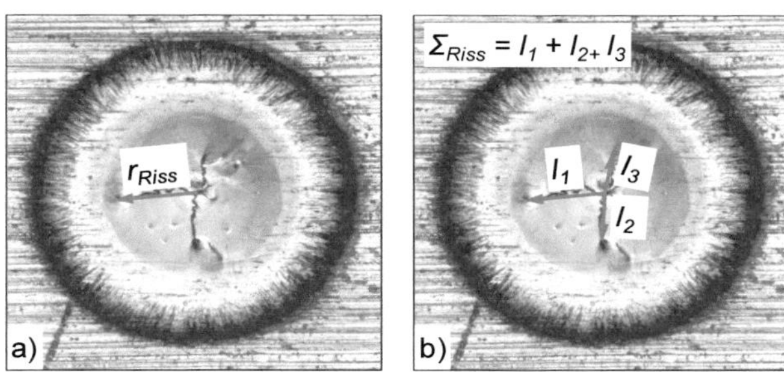

Abbildung 4.7: Vermessung von a) Rissradius (r_{Riss}) und b) kumulierter Risslänge (Σ_{Riss}) an individuellen Punktschweißungen

An punktüberlappenden Nahtschweißungen wird die Heißrissanfälligkeit analog durch Risslängen an der Nahtoberfläche und im Querschliff quantifiziert. In Bezug auf die

Nahtoberfläche werden die Längen der rissbehafteten Bereiche ΣL_i entlang der Schweißnaht aufsummiert und mit einer definierten Länge L ins Verhältnis gesetzt.

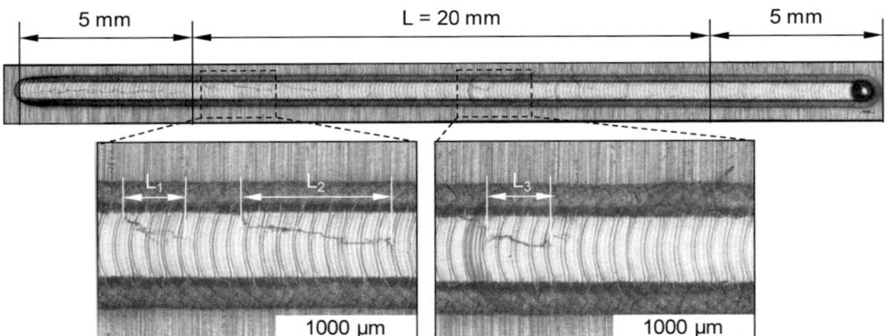

Abbildung 4.8: Vermessung der Risslänge in punktüberlappenden Nahtschweißungen

Aus den gemessenen Größen wird der Rissindex $R_{\%}$ abgeleitet (Gleichung 4-2). Er entspricht der relativen Risslänge bezogen auf die Schweißnahtlänge. Die Länge L definiert die Gesamtlänge der Schweißnaht (30 mm) abzüglich der ersten und letzten 5 mm. Überlappende Risslängen werden nicht in Σ Li berücksichtigt. Ein analoges Vorgehen zur Bewertung der Heißrissanfälligkeit haben auch [Zha08] und [Wit16] vorgenommen.

$$R_{\%} = \frac{\text{Länge der individuellen Risse}}{\text{Länge der Schweißnaht}} = \frac{\sum L_i}{L} \qquad \text{Gleichung 4-2}$$

Anhand der Querschliffe wird neben der kumulierten Risslänge auch die Erstarrungsmorphologie bewertet. Zur Visualisierung der Mikro- bzw. Kornstruktur werden die Proben nach Kroll geätzt. Mittels energiedispersiver Röntgenspektroskopie (EDX) wird die lokal auftretende chemische Zusammensetzung an den Bruchflächen analysiert. Die EDX-Analysen wurden mit der Beschleunigungsspannung von 20 keV bei einem Arbeitsabstand von 20 mm durchgeführt. Der Elektronenstrahldurchmesser wurde auf 5 µm eingestellt.

4.5 Methodische Vorgehen

Die Klärung der ineinandergreifen Zusammenhänge der Heißrissbildung beim gepulsten Laserstrahlschweißen setzt ein methodisches Vorgehen voraus, das die während der Schmelzbaderstarrung auftretenden physikalischen und metallurgischen Vorgänge separiert bzw. deren gegenseitige Beeinflussung darstellt. Dafür werden experimentelle von analytischen und modellbasierten Untersuchungen begleitet, um ein ganzheitliches werkstoffunabhängiges Prozessverständnis abzuleiten.

Die grundlegenden experimentellen Untersuchungen beginnen zunächst modellhaft an Einzelpunktschweißungen. Hier liegen zu Pulsbeginn stets konstante Randbedingungen vor. Insbesondere kann die Erstarrungsmorphologie an individuellen Punktschweißungen vollständig beurteilt werden. Als Referenz werden die Punktschweißexperimente mit einem konventionellen Rechteckpuls und einem Rampdownpuls durchgeführt. Beide Pulsformen wurden bereits in verschiedenen experimentellen Studien eingesetzt und bilden daher eine gute Bewertungsgrundlage für den Abgleich mit dem bisherigen Stand der Technik. Prozessbeobachtungen mittels Hochgeschwindigkeitsvideographie begleiten die Punktschweißexperimente und unterstützen die Klärung der Wechselwirkungsmechanismen zwischen dem auf kurzen Zeitskalen veränderlichen Wärmeeintrag und der im Schmelzbad ablaufenden Prozesse.

Für ein fundiertes Prozessverständnis müssen die thermischen und strukturmechanischen Erstarrungsparamater während der Schmelzbaderstarrung zeit- und ortsaufgelöst quantifiziert werden. Ihre Ermittlung erfolgt durch die numerische Simulation. Dabei stehen Simulation und Experiment über die Validierung und Verifizierung in enger Wechselwirkung zueinander. Durch die numerische Prozessabbildung liegen die Voraussetzungen für eine getrennte Betrachtung von thermischen, strukturmechanischen und metallurgischen Einflussgrößen an der Phasengrenze zwischen fest und flüssig vor. Anhand umfassender metallographischer Untersuchungen werden die Risslängen bzw. die entstehende Mikrostruktur den berechneten Erstarrungsparametern konkret zugeordnet. Neben Risslängen, der Korngröße und der Kornorientierung wird auch eine Charakterisierung der lokalen Zusammensetzung mittels EDX vorgenommen, um Rückschlüsse mit Blick auf Seigerungserscheinungen quantifizieren zu können. Die Zusammenführung der wesentlichen Erkenntnisse, beginnend bei der zeitlich variablen Energieeinbringung über die Berechnung der Erstarrungsparameter bis hin zu der resultierenden Mikrostruktur, ergibt ein durchgängiges Verständnis des Prozesses der Heißrissbildung beim gepulsten Laserstrahlschweißen. Anhand der zusammengeführten Erkenntnisse können Strategien entwickelt werden, um die Heißrissbildung beim gepulsten Laserstrahlschweißen zu reduzieren.

Das an den modellhaften Einzelpunktschweißungen erarbeitete Prozessverständnis wird anschließend auf punktüberlappende Nahtschweißungen, die industriell bevorzugt werden, übertragen und evaluiert bzw. angepasst. Dies erlaubt einen direkten

Vergleich mit dem aktuellen industriellen Stand und ermöglicht es, die Übertragbarkeit der Erkenntnisse vom Laborstadium ins industrielle Stadium zu bewerten.

Abschließend wird ein neuartiger Verfahrensansatz auf der Grundlage der räumlichen und zeitlichen Kopplung eines Dauerstrich-Diodenlasers mit einem gepulsten Nd:YAG-Laser entwickelt. Die gezielte Überlagerung eines Diodenlasers mit geringer Leistung (≤ 300 W) schafft eine gezielte Eingriffsmöglichkeit sowohl in das Temperatur-Zeit-Regime als auch in den Spannungszustand. Dadurch werden rissfreie Nahtschweißungen mit konventionellen Rechteckpulsen bei zugleich höherer Einschweißtiefe und Schweißgeschwindigkeit erzeugt.

5 Ergebnisse und Diskussion

5.1 Experimentelle Untersuchungen an individuellen Punktschweißungen

In diesem Absatz werden zunächst die Ergebnisse aus den experimentellen Untersuchungen dargestellt. Diese umfassen zum einen die Quantifizierung der Schweißpunktgeometrie und der Heißrissanfälligkeit. Zum anderen werden die Ergebnisse zur Schweißpunkterstarrung aufgezeigt, die mit der Hochgeschwindigkeitskamera erfasst worden sind.

5.1.1 Geometrie

Die Schweißpunktgeometrie wird gemäß den Erläuterungen aus Abbildung 4.6 quantifiziert. Dazu wird einerseits der Schweißpunktdurchmesser und anderseits die Einschweißtiefe bestimmt. Beide Größen dienen als Datenbasis für die experimentelle Validierung der numerischen Simulation in Abschnitt 5.2. In den Schweißexperimenten wurden die Pulsspitzenleistung (P_{YAG}) und die Länge der Rampdownphase (t_{RD}) variiert.

Die in Abbildung 5.1 exemplarisch dargestellten Querschliffe veranschaulichen den Einfluss der Laserparameter P_{YAG} und t_{RD} auf die sich ausbildende Geometrie des Schweißpunktes. Während die Aufnahmen a) bis c) den Einfluss von P_{YAG} beim Schweißen mit einem 5 ms langen Rechteckpuls zeigen, wird in den Aufnahmen d) bis f) die Auswirkung von t_{RD} bei konstanter Pulsspitzenleistung P_{YAG} = 1,8 kW gezeigt. Durch den Anstieg von P_{YAG} ist ein signifikanter Anstieg der Einschweißtiefe und -breite ersichtlich. Hingegen ist die Auswirkung von t_{RD} zu vernachlässigen. Innerhalb des Schweißgutes können auch Nahtimperfektionen wie Heißrisse auftreten, deren detaillierte und parameterabhängige Betrachtung ab Kapitel 5.1.2 folgt.

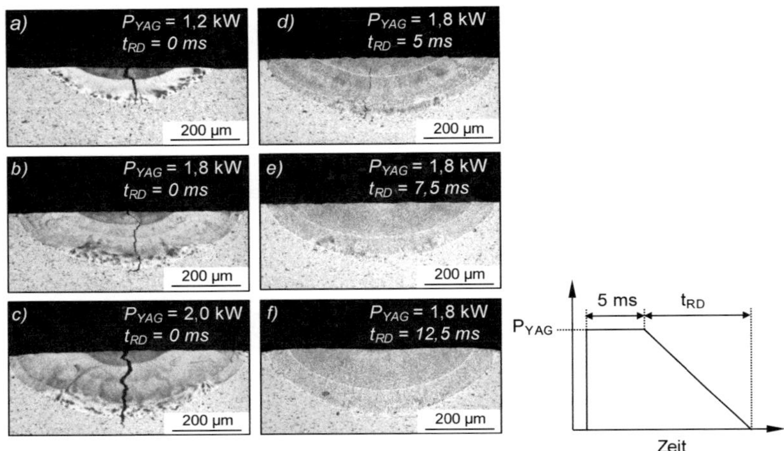

Abbildung 5.1: Einschweißtiefe und Nahtbreite in Relation zu P_{YAG} und t_{RD}

Der sich in Abhängigkeit von P_{YAG} und t_{RD} ausbildende Schweißpunktdurchmesser ist in Abbildung 5.2 quantifiziert.

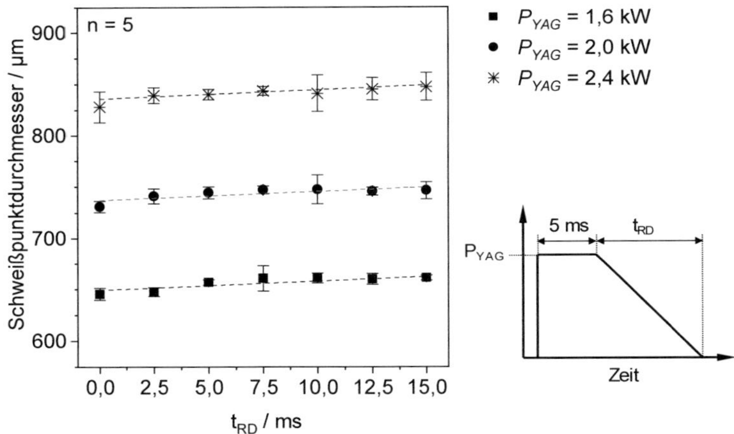

Abbildung 5.2: Schweißpunktdurchmesser in Abhängigkeit von P_{YAG} und t_{RD}

Im Diagramm entspricht t_{RD} = 0 ms einem konventionellen Rechteckpuls. Der Wert 10 ms entspricht einem insgesamt 15 ms langen Rampdownpuls, bei dem die Laserleistung innerhalb von 10 ms linear auf 0 W heruntergefahren wird. Die gemessenen Werte verdeutlichen, dass der entstehende Schweißpunktdurchmesser nahezu linear mit P_{YAG} steigt. Die Auswirkung von t_{RD} ist hingegen zu vernachlässigen. Bei Pulsspitzenleistungen von P_{YAG} > 2,4 kW traten Schweißspritzer bzw. Schmelzbadauswürfe auf, was der Grund dafür war, die Pulsspitzenleistung auf maximal 2,4 kW zu beschränken.

Die dazugehörigen Einschweißtiefen, die über metallographische Querschliffe in Nahtschweißungen ermittelt worden sind, zeigen eine Analogie zum zuvor dargestellten Schweißpunktdurchmesser (Abbildung 5.3). Aus Gründen der verbesserten Darstellung sind die Einschweißtiefen nur für drei Stufen von P_{YAG} dargestellt. Auch hier wird die Einschweißtiefe vordergründig durch P_{YAG} beeinflusst. Festzuhalten ist, dass nur geringe Einschweißtiefen von 250 µm erreicht werden.

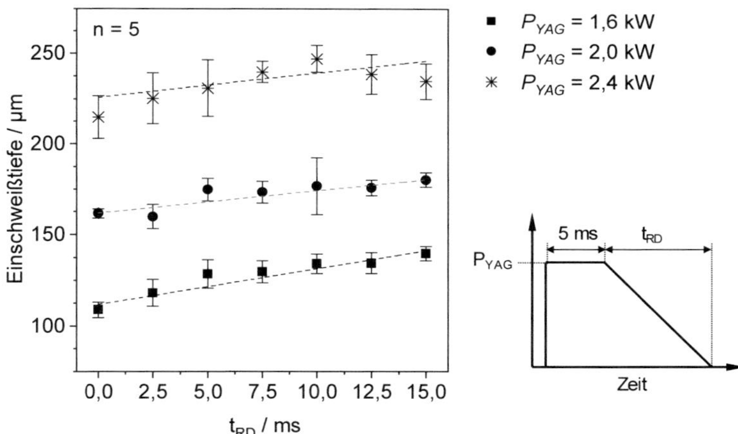

Abbildung 5.3: Einschweißtiefe in Abhängigkeit von P_{YAG} und t_{RD}

An dieser Stelle ist festzuhalten, dass die Schweißpunktgeometrie und das Schweißpunktvolumen hauptsächlich durch die Pulsspitzenleistung (P_{YAG}) bestimmt werden. Dabei liegen die erreichbaren Einschweißtiefen bei weniger als 0,3 mm, sodass keine Durchschweißung des 0,5 mm dicken Bleches vorliegt.

5.1.2 Heißrissbildung

In Abbildung 5.4 und Abbildung 5.5 ist der Einfluss von t_{RD} auf die Heißrissanfälligkeit exemplarisch für P_{YAG} = 1,8 kW dargestellt. Quantifiziert wird sie gemäß den Erläuterungen aus Abbildung 4.7 anhand der kumulierten Risslänge (Σ_{Riss}) und des maximal auftretenden Rissradius (r_{Riss}). Weil die Kurven für Σ_{Riss} und r_{Riss} qualitativ gleich verlaufen, können beide Risskriterien zur Beschreibung der Heißrissanfälligkeit an individuellen Punktschweißungen angewendet werden. In Bezug auf t_{RD} durchlaufen beide Graphen einen Bereich, in dem die Risslänge auf ein Minimum abfällt und das Schmelzbad ohne Entstehung von Heißrissen erstarrt. Ausgehend von diesem Bereich erhöht sich die Risslänge für kürzere bzw. längere Rampdownlängen (t_{RD}).

Für die Rissbildung an Punktschweißungen können drei Regime identifiziert werden. Die größte Risslänge ist im Regime I vorzufinden, wenn mit einem konventionellen Rechteckpuls (t_{RD} = 0 ms) geschweißt wird. Durch die Verlängerung von t_{RD} nimmt die Risslänge im Regime I sukzessive ab, bis es bei einer mittleren t_{RD} zwischen 10 und 15 ms (Regime II) zu einer vollständigen Rissunterdrückung kommt. Im Regime III, bei dem mit t_{RD} > 15 ms geschweißt wird, ist eine wiederkehrende Heißrissbildung zu beobachten. Die Entstehung von Heißrissen wird somit in einem weitreichenden Parameterbereich beeinflusst, was sich in einer reduzierten Risslänge bis hin zur vollständig rissfreien Erstarrung des Schmelzbades und der wiederkehrenden Rissbildung widerspiegelt.

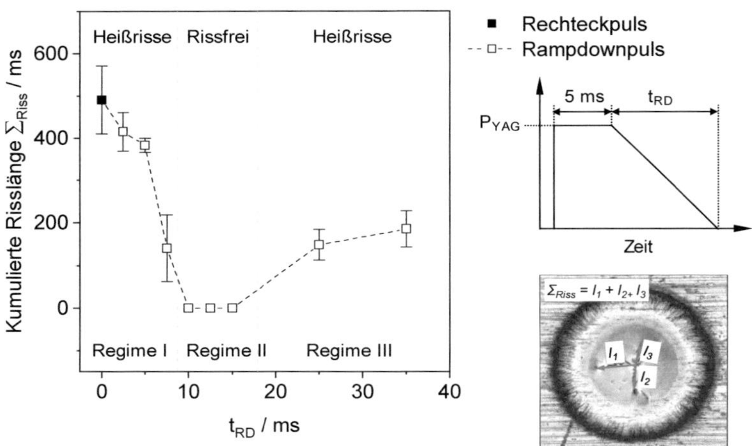

Abbildung 5.4: Risslänge in Punktschweißungen in Abhängigkeit von t_{RD} für P_{YAG} = 1,8 kW

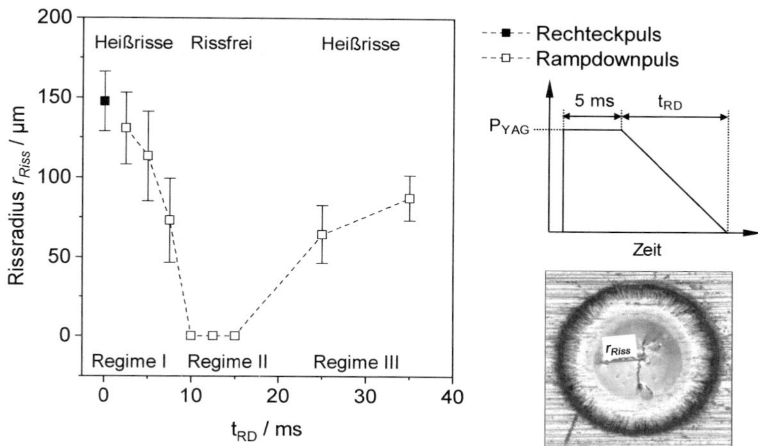

Abbildung 5.5: Rissradius in Punktschweißungen in Abhängigkeit von t_{RD} und LLA_{-1} für P_{YAG} = 1,8 kW

Die in Abbildung 5.6 exemplarisch dargestellten Querschliffe können den experimentell ermittelten Rissregimen zugeordnet werden. Weiterführend kann auch die Risscharakteristik in den Regimen I und III abgeleitet werden. In der Gesamtheit der experimentellen Untersuchungen konnte die ausgehend vom Schweißpunktrand radial in Richtung der Schweißpunktmitte verlaufende Rissbildung beobachtet werden. Dieser Verlauf entspricht auch der Erstarrungsrichtung des Schmelzbades. Somit ist die Heißrissbildung in individuellen Punktschweißungen tendenziell radial ausgerichtet und durchdringt in der Regel das Zentrum des Schweißpunktes auf der Oberseite.

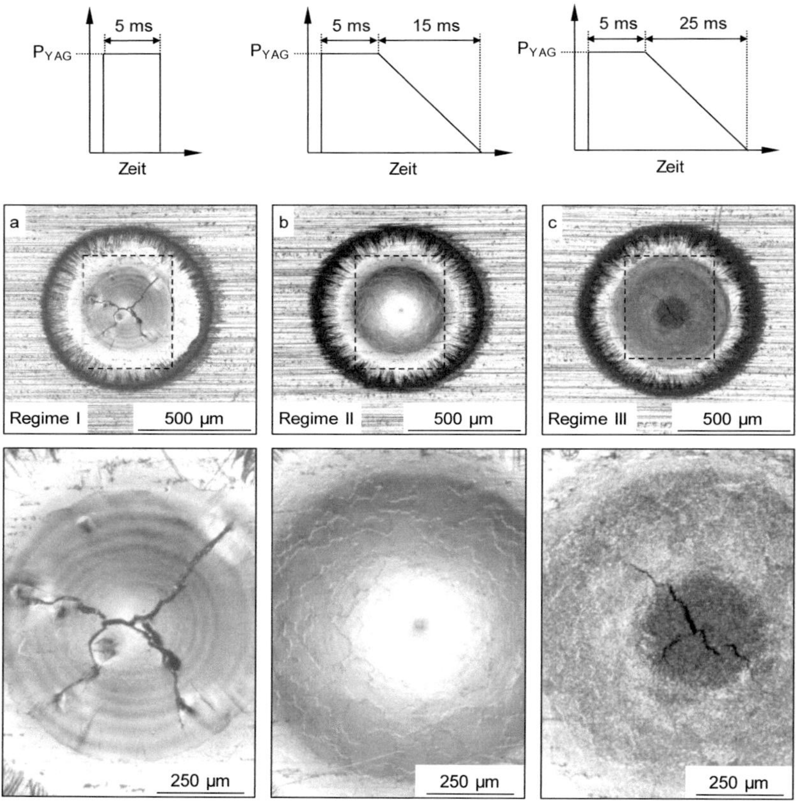

Abbildung 5.6: Heißrissbildung in Punktschweißungen für P_{YAG} = 1,8 kW

Abbildung 5.7 zeigt, inwieweit die Heißrissbildung von der Pulsspitzenleistung P_{YAG} = 2,4 kW beeinflusst wird. In Bezug auf t_{RD} durchläuft auch hier jeder Graph ein Minimum der Risslänge, wobei diese durch die Erhöhung der Pulsspitzenleistung zunimmt. Für P_{YAG} < 2,2 kW kann die Heißrissbildung im Regime II vollständig unterdrückt werden. Dabei benötigen größere Pulsspitzenleistungen eine verlängerte Rampdownlänge (t_{RD}), um rissfreie Schweißpunkte zu erzeugen. Für Pulsspitzenleistungen ≥ 2,2 kW werden in diesen Untersuchungen unabhängig von t_{RD} Heißrisse erzeugt. Hier kann die Risslänge lediglich auf ein Minimum reduziert, aber nicht vollständig unterdrückt werden.

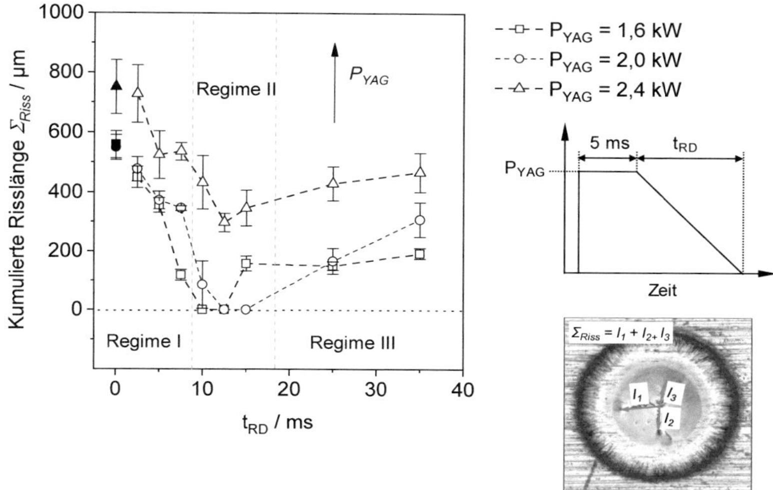

Abbildung 5.7: Heißrissbildung in Punktschweißungen in Abhängigkeit von der Pulsspitzenleistung

Anhand der Punktschweißexperimente werden vier wesentliche Effekte identifiziert, die wiederum drei Rissregimen zugeordnet werden können. Im **Regime I**, wenn mit $t_{RD} < 10$ ms geschweißt wird, entstehen Heißrisse. Ausgehend vom Rechteckpuls, der die größten Risslängen erzeugt, reduziert sich die Heißrissempfindlichkeit durch die Verlängerung von t_{RD}. Dieser Effekt ist bereits in vorhergehenden rein experimentellen Studien gezeigt worden.

- Im **Regime II**, das durch mittlere Rampdownlängen (10 ms < t_{RD} < 15 ms) definiert ist, liegt ein Minimum der Heißrissanfälligkeit vor. Hier kann die Heißrissbildung in Abhängigkeit von P_{YAG} stark reduziert oder gar vollständig vermieden werden.

- Eine wiederkehrende Heißrissbildung setzt ein, wenn t_{RD} < 15 ms beträgt (**Regime III**). Dabei werden gegenüber dem Regime I kürzere Risslängen festgestellt, sodass ein anderer Effekt die Heißrissentstehung in diesem Bereich dominiert.

- Ein Anstieg der Heißrissanfälligkeit resultiert auch aus der Erhöhung der Pulsspitzenleistung bzw. des Schweißvolumens. Ab einem bestimmten Wert kann auch im **Regime II** keine rissfreie Schmelzbaderstarrung erwirkt werden. Die Heißrissbildung tritt in diesem Regime unabhängig von der Leistungsabfallzeit (t_{RD}) auf. Daraus kann abgeleitet werden, dass ab einem gewissen Energieeintrag die Bildung von Heißrissen durch einen anderen Mechanismus verursacht wird.

Aus den modellhaften Punktschweißuntersuchungen lassen sich daher mehrere grundsätzliche Erkenntnisse für eine Prozessauslegung ableiten:

- Das Schweißen mit Rechteckpulsen führt stets zur Bildung von Heißrissen.

- Um die Heißrissbildung in Punktschweißungen zu vermeiden, muss mit Rampdownpulsen geschweißt werden. Dabei muss die Leistungsabfallzeit (t_{RD}) in bestimmten Grenzen gewählt werden, da Heißrisse aufgrund der zuvor erwähnten Rissbildungsmechanismen sowohl bei kurzen als auch bei langen t_{RD} auftreten können.

Die diesem parameterabhängigen Verhalten zugrunde liegenden Ursachen werden anhand der numerischen Prozessmodellierung und der metallographischen Schweißpunktauswertung in den Abschnitten 5.3 und 5.4 untersucht.

5.1.3 Experimentelle Schmelzbadentstehung und -erstarrung

Aufbauend auf der Erkenntnis, dass die Heißrissvermeidung bzw. die resultierende Risslänge von t_{RD} beeinflusst wird, sind ausgewählte Punktschweißexperimente von Hochgeschwindigkeitsaufnahmen begleitet worden. Abbildung 5.8 zeigt die zeitliche Abfolge eines Punktschweißprozesses, der mit einem Rechteckpuls bei P_{YAG} = 1,8 kW erzeugt worden ist. Die Abfolge beginnt oben links und endet unten rechts, wobei in jeder Aufnahme der Zeitpunkt in Bezug auf den Start des Laserpulses angegeben ist.

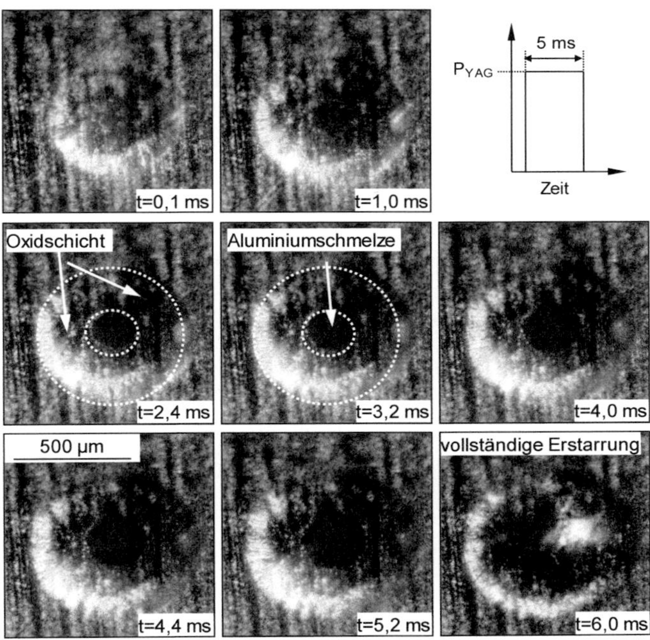

Abbildung 5.8: Aufnahme der Schmelzbadbildung und -erstarrung für einen Rechteckpuls bei P_{YAG} = 1,8 kW (30.000 fps)

Bereits 0,1 ms nach Einschalten der Laserstrahlung beträgt der Schmelzbaddurchmesser ca. 500 µm und ist nahezu vollständig ausgebildet. Aufgrund der unterschiedlichen Reflexionseigenschaften wird die transiente Ausbildung von zwei um den Mittelpunkt des Schmelzbades konzentrisch angeordneten Bereichen (Zeitpunkt t = 2,4 ms) hervorgehoben, die im gesamten Untersuchungsbereich beobachtet worden sind. Die unmittelbare Wechselwirkungszone des Laserstrahls mit dem Schmelzbad wird durch den inneren, schwarz abgebildeten Bereich repräsentiert. Aufgrund der hohen Leistungsdichte des Laserstrahls wird die Oxidschicht aufgebrochen und durch die Marangoni-Konvektion im Schmelzbad aus dem Zentrum radial in die äußeren Randbereiche transportiert. In dem äußeren, helleren Bereich, der dem Laserstrahl nicht direkt ausgesetzt ist, ist das Schmelzbad von der hochschmelzenden Oxidschicht (T_S = 2.035 °C) bedeckt.

Der Erstarrungsprozess ist in Abbildung 5.9 dargestellt. Hier ist jede Bildsequenz in Bezug auf das Ende des Rechteckpulses bzw. den Beginn der Erstarrung zum Zeitpunkt t = 5 ms angegeben. Bereits nach 0,6 ms ist das Schmelzbad vollständig erstarrt. Im letzten Stadium, im Zeitraum zwischen t = 0,45 ms und t = 0,6 ms, erfolgt innerhalb von 150 µs die sprunghafte Schmelzbaderstarrung, die trotz einer Bildrate von 30.000 Hz nur bedingt quantifiziert werden kann. Somit ist vor allem im letzten Stadium von einem signifikanten Anstieg der Erstarrungsgeschwindigkeit auszugehen. Nach vollständiger Schmelzbaderstarrung sind Heißrisse durch Reflexionen des eingesetzten Beleuchtungslasers an der Schweißpunktoberfläche ersichtlich.

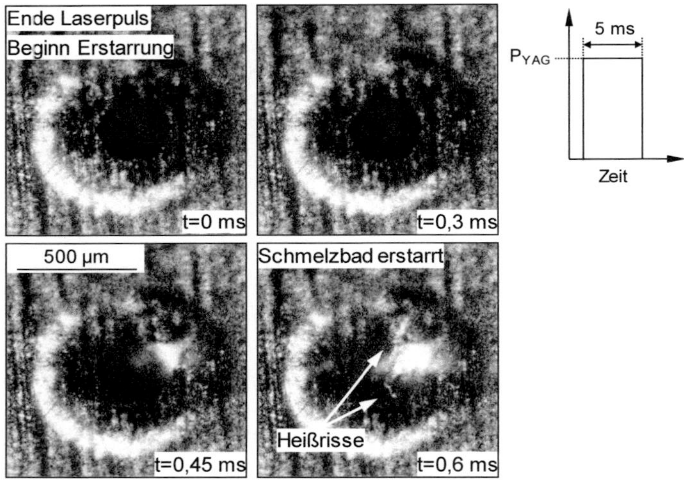

Abbildung 5.9: Aufnahme der Schmelzbaderstarrung für einen Rechteckpuls bei P_{YAG} = 1,8 kW (30.000 fps)

Die zeitliche Bildabfolge des Punktschweißprozesses, ausgeführt mit Blick auf die Heißrissbildung bei einem optimierten Rampdownpuls aus Regime II (t_{RD} = 12,5 ms), zeigt Abbildung 5.10. Die Bildsequenzen verdeutlichen, dass der Schmelzbaddurchmesser mit einer zeitlich geringen Rate abnimmt, wodurch die Erstarrungszeit gegenüber dem Rechteckpuls (t_{RD} = 0 ms) um ca. 10 ms verlängert wird. Zum Zeitpunkt t = 15,6 ms ist der Schweißpunkt vollständig erstarrt. In den HV-Aufnahmen sind nach der Schmelzbaderstarrung nicht quantifizierbare Verformungen an der Schweißpunktoberfläche zu sehen. Diese können der Abkühlung und der daraus folgenden thermischen Kontraktion des Werkstoffes zugeordnet werden.

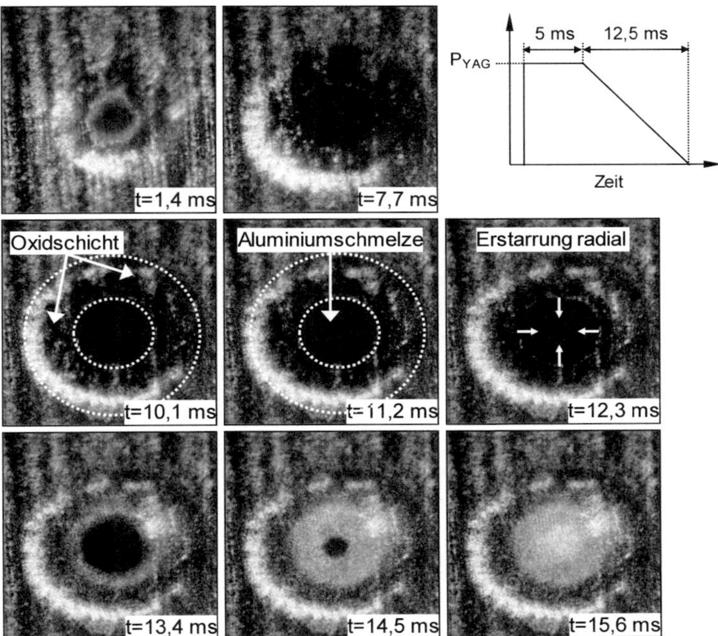

Abbildung 5.10: Aufnahme der Schmelzbadbildung und -erstarrung für einen RD-Puls bei P_{YAG} = 1,8 kW (30.000 fps)

Ausgehend von den Erkenntnissen der Hochgeschwindigkeitsaufnahmen ist festzuhalten:

- Unabhängig von den Laserparametern verläuft die Erstarrung eines Schweißpunktes radial vom Schweißpunktaußenrand zur Schweißpunktmitte.

- Die Erstarrungszeit der Schmelze kann durch t_{RD} beeinflusst werden.

- Heißrisse sind erst nach vollständiger Erstarrung des Schmelzbades (T_L < 650 °C) an der Oberfläche sichtbar. Daraus kann abgeleitet werden, dass die Rissbildung zu einem späten Zeitpunkt der Erstarrung initiiert wird, wenn der Feststoffanteil hoch ist.

Für eine Beschreibung der Heißrissbildung beim gepulsten Laserstrahlschweißen sind Hochgeschwindigkeitsaufnahmen jedoch nicht hinreichend aussagefähig. Die direkte Quantifizierung der Erstarrungsgeschwindigkeit lässt sich experimentell nur in einem stark eingegrenzten Bereich an der Oberfläche vornehmen und wird zusätzlich durch die kurze Zeitskala des Schweißprozesses und die geringen Abmessungen des Schmelzbades erschwert. Der direkte Zeitpunkt der Rissinitiierung und der Rissentstehungsort können für die geringen Schweißpunktdimensionen aber vor allem durch die hohe Geschwindigkeit, mit der das Schmelzbad erstarrt, nicht lokalisiert werden.

Eine verallgemeinerte Beschreibung der Heißrissentstehung setzt die zeit- und ortsaufgelöste Kenntnis des gesamten Temperatur-, Spannungs- und Dehnungsfeldes voraus. Aus diesem Grund wird für die Ermittlung dieser Größen nachfolgend ein numerisches Simulationsmodell aufgesetzt.

5.2 Aufstellung eines numerischen Simulationsmodells

Die numerische Simulation des gepulsten Laserstrahlschweißprozesses ermöglicht die zeit- und ortsaufgelöste Betrachtung des Temperaturfeldes und der daraus resultierenden mechanischen Beanspruchungsverhältnisse. Ausgehend von einem validen Modell können zur Beschreibung der Heißrissentstehung die thermischen und mechanischen Erstarrungsparameter zeit- und ortsaufgelöst ermittelt werden.

Im Rahmen dieser Arbeit werden die Berechnungen mit zwei kommerziell auf dem Markt vertriebenen FEM-Systemen durchgeführt. Aufgrund bevorzugter Auswertemöglichkeiten wird die thermische Simulation mit der Software Comsol Multiphysics 5.3a durchgeführt. Für die Berechnung der Strukturmechanik wird die Software DynaWeld verwendet. In beiden Systemen ist für die Berechnung des Temperaturfeldes das gleiche mathematische Modell hinterlegt, das unter 5.2.1 detailliert erläutert wird. Geht es um eine strukturmechanische Lösung, so ist der grundlegende Vorteil von DynaWeld, dass die bis zum Aufschmelzen vorliegende Dehnungshistorie gelöscht werden kann. Auf diese Weise wird im Schmelzbad ein spannungsfreier Zustand proklamiert und die strukturmechanische Lösung realitätsnäher abgebildet. Die Software Comsol Multiphysics ermöglicht diesen Umstand nicht.

5.2.1 Modellannahmen für die transiente Temperaturfeldberechnung

Ausgangspunkt für Modellannahmen bzw. -vereinfachungen ist die Abstraktion des gepulsten bzw. pulsmodulierten Laserstrahlschweißprozesses auf der Basis der zuvor modellhaft durchgeführten Punktverbindungen. Die numerische Modellierung wird daher als instationäres und 2D-rotationssymmetrisches Modell unter Berücksichtigung einer Phasenumwandlung von fest zu flüssig in Comsol Multiphysics 5.3a umgesetzt. Das thermische Modell bildet ein transientes Temperaturfeld mit Wärmeleitung, Wärmestrahlung und konvektivem Warentransport ab.

Aus der Einwirkung der Wärmequelle $\dot{Q}$ resultiert im Aluminiumblech und im Spannmittel die Ausbildung eines transienten Temperaturfeldes, das durch die Feldgleichung der Wärmeleitung berechnet wird (Gleichung 4-3).

$$\dot{Q} = \rho(T)c_p(T)\frac{\partial T}{\partial t} - \nabla \cdot (a(T) \cdot \nabla T)$$ Gleichung 4-3

$$a = \frac{\lambda(T)}{\rho(T) \cdot c_p(T)}$$ Gleichung 4-4

Hierbei sind die Dichte ρ ($kg \cdot m^{-3}$), die spezifische Wärmekapazität c_p ($J \cdot kg^{-1}$ K^{-1}) und die Wärmeleitfähigkeit λ ($W \cdot m^{-1} \cdot K^{-1}$) Werkstoffkenngrößen, die zur Temperaturleitfähigkeit a ($m^2 \cdot s^{-1}$) zusammengefasst werden. t (s) ist die Zeit und $\dot{Q}$ ($W \cdot mm^{-2}$) die Wärmestromdichte, um den Energieeintrag des gepulsten Laserstrahlschweißprozesses im Modell abzubilden.
Das sich instationär ausbildende Temperaturfeld wird ausgehend von den vorgegebenen Anfangs- und Randbedingungen berechnet. Als Anfangsbedingung wird die ortskonstante Temperatur der Umgebung im Labor definiert.

$$T(x,y,z,0) = 23\ °C$$ Gleichung 4-5

Wärmeverluste durch Konvektion und Strahlung werden unter den experimentellen Umgebungstemperaturen an der Werkstück- und der Spannmitteloberfläche berücksichtigt. Die thermisch abgestrahlte Leistung wird temperaturabhängig nach dem Gesetz von Stefan Boltzmann gemäß Gleichung 4-6 berücksichtig ($\sigma = 5{,}67 \cdot 10^{-8}\ W \cdot m^{-2} \cdot K^{-4}$ = Stefan-Boltzmann-Konstante). Hierbei wird nach [Tot03] für den Festkörper ein Emissionsgrad ε von 0,04 und für die Schmelze von 0,2 angenommen.

$$\dot{q} = \varepsilon\ \sigma\ (T^4 - T_0^4)$$ Gleichung 4-6

Die Beschreibung des konvektiven Wärmeverlustes an die Umgebung wird mit einem konstanten Wärmeübergangskoeffizienten h von $20\ W\ m^{-2} \cdot K^{-1}$ erfasst (Gleichung 4 - 7). Dieser Wert stellt eine charakteristische Größe für den Wärmeübergang von Aluminium zu Luft dar [Sch07].

$\dot{q} = h\,(T - T_0)$ Gleichung 4-7

In einem weiteren Schritt muss der zeitlich diskontinuierliche Energieeintrag $\dot{Q}$ im numerischen Modell implementiert werden. Eine reale Abbildung des Laserstrahlschweißprozesses bzw. der elektromagnetischen Strahlung findet nicht statt. In diesem Fall wird die Schweißwärmequelle phänomenologisch durch ihre Wärmewirkung, d. h. das Temperaturfeld, in der FE-Simulation abgebildet. Dafür muss die Fläche des Laserstrahlfokus, die Stahlkaustik sowie die zeitliche Einwirkung des Laserstrahls in das Modell eingebunden werden. Der Energieeintrag des Laserstrahls wird weiter vereinfacht als spezifische Wärmestromdichte mit konstanter Leistungsverteilung über dem Querschnitt auf der Oberfläche des Aluminiumbleches für den Transfer der Energie in das Bauteil beschrieben. Dies ergibt sich aus der räumlichen Verteilung der Leistungsdichte sowie der geometrischen Abmessung des Laserstrahls im Fokus. Beide Größen wurden experimentell mit einem Fokusmonitor ermittelt (Abbildung 5.11).

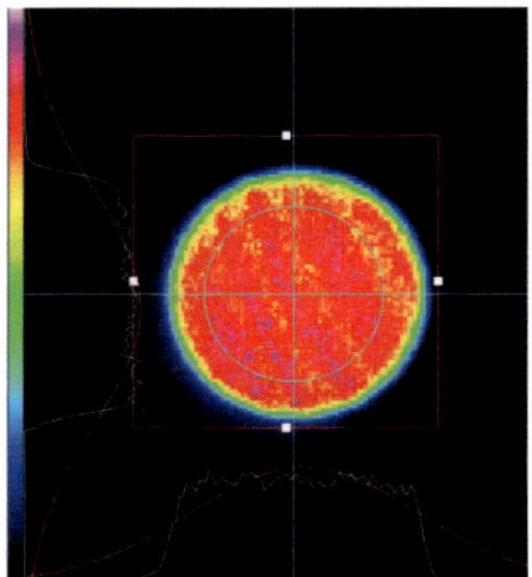

Abbildung 5.11: Strahlkaustik [Las10]

Für das FEM-Modell berechnet sich der spezifische Wärmestrom $\dot{Q}$ aus dem konstanten Absorptionsgrad auf der Metalloberfläche A, der zeitabhängigen Laserleistung (P_{YAG}) sowie der projizierten Laserspotfläche.

$$\dot{Q}_{Laser} = A \cdot \frac{P_{YAG}\,(t)}{\frac{\pi \cdot d^2}{4}}$$

Für die Berechnungen wurde der Absorptionsgrad von 26 % verwendet, der empirisch im Rahmen der Validierungsuntersuchungen (Kap. 5.3.1) ermittelt wurde. Im Modell vernachlässigt werden dabei real auftretende Einflussgrößen auf die Absorption, wie die Oberflächenstrukturierung des Aluminiumbleches, der Brewster-Winkel, die Polarisation und die Wellenlänge der Laserstrahlung.

Beim gepulsten Laserstrahlschweißen hat neben der Geometrie der Wärmequelle auch die zeitliche Variation des Energieeintrags in das Material einen entscheidenden Einfluss auf die numerische Lösung. Für die realitätsnahe Abbildung des zeitlich veränderlichen Energieeintrags wurde der reale Pulsleistungsverlauf laserintern an der Fotodiode gemessen, mit einem externen Oszilloskop aufgezeichnet und in das FEM-Modell implementiert. Beispielhaft ist die real gemessene Pulsform eines Rechteckpulses und eines RD-Pulses in Abbildung 5.12 dargestellt. Die periodische Modulation wird mit einem Inkrement von 50 µs verursacht, d. h., die Leistung wird 20-mal pro Millisekunde durch einen Soll-Ist-Vergleich geregelt.

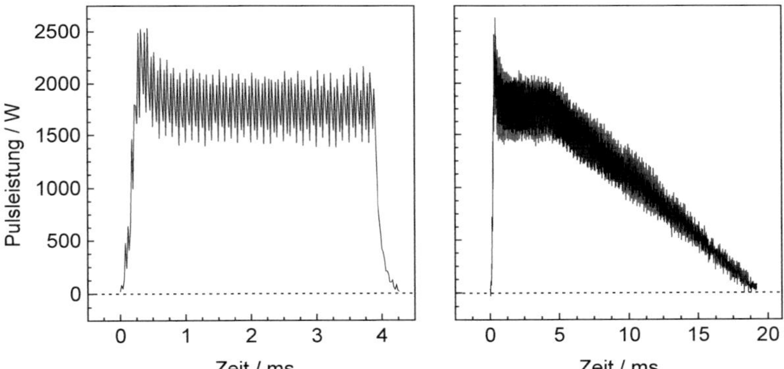

Abbildung 5.12: Experimentell ermittelte Pulsform – links Rechteckpuls, rechts RD-Puls

Die Wärmezufuhr und Wärmeabfuhr an der Oberfläche werden bei überlagerter Wirkung zu folgender Randbedingung zusammengefasst:

$$k\frac{\partial T}{\partial n} = \dot{Q}_{YAG} - h(T - T_0) - \varepsilon\,\sigma(T^4 - T_0^4) \qquad \text{Gleichung 4-8}$$

Weiterhin ist die Bauteilgeometrie im Simulationsmodell ideal nach Konstruktionsstand im CAD berücksichtigt. Die in der Realität auftretenden Abweichungen von der Sollgeometrie sind nicht berücksichtigt. Die Modellgeometrie sowie die angewendeten Randbedingungen mit ihren Vereinfachungen sind in Abbildung 5.13 schematisch als zweidimensionale rotationssymmetrische Darstellung zusammengefasst.

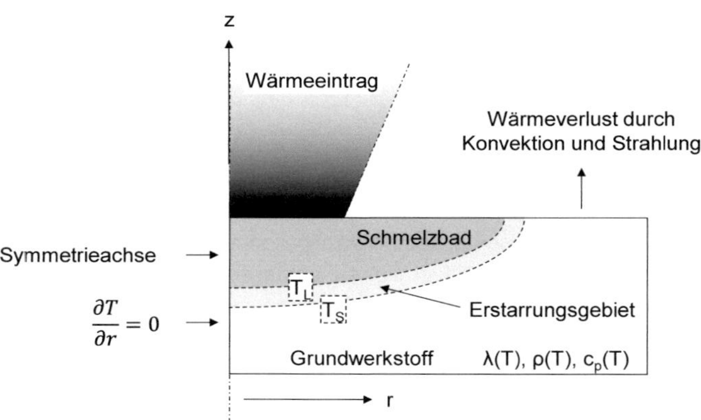

Abbildung 5.13: Schematische Modelldarstellung der thermischen Randbedingungen

Aufgrund des Abstandes von > 10 mm zum Ort des Energieeintrags wird auf die Modellierung der Spannbacken verzichtet. Die Wärmeleitung wird im Aluminiumblech, der Wärmeübergang infolge von Wärmestrahlung und Konvektion über die Metalloberfläche unter Verwendung des Emissionskoeffizienten ε und des Wärmeübergangskoeffizienten h berücksichtigt. Der Energieeintrag ist als instationäre Wärmestromdichte im Metall erfasst und kann über Fokusdurchmesser und Laserstrahlleistung eingestellt werden.

5.2.2 Modellannahmen für die transiente strukturmechanische Berechnung

Das zuvor berechnete Temperaturfeld dient als Lasteingangsgröße für die strukturmechanische Analyse des sich instationär ausbildenden Dehnungs- und Spannungsfeldes. Dabei ist die durch den Laserstrahl erwirkte Temperaturänderung mit einer thermischen Ausdehnung (ε_{th}) im Material verbunden. Die resultierende Volumenänderung des Aluminiumbleches ergibt sich aus dem Wärmeausdehnungskoeffizienten und der Temperaturdifferenz (Gleichung 4-9).

$$\varepsilon_{th} = \alpha\,\Delta T = \alpha\,(T - T_0) \qquad \text{Gleichung 4-9}$$

Die zeit- und ortsabhängigen Wärmedehnungen verursachen elastische bzw. bei behinderter Ausdehnung und Kontraktion elasto-plastische Spannungsfelder sowie zugehörige lokale und globale Formänderungen. Im Hinblick auf die mechanischen Randbedingungen entspricht die Lagerung des FE-Modells dem Experiment. Die mechanische Lagerung des Aluminiumbleches wird idealisiert berücksichtigt, eine aufwändige Modellierung der Spannstellen inklusive der Normal- und Reibkräfte findet nicht statt. An den Lagerstellen werden die Knoten in ihrer Bewegung entlang der jeweiligen Raumrichtung ideal steif gehalten; die Knotenverschiebung beträgt v = 0.

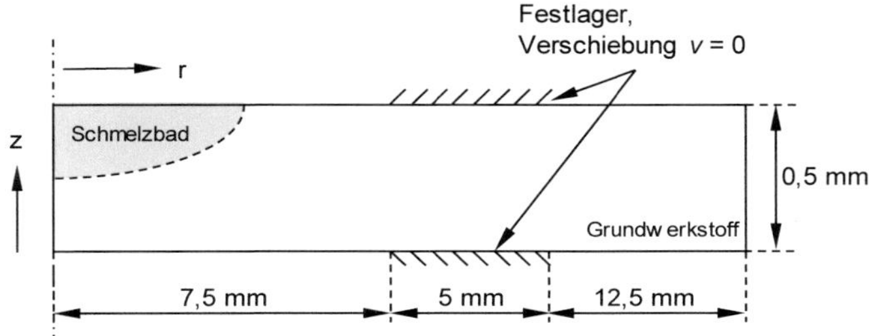

Abbildung 5.14: Schematische Modelldarstellung der mechanischen Randbedingungen

Für die Berechnung der Dehnung und der Dehnrate wurde die latente Wärme im Simulationsmodell vernachlässigt. Dies führte zu Nichtlinearitäten in den Berechnungen, die sich in Steigungssprüngen in den Dehnungs-Zeit-Kurven äußerten und eine hohe Ergebnisstreuung zur Folge hatten. Im Vorfeld durchgeführte Vergleichsrechnungen ohne den Einfluss der latenten Wärme ergaben hierbei eine nahezu vernachlässigbare Streuung.

5.2.3 Vernetzung und Zeitschrittweite pw-Nd:YAG

Das FE-Modell wird entsprechend den auftretenden Temperaturgradienten vernetzt, die in direkter Nähe der Wärmequelle sehr hoch sind und mit zunehmendem Abstand und sinkendem Temperaturniveau abfallen. Daher wird eine Vernetzung angewendet, die im Bereich des Schmelzbades und der Wärmeeinflusszone sehr fein ist und in diskreten Schritten mit zunehmendem Abstand vom Schmelzbad zum Randbereich vergröbert wird. Im Bereich des Schmelzbades beträgt die Elementkantenlänge der Quadrate 0,0125 mm. Somit wird das Schmelzbad in der r-z-Ebene von mindestens 300 Elementen abgedeckt. Um Rechenzeit zu sparen, wird das Netz in Richtung der Blechlängsseite schrittweise über drei Stufen auf eine Elementkantenlänge von 1 mm vergröbert. Die verwendete Vernetzung ist in Abbildung 5.15 beispielhaft für die Probendicke von 0,5 mm zu sehen.

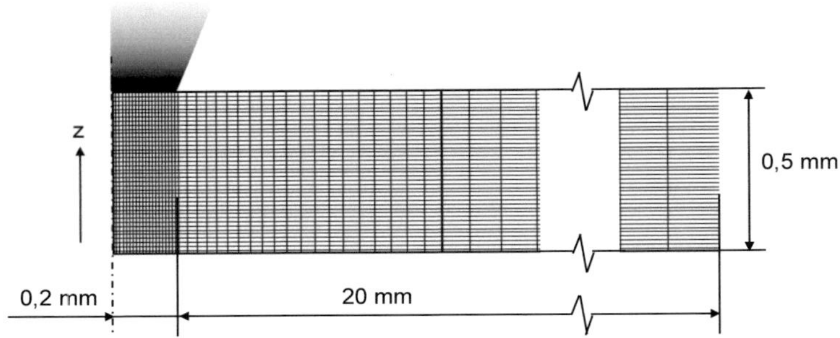

Abbildung 5.15: Beispielhafte FE-Vernetzung für eine ebene Platte der Blechdicke 0,5 mm

Da das Schmelzbad nur im Bereich von 5 bis 20 ms existiert und infolge der daraus resultierenden kurzen Erstarrungszeiten und hohen Temperaturgradienten wird für die Berechnung der numerischen Lösung eine Zeitschrittweite von 0,01 ms angesetzt.

5.2.4 Werkstoffbeschreibung

Der numerischen Berechnung schweißbedingter Temperaturfelder und strukturmechanischer Vorgänge liegt das Vorhandensein entsprechender thermophysikalischer und strukturmechanischer Werkstoffdaten zugrunde. Der örtliche und zeitabhängige Energieeintrag führt dazu, dass die notwendigen Werkstoffeigenschaften temperaturabhängig beschrieben werden müssen. In den meisten Fällen sind die temperaturabhängigen Werkstoffdaten für eine spezifische Legierung der Literatur nur teilweise zu entnehmen. Die experimentelle Bestimmung aller benötigten Größen ist mit einem hohen experimentellen Aufwand verbunden und nicht immer für den gesamten Temperaturbereich (Schmelze) durchführbar. Die Werkstoffdatenblätter der Lieferanten und Hersteller beinhalten in der Regel nur bei Raumtemperatur gemessene Werte [Sch07]. Der im Rahmen der Arbeit verwendete Datensatz setzt sich aus zusammengetragenen Werten der Literatur [Rad98, Rad88] und der DynaWeld-Datenbank [Dyn18] zusammen. Ausgewählte temperaturabhängigen Datensätze [Rad98, Str16, Hil00] zeigen, dass die thermophysikalischen Kennwerte Dichte, Wärmeleitfähigkeit und spezifische Wärmekapazität innerhalb der 6xxx-Legierungsgruppe nur geringfügigen Änderungen unterliegen. Dementsprechend haben geringe Änderungen der Legierungszusammensetzung nur eine untergeordnete Auswirkung auf das sich räumlich und zeitlich ausbildende Temperaturfeld. Mit Blick auf die thermomechanischen Kennwerte Elastizitätsmodul, Wärmeausdehnung, Querkontraktion und temperaturabhängige Streckgrenze ist bei ausscheidungshärtenden Aluminiumlegierungen der

Wärmebehandlungszustand zu berücksichtigen und entsprechend zu modellieren [Sch07]. Innerhalb der vorliegenden Arbeit werden die modellierten Werkstoffkennwerte der Aluminiumlegierung EN AW-6082-T6 als für das gesamte Aluminiumblech ideal homogen und isotrop betrachtet. Eine Berücksichtigung von Seigerungen oder Texturen findet nicht statt. Ebenso wird der Einfluss vorhergehender Prozessschritte bspw. des Urform-, des Umform- und des Wärmebehandlungsverfahrens vernachlässigt. Damit sind die Bauteile zu Beginn ideal, d. h. eigenspannungsfrei abgebildet und besitzen keine bereits kumulierten plastischen Dehnungen oder Vorverfestigungen.

Der Übergang von der festen zur flüssigen Phase wird modelliert, indem ein Übergangsbereich definiert wird, der durch die Solidus- und Liquidustemperatur vorgegeben ist. Das Erstarrungsintervall von EN AW 6082-T6 erstreckt sich nach Angaben des Herstellers über den Temperaturbereich von 650 °C (T_L – Liquidustemperatur) bis 585 °C (T_S – Solidustemperatur) [Gem18]. Derartige Phasenübergange stellen bei der strukturmechanischen Modellierung von Schweißprozessen eine große Herausforderung dar. Dieser Umstand ist auf die Veränderung von strukturmechanischen hin zu fluiddynamischen Eigenschaften in der Schmelze zurückzuführen. Da die fluiddynamische Analyse im entwickelten numerischen Modell nicht vorgesehen ist, findet die Berücksichtigung der Schmelze im Rahmen der strukturmechanischen Prozessabbildung statt. In der Realität hat die Aluminiumschmelze als Flüssigkeit keine bzw. eine sehr geringe Formelastizität und stellt daher im Sinne der Strukturmechanik einen spannungsfreien Zustand dar, weshalb die Oberflächenspannung, der Schweredruck und die Auftriebskraft der Schmelze vernachlässigt werden. Die strukturmechanische Abbildung der Schmelze erfolgt entsprechend der Werkstoffbeschreibung, indem die Spannungen auf einen geringen Wert abgesenkt werden, um die Konvergenz der strukturmechanischen Berechnungen zu ermöglichen. Weiterhin werden die aufgebauten Dehnungen im Schmelzbad auf den Wert 0 gesetzt. Dies bedeutet, dass die Elemente bzw. Knoten beim Überschreiten von T_L = 650 °C keine Dehnungen aufweisen und die bis dahin aufgebaute „Dehnungshistorie“ vernachlässigt werden kann. Auf diese Weise induziert das Schmelzbad keine signifikanten plastischen Dehnungen in den umliegenden Grundwerkstoff.

Für das sich transient ausbildende Temperaturfeld werden die thermophysikalischen Werkstoffdaten Wärmeleitfähigkeit (λ), spezifische Wärmekapazität (c_p) und Dichte (ρ) temperaturabhängig berücksichtigt. Der temperaturabhängige Verlauf der Dichte ist in Abbildung 5.16 dargestellt. Während der Erstarrung erfolgt eine Volumenverringerung von ca. 7 %, die mit einer Erhöhung der Dichte von 2.450 kg $\cdot$ m^{-3} bei 650 °C im flüssigen Zustand auf 2.750 kg $\cdot$ m^{-3} bei 585 °C im festen Zustand einhergeht.

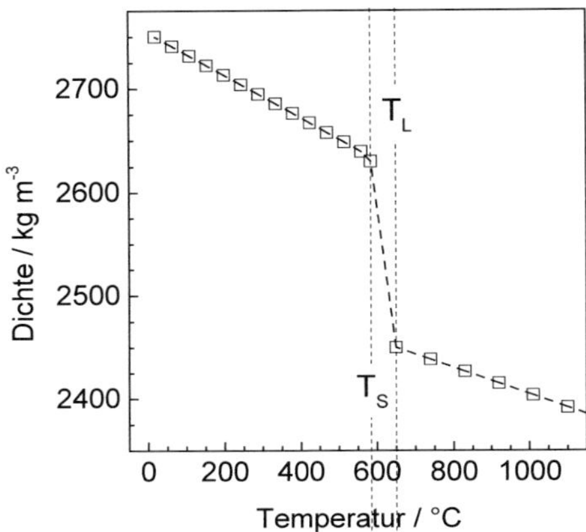

Abbildung 5.16: Temperaturabhängigkeit der Dichte [Dyn18]

Die spezifische Wärmekapazität gibt die Fähigkeit eines Stoffes an, thermische Energie zu speichern, und beschreibt zudem das Werkstoffverhalten während des Schmelzens und Erstarrens, da die während der Phasenumwandlung aufzubringende bzw. frei werdende latente Enthalpie im Verlauf integriert ist. Für die Modellierung der spezifischen Wärmekapazität (c_p) wurden Werte aus [ESI09] verwendet. Mit der erhöhten spezifischen Wärmekapazität im Erstarrungsgebiet wird die spezifische Schmelzwärme im Modell berücksichtigt.

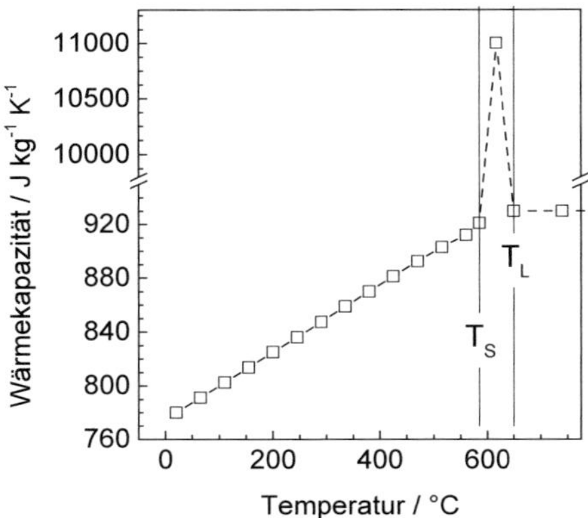

Abbildung 5.17: Temperaturabhängigkeit der spezifischen Wärmekapazität [Dyn18]

Die Wärmeleitfähigkeit (λ) ist maßgebend für die im Werkstoff übertragbare Wärme bei gegebener Temperaturdifferenz. Für die realitätsnahe Modellierung des Temperaturfeldes und der Schmelzbadgeometrie ist neben dem im Festkörper dominierenden konduktiven (diffusen) Wärmetransport auch der durch die strömende Schmelze auftretende konvektive Wärmetransport zu berücksichtigen. Durch die direkte Absorption der Laserstrahlung entsteht an der Schmelzbadoberfläche ein steiles Temperaturprofil mit einem Maximum im Zentrum des Schmelzbades (Abbildung 5.18). Dieses sich zeitlich und örtlich ausbildende Temperaturprofil beeinflusst auch die Oberflächenspannung der Schmelze und die resultierende Schmelzbadform.

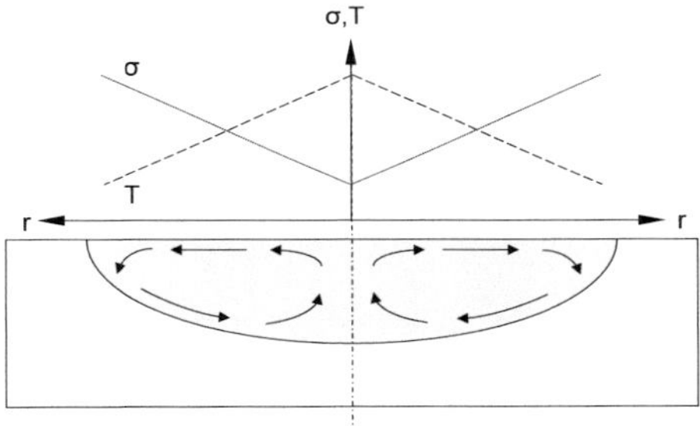

Abbildung 5.18: Schematische Darstellung der Schmelzbadströmung bei negativen Oberflächenspannungskoeffizienten

Generell hat die Aluminiumschmelze beim Wärmeleitungsschweißen einen negativen Oberflächenspannungskoeffizienten [Bac14]. Die Schmelze fließt somit vom heißen Zentrum in die kälteren Randbereiche. Dies wiederum führt zur Ausbildung eines flacheren und breiteren Schmelzbades. Dabei kann die Oberflächenspannung σ nach [Bra07] über die Gleichung 2.3 in eine ortsabhängige Oberflächenspannung σ_S umgerechnet werden.

$$\sigma = \sigma_S + \frac{d\sigma}{dT}\,(T_{Max} - T_S) \qquad \text{Gleichung 2.3}$$

Am Schmelzübergang kann die Oberflächenspannung $\sigma_S = 0{,}914\ \mathrm{N\,m^{-1}}$ angenommen werden. Für den thermischen Gradienten des Oberflächenspannungskoeffizienten gilt $d\sigma/dT = -3{,}5 \cdot 10^{-4}\ \mathrm{N\,m^{-1}\,K^{-1}}$. Mit zunehmender Oberflächentemperatur sinkt somit die Oberflächenspannung auf ein Minimum im Zentrum des Schmelzbades, da dort die Temperaturdifferenz (Maximaltemperatur T_{Max} – Schmelztemperatur T_S) am größten ist (gestrichelte Linie). Folglich ist die Oberflächenspannung in der Nahtmitte geringer als am Rand. Hierdurch wird an der Schmelzbadoberfläche eine Scherspannung τ_S induziert, wodurch die Schmelze von der heißeren Mitte zum kälteren Rand fließt. Dieser Effekt ist in der Literatur als Marangoni-Effekt bekannt. Durch die Bewegung der Schmelze in Richtung Schmelzbadrand entsteht ein Druckabfall in der Mitte und bedingt durch das Abbremsen der Schmelze in Randnähe eine Druckerhöhung am Schmelzbadrand. Das führt zu einer Aufwölbung der Schmelze am Rand und zu einer Vertiefung in der Mitte. Oberflächendeformationen dieser Art sind typisch für das Wärmeleitungsschweißen [Bey13b, Bey13a, Ott10, Bli13].

Die Abbildung des im Schmelzbad auftretenden konvektiven Wärmetransports erfolgt unter Einbeziehung von anisotropen Wärmeleitfähigkeitskoeffizienten oberhalb der Liquidustemperatur (T_L). Diese Vorgehensweise entspricht auch den Ansätzen von [New86, Fen93, Hil01] und [Str16] zur Schmelzbad- und Temperaturfeldmodellierung beim cw-Laserstrahlschweißen. Im entwickelten numerischen Modell weist λ in radialer Richtung einen um den Faktor 4 höheren Wert auf als in axialer Richtung des Schmelzbades. Dieser Wert wurde über die experimentelle Validierung des numerischen Modells verifiziert.

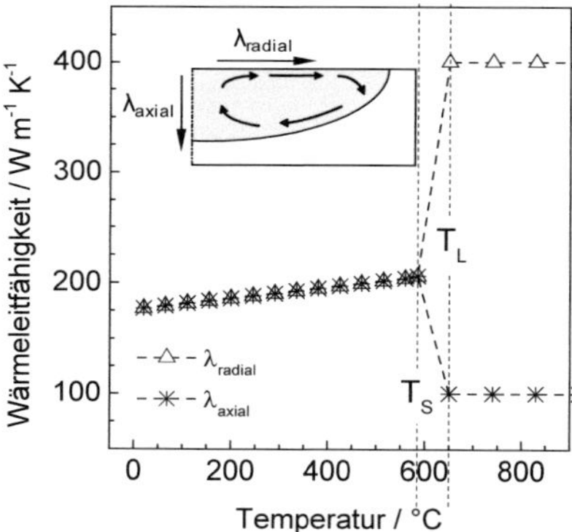

Abbildung 5.19: Temperaturabhängigkeit der Wärmeleitfähigkeit

Für die Lösung der Strukturmechanik werden die Werkstoffdaten Elastizitätsmodul (E), Querkontraktion (υ) und Wärmedehnung (ε_{th}) sowie die Spannungs-Dehnungs-Funktionen temperaturabhängig modelliert. Dabei wird im Temperaturbereich des Festkörpers $T < T_L < 650$ °C ein elasto-plastisches Materialmodell mit kinematischer Verfestigung verwendet, dessen Daten der Materialdatenbank von DynaWeld zugrunde liegen [Dyn18].

Das thermische und mechanische Werkstoffverhalten ist durch die Wärmedehnung (ε_{th}) gekoppelt. Diese steigt bis zur Solidustemperatur linear an. Oberhalb von

T_S = 585 °C wurde eine konstante Wärmedehnung ε_{th} = 0,01378 m m^{-1} angesetzt. Eine Erstarrungsschrumpfung wurde im Modell nicht berücksichtigt, weil dazu keine experimentell abgesicherten Daten in der Literatur vorliegen.

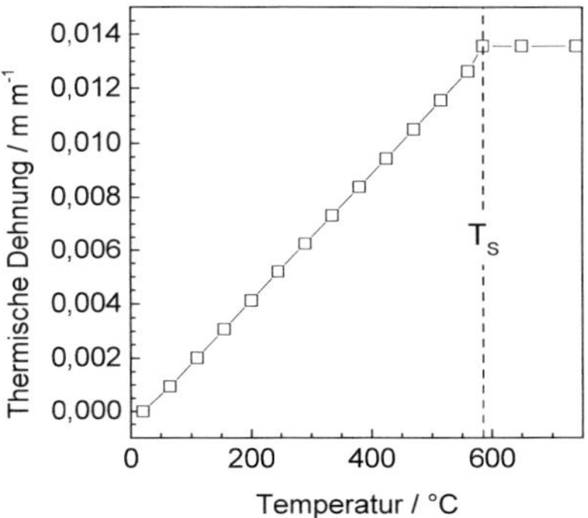

Abbildung 5.20: Temperaturabhängigkeit der Wärmedehnung [Dyn18]

In der Strukturmechanik wird der elastische Bereich eines Materials durch den Elastizitätsmodul und die Querkontraktion beschrieben. Die Abnahme des Elastizitätsmoduls mit ansteigender Temperatur beschreibt das „Fließen" des Werkstoffes. Oberhalb der Liquidustemperatur T_L = 650 °C liegt Aluminiumschmelze vor, die in der Realität als Flüssigkeit keine Formelastizität aufweist. Im numerischen Modell erfolgt die Abbildung der Schmelze durch die Definition der Grenztemperatur (T_L = 650 °C), bei deren Überschreitung ein spannungsfreier Zustand angenommen wird und die plastischen Anteile der Dehnung auf null gesetzt werden. Um dennoch eine Konvergenz der strukturmechanischen Berechnungen zu ermöglichen, wird für die Berechnung ein geringer Wert von 1.000 MPa eingesetzt. In Anlehnung an [Dyn18] erfolgt entlang des Erstarrungsgebietes die lineare Absenkung des Elastizitätsmoduls von 3.000 MPa (T_S) auf 1.000 MPa (T_L).

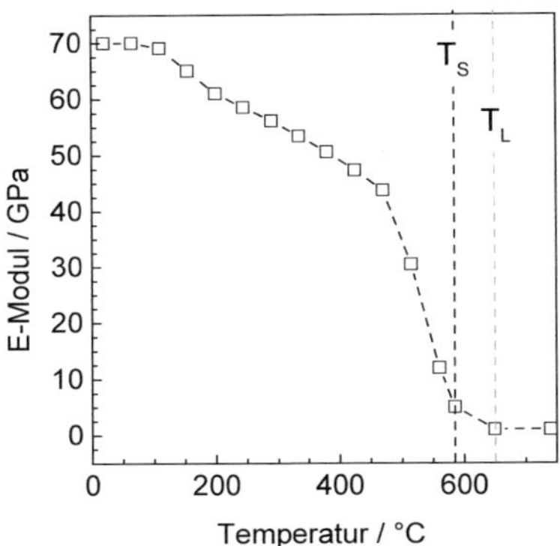

Abbildung 5.21: Temperaturabhängigkeit des Elastizitätsmoduls [Dyn18]

Neben dem E-Modul wir das linear elastische Materialverhalten durch die Querkontraktionszahl bzw. Poissonzahl (υ) abgebildet. Im vorliegenden Modell wird eine konstante Querkontraktion von υ = 0,3 angenommen [Dyn18, Rad98, Str16, Hil00].

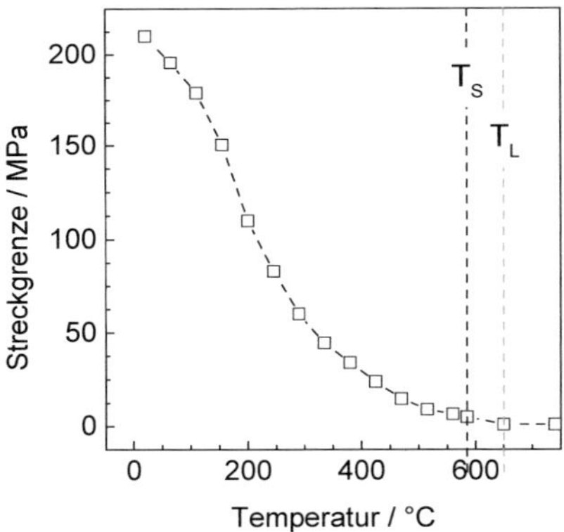

Abbildung 5.22: Temperaturabhängigkeit der Streckgrenze [Dyn18]

Während Elastizitätsmodul (E), Querkontraktion (υ), Wärmedehnung (ε_{th}) das linear elastische Materialverhalten darstellen, wird mit temperaturabhängigen Spannungs-Dehnungs-Funktionen das nicht linear elastische Materialverhalten berücksichtigt. Der temperaturabhängige Verlauf der Streckgrenze R_e ist in Abbildung 5.22 dargestellt und bezeichnet die Spannung, bis zu der ein Werkstoff keine dauerhafte Verformung zeigt. Mit ansteigender Temperatur ist ein kontinuierlicher Abfall der Streckgrenze bis auf 3 MPa bei T_S zu verzeichnen. Im Intervall von T_S bis T_L wird die Streckgrenze linear auf 1 MPa abgesenkt.

Bei Überschreitung der temperaturabhängigen Streckgrenze beginnt ein metallischer Werkstoff sich plastisch, d. h. irreversibel zu verformen. In diesem Fall führt eine weitere Verformung zu einer Verfestigung, die durch einen Anstieg der Festigkeit gekennzeichnet ist. Mit steigender Temperatur verringert sich die Festigkeitszunahme. Im Rahmen dieser Arbeit wird daher ein elasto-plastisches Materialmodell mit isotroper Verfestigung verwendet, sodass eine plastische Verformung einsetzt, sobald die Vergleichsspannung nach Mises die Streckgrenze übersteigt. Oberhalb der Temperatur von 470 °C findet keine Verfestigung statt. Die temperaturabhängigen Fließkurven sind in Abbildung 5.23 dargestellt. Bei Temperaturen über 470 °C ist keine signifikante Verfestigung zu verzeichnen.

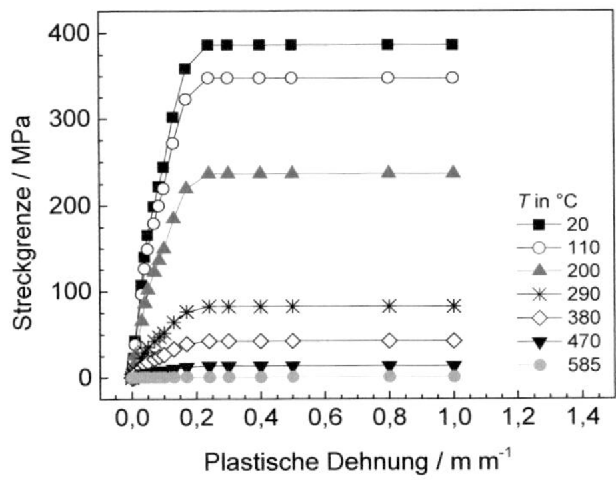

Abbildung 5.23: Verformungsverhalten in Abhängigkeit von der Temperatur [Dyn18]

5.2.5 Modellvalidierung und -verifizierung

Aufgrund der idealisierten physikalischen Modellierung des Laserstrahlschweißprozesses ist eine Validierung der numerischen Lösung mithilfe experimenteller Versuche im betrachteten Anwendungsbereich erforderlich. Die Kalibrierung des Berechnungsmodells erfolgt durch die Gegenüberstellung der resultierenden Temperaturfeldverteilungen, die messtechnisch mit metallographischen Makroschliffen erfasst werden. Die Kalibrierung der numerischen Lösung an die experimentelle Schweißung wird hauptsächlich über die Justierung des Absorptionsgrades erreicht. Damit lässt sich eine gute Übereinstimmung von Simulation und Versuchsmessung erzielen (Abbildung 5.24).

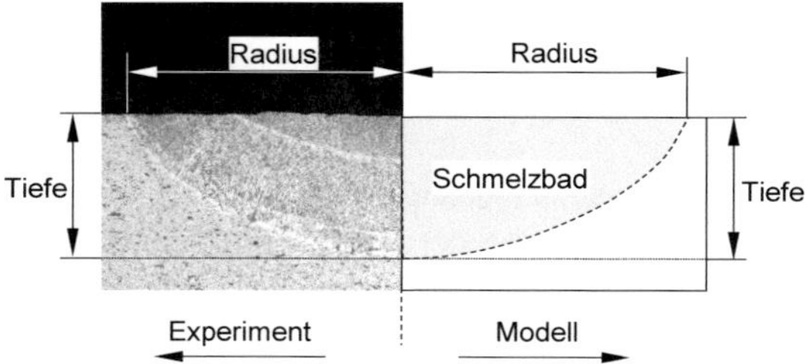

Abbildung 5.24: Modellvalidierung anhand des Temperaturfeldes

Das über den gesamten Untersuchungsbereich valide Temperaturfeld ist die notwendige Grundlage für die qualitative und quantitative Berechnung der strukturmechanischen Vorgänge. Der Vertrauensbereich der Simulationsergebnisse erfolgt durch die Validierung des Modells im gesamten Untersuchungsbereich. Als Maß für die Übereinstimmung von Modell und Experiment wird die nach [Rad99] zulässige Abweichung von 10 % definiert.

5.3 Numerische Berechnungsergebnisse

Im Folgenden werden die berechneten Ergebnisse vorgestellt und den experimentell ermittelten Resultaten gegenübergestellt, interpretiert und diskutiert.

5.3.1 Experimentelle Modellvalidierung und -verifizierung

Um die quantitative Aussagekraft der berechneten Ergebnisse sicherzustellen, ist zunächst deren detaillierte Validierung und Verifizierung anhand der experimentell durchgeführten Schweißversuche aus Kapitel 5.1.1 erforderlich. Dafür wird die berechnete Temperaturfeldverteilung den messtechnisch erfassten Makroschliffen gegenübergestellt. Für den Temperaturfeldabgleich der FE-Berechnung findet die charakteristische Isotherme der Solidustemperatur T_S = 585 °C Verwendung. Dabei wird die Modellvalidierung für den gesamten experimentellen Untersuchungsbereich durchgeführt. Ein beispielhaft validiertes Berechnungsergebnis zeigt Abbildung 5.25. Dem Makroschliff gegenübergestellt ist das berechnete Temperaturfeld eines Rampdownpulses mit t_{RD} = 12,5 ms.

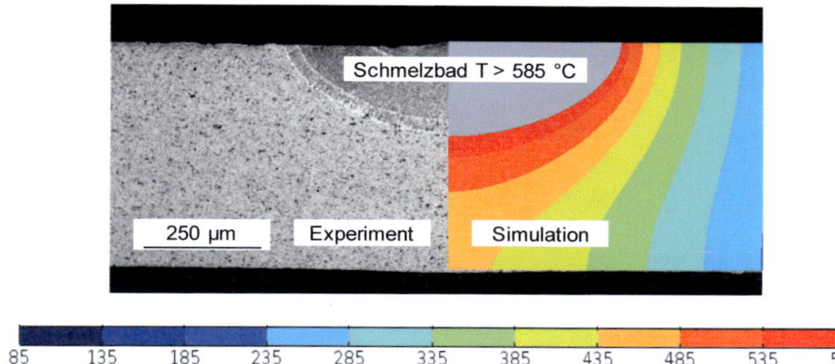

Abbildung 5.25: Temperaturfeldabgleich für P_{YAG} = 1,8 kW, t_{RD} = 12,5 ms

Die Darstellung der Konturplots zeigt grau markiert das jeweils oberhalb der Solidustemperatur befindliche Material, das der Schmelzbadgeometrie entspricht. Der Volumenanteil des Schmelzbades beträgt bei maximaler Schmelzbadausdehnung weniger als 0,05 % des Gesamtvolumens des Aluminiumbleches. Anhand der eng zusammenliegenden Isothermen sind die extrem hohen Temperaturgradienten in unmittelbarer Nähe zum Schmelzbad ersichtlich.

Abbildung 5.26 stellt die berechneten Einschweißtiefen und Nahtbreiten den experimentell ermittelten Werten in Abhängigkeit von P_{YAG} im Intervall von 1,2 bis 2,0 kW gegenüber. Für den betrachteten Parameterraum kann dabei näherungsweise von einem linearen Wachstum von Einschweißtiefe und Schweißpunktdurchmesser ausgegangen werden, was Experiment und Modell bestätigen. Die Ergebnisse aus den Temperaturfeldberechnungen zeigen eine insgesamt nur sehr geringe Abweichung (< 10 %) von den Validierungsexperimenten, weshalb von einer hinreichenden Beschreibung des Prozesses mittels numerischer Simulation ausgegangen werden kann.

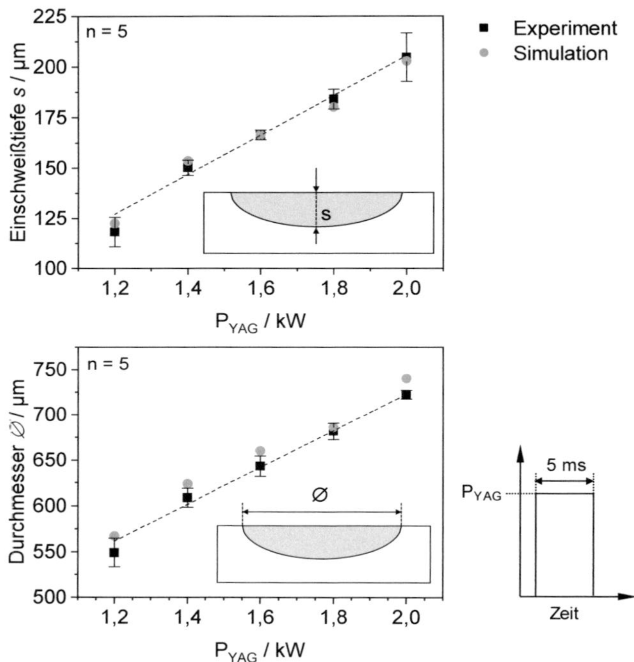

Abbildung 5.26: Gegenüberstellung der berechneten und der experimentell ermittelten Schmelzbadgrenzen in Abhängigkeit von P_{YAG}

Die Validierungsergebnisse, die bezogen auf die Rampdownlänge (t_{RD}) mit P_{YAG} = 2,0 kW durchgeführt wurden, sind in Abbildung 5.27 dargestellt. Auch hier zeigt die Temperaturfeldberechnung eine über den vollständigen Untersuchungsbereich von t_{RD} gute Übereinstimmung mit den experimentell gemessenen Daten.

Im gesamten Untersuchungsbereich liegt zwischen den gemessenen Datensätzen der Schweißexperimente und der berechneten Schmelzbadgeometrie eine gute Übereinstimmung vor. Die Unterschiede der Schmelzbadgeometrie zwischen Simulation und realem Schliffbild betragen trotz der physikalisch idealisierten Modellierung im gesamten Untersuchungsbereich weniger als 10 %. Auch die elliptische Form des Schmelzbades wird durch die Simulation sehr gut abgebildet. Damit ist die Einbeziehung von anisotropen Wärmeleitfähigkeitskoeffizienten oberhalb der Liquidustemperatur (T_L) eine hinreichende und vor allem zulässige Annahme, um die im Schmelzbad auftretenden fluiddynamischen Phänomene bzw. den konvektiven Wärmetransport vereinfacht abzubilden.

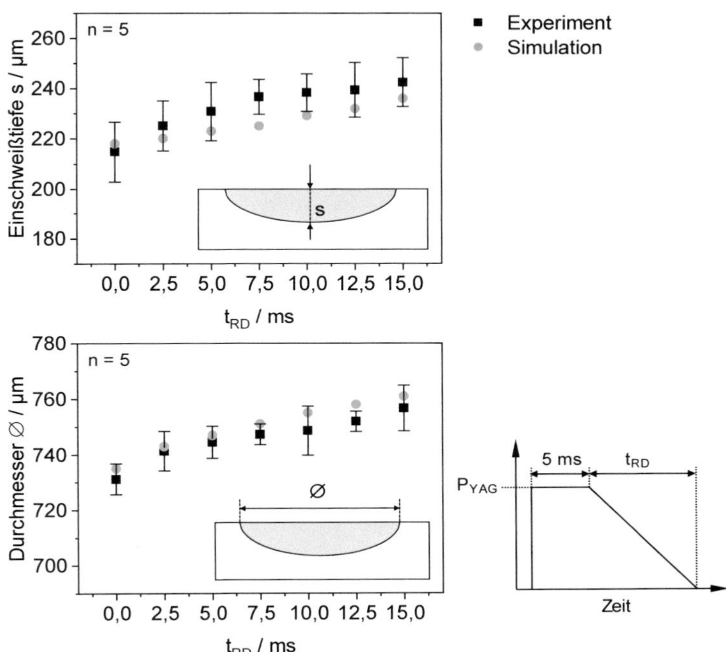

Abbildung 5.27: Gegenüberstellung der berechneten und der experimentell ermittelten Schmelzbadgrenzen in Abhängigkeit von t_{RD} bei P_{YAG} = 2,0 kW

Zusammenfassend kann festgehalten werden, dass das Simulationsmodell eine allgemeingültige Beschreibung des Temperaturfeldes beim gepulsten Laserstrahlschweißen ermöglicht. Ausgehend von dem validen Modell werden nachfolgend weitere Größen ermittelt. Einerseits kann die Auswirkung der Laserparameter auf das entstehende Temperatur-Zeit-Regime untersucht werden. Anderseits wird das validierte Modell weiterführend als begleitendes Werkzeug zur Verifikation der die Heißrissbildung betreffenden Erstarrungsparameter (Erstarrungszeit, Erstarrungsgeschwindigkeit, Temperaturgradient, Dehnung und Dehnrate) genutzt.

5.3.2 Temperaturfeld-Zeit-Profil

Ausgehend vom validierten Simulationsmodell wird in einem ersten Schritt das in Abhängigkeit von den Laserparametern entstehende Temperatur-Zeit-Regime näher betrachtet. Das berechnete Temperatur-Zeit-Profil wird im Zentrum an der Schmelzbadoberfläche analysiert. Die Auswertung des Temperaturprofils in diesem Punkt beruht auf Beobachtungen aus den HV-Aufnahmen sowie auf den metallographischen Analysen, die beide zu erkennen geben, dass die Heißrissbildung in Punktschweißungen bei einem sehr hohen Feststoffanteil initiiert wird und die Heißrisse immer das Zentrum des Schweißpunktes durchdringen.

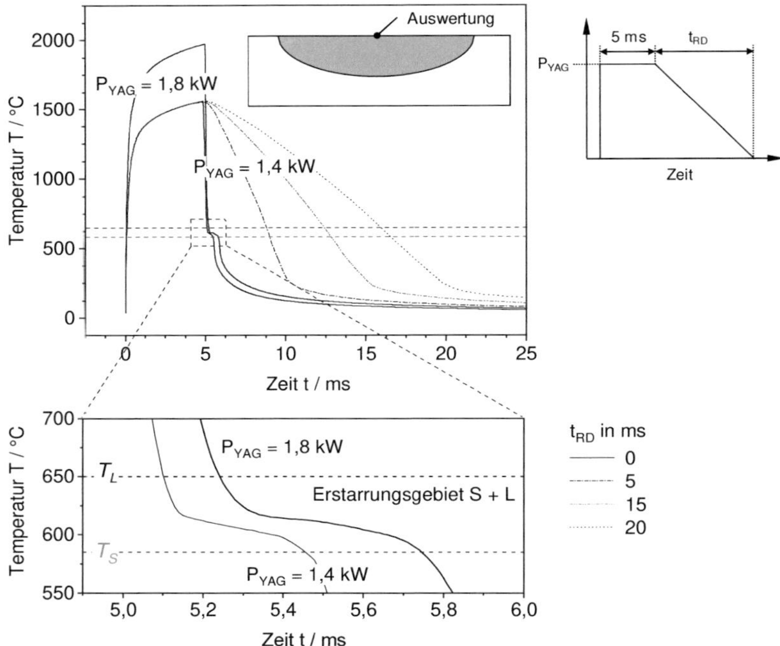

Abbildung 5.28: Zeit-Temperatur-Verlauf von Punktschweißungen

Abbildung 5.28 stellt die Temperaturverläufe für einen Rechteck- und variierende Rampdownpulse einander gegenüber. Die Ergebnisse der Temperaturfeldsimulationen liegen alle bis zu einer Abkühlung des gesamten Bauteils auf Raumtemperatur vor, sind jedoch aus Gründen der Übersichtlichkeit nur für die ersten 35 ms dargestellt, da das Schmelzbad zu diesem Zeitpunkt bereits vollständig erstarrt ist. Zudem werden nur ausgewählte Temperaturkurven aus dem Versuchsraum gezeigt, die zu einem besseren Verständnis der Auswirkung individueller Parameter beitragen.

Die berechneten Temperaturkurven in Abbildung 5.28 zeigen den für Strahlschweißverfahren typischen Verlauf, der durch hohe Aufheizraten von bis zu 10^6 K s^{-1} gekennzeichnet ist. Für P_{YAG} = 1,4 kW sind die Temperaturverläufe für einen Rechteckpuls und drei verschiedene Rampdownpulse dargestellt. Weiterhin beinhaltet das Diagramm auch die Temperaturentwicklung für einen Rechteckpuls bei P_{YAG} = 1,8 kW. Unabhängig von den Laserparametern wird die Liquidustemperatur T_L = 650 °C bereits nach 0,02 ms überschritten. Zum Zeitpunkt t = 1 ms sind 90 % von T_{Max} erreicht. Dadurch werden die Beobachtungen aus den Hochgeschwindigkeitsaufnahmen bestätigt, denen zufolge das Schmelzbad bereits kurz nach Einsetzen des Laserpulses nahezu vollständig ausgebildet ist. Aufgrund des sich ausbildenden Temperaturfeldes, des Phasenübergangs sowie der Dissipation verringert sich die Aufheizrate sukzessive bis zum Ende der 5 ms langen Schweißphase.

Die Gegenüberstellung der Temperaturkurven verdeutlicht, dass die Erhöhung der Pulsspitzenleistung von 1,4 kW auf 1,8 kW mit einem signifikanten Temperaturanstieg von ca. 480 °C einhergeht. Der Einfluss von t_{RD} auf T_{MAX} ist dagegen zu vernachlässigen. Bei den mit Rechteckpulsformen erzeugten Punktschweißungen beginnt die Schmelzbadabkühlung direkt mit dem Ausschalten der Laserstrahlung (Pulsende) zum Zeitpunkt t = 5 ms. Von T_{Max} bis zum Erreichen der Liquidustemperatur T_L sinkt die Temperatur mit einer hohen Rate von bis zu $1 \cdot 10^6$ K s^{-1}. Im Erstarrungsintervall kommt es zu einer signifikanten Absenkung der Abkühlrate auf bis zu $1 \cdot 10^2$ K s^{-1}, was durch einen abflachenden Temperaturverlauf ersichtlich und auf die Freisetzung der latenten Schmelzwärme im Erstarrungsgebiet zurückzuführen ist. Die während der Erstarrung freigesetzte innere Kristallisationswärme kompensiert letztlich die äußere Wärmeabfuhr. Erst wenn sich alle Atome zur Gitterstruktur angeordnet haben und das Schmelzbad vollständig erstarrt ist, kann keine Kristallisationswärme mehr freigesetzt werden. Ab diesem Punkt wird letztlich wieder nur die äußere Wärmeabfuhr wirksam und die Temperatur beginnt schließlich erneut zu sinken. Aufgrund der geringeren thermischen Unterkühlung beim Schweißen mit Rampdownpulsen ist dieser Effekt in den Temperaturkurven nicht ersichtlich.

Die Auswertung des Temperatur-Zeit-Regimes an der Schmelzbadoberfläche zeigt:

- Das Temperatur-Zeit-Regime wird durch die Laserparameter beeinflusst.
- Die Maximaltemperatur (T_{Max}) im Schmelzbad wird durch die Pulsspitzenleistung (P_{YAG}) bestimmt. Dagegen ist der Einfluss von t_{RD} auf T_{MAX} zu vernachlässigen. Dies erklärt auch das zuvor ermittelte Verhalten der Einschweißtiefe und Nahtbreite in Abhängigkeit von P_{YAG} und t_{RD} (Kap. 5.1.1).
- Die Abkühlbedingungen werden ausschließlich durch die t_{RD} beeinflusst. Hier ist der Einfluss von P_{YAG} zu vernachlässigen.

Durch die Ermittlung des Temperatur-Zeit-Regimes steht somit ein integraler Wert für die Aussagefähigkeit der Wirkung unterschiedlicher Laserparameter zur Verfügung. Auch können die Abkühlbedingungen an der jeweiligen Mess- bzw. Auswerteposition einander gegenübergestellt werden. Für die Beschreibung der Heißrissentstehung sind Temperatur-Zeit-Verläufe nicht hinreichend aussagekräftig. Die verallgemeinerte Beschreibung der Heißrissbildung setzt die zeit- und ortsabhängige Kenntnis des Temperaturfeldes an der Grenzfläche voraus.

5.3.3 Transiente Bildung des Schmelzbades

Aufbauend auf den experimentellen Untersuchungen (Kap. 5.1) und der numerischen Simulation des Temperatur-Zeit-Verlaufes (Kap. 5.3.2) soll der Aufschmelz- und Erstarrungsvorgang zeitabhängig betrachtet werden. Abbildung 5.29 zeigt das zeitabhängige Wachstum des Schmelzbades für einen Rechteck- und einen Rampdownpuls (t_{RD} = 15 ms – Regime II). Das zeitabhängige Schmelzen und Erstarren wird anhand der Solidustemperatur T_S = 585 °C in axialer und radialer Richtung quantifiziert. Dabei entspricht das axiale Wachstum der Schmelzbadtiefe und das radiale dem Schmelzbaddurchmesser an der Oberfläche. Die experimentellen Datenpunkte im Diagramm repräsentieren die anhand von metallographischen Querschliffen gemessenen Werte. Weiterhin wird die Schmelzbaderstarrungszeit ($t_{Erstarrung}$) ermittelt. Diese definiert den Zeitraum vom Zeitpunkt der maximalen Schmelzgröße bis zur vollständigen Schweißpunkterstarrung und gibt gleichzeitig Rückschluss auf die Nachspeisezeit der Restschmelze im interdendritischen Netzwerk.

Beim Rechteckpuls wird die maximale Größe des Schmelzbades am Pulsende zum Zeitpunkt t = 5,0 ms erreicht. Für den darauffolgenden Erstarrungsvorgang werden entsprechend der Simulation ca. 0,6 ms benötigt. Dieses Ergebnis bestätigt die experimentell gemessene Erstarrungszeit aus den HV-Aufnahmen (Kap. 5.1.3). Beim

Rampdownpuls verläuft das Wachstum von Tiefe und Durchmesser bis zum Zeitpunkt t = 5 ms äquivalent zum Rechteckpuls. Die maximale Ausdehnung des Schmelzbades wird jedoch erst zum Zeitpunkt t = 7 ms erreicht, weil trotz linear anfallender Laserleistung während der Rampdownphase im Schmelzbad noch hinreichend hohe Temperaturen zum Schmelzen von weiterem Material vorliegen. Aus dem zeitabhängigen Verlauf von Tiefe und Durchmesser wird ersichtlich, dass das Schweißen mit einem für die Vermeidung der Heißrissbildung optimierten Rampdownpuls (t_{RD} = 15 ms – Regime II) zu einer Verlängerung der Erstarrungszeit führt, die sich gegenüber dem Rechteckpuls von 0,6 ms auf ca. 10,2 ms verlängert.

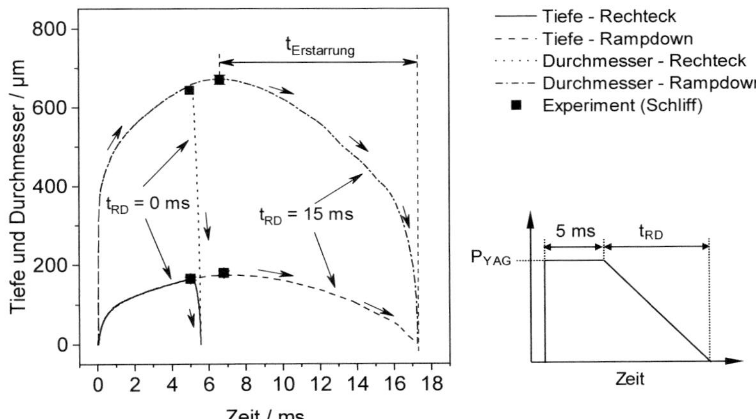

Abbildung 5.29: Transiente Ausbildung von Schmelzbadtiefe und Schmelzbaddurchmesser für t_{RD} = 0 ms und t_{RD} = 15 ms bei P_{YAG} =1,6 kW

Abbildung 5.30 zeigt die sich daraus ergebende Erstarrungszeit in Relation zum vollständig untersuchten Parameterraum. Aufgrund der unterschiedlichen Pulsspitzenleistungen wird die Erstarrungszeit verallgemeinert über den reziproken Anstieg der RD-Flanke dargestellt (LLA^{-1}). Zwischen der linearen Leistungsabfallzeit (t_{RD}) und der resultierenden Schmelzbaderstarrungszeit ($t_{Erstarrung}$) ergibt sich entlang der experimentell ermittelten Regime ein linearer Zusammenhang, der auch bestehen bleibt, wenn mit unterschiedlichen Pulsspitzenleistungen (P_{YAG}) geschweißt wird.

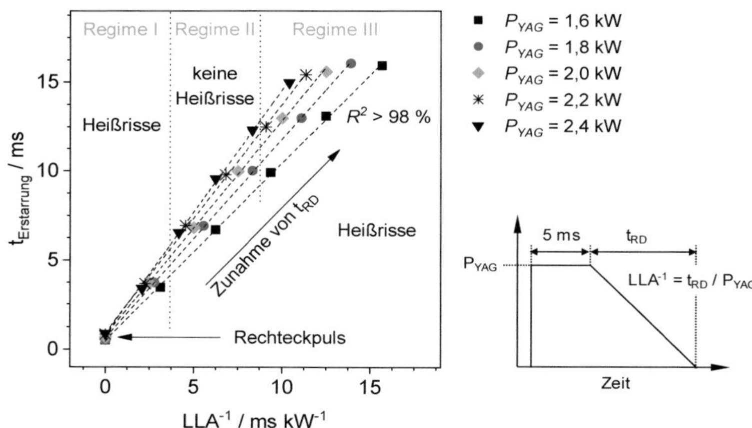

Abbildung 5.30: Schmelzbaderstarrungszeit in Abhängigkeit von LLA^{-1}

Entsprechend den im Stand der Technik (Kap. 2) aufgeführten Heißrisstheorien kommt es im Verlauf der Erstarrung und Abkühlung der Schmelze zur Entstehung von Heißrissen, wenn die Erstarrungsschrumpfung nicht durch das Nachfließen von Restschmelze in die Zwischenräume des sich bildenden dendritischen Netzwerkes ausgeglichen werden kann. Die Heißrissbildung kann somit vermieden werden, wenn die während der Erstarrung auftretenden Hohlräume, die durch die Akkumulation der thermomechanischen Dehnung durch Schrumpfung und Wärmekontraktion erzeugt werden, ausreichend nachgespeist werden können. Vor diesem Hintergrund und ausgehend von den vorherigen Untersuchungen kann angenommen werden, dass die zunehmende Nachspeisezeit beim Schweißen mit Rampdownpulsen ein Faktor für die reduzierte Heißrissanfälligkeit ist. Damit lässt sich einerseits die sukzessive Abnahme der Risslänge im Regime I und anderseits die rissfreie Erstarrung im Regime II bei einer hinreichend langen t_{RD} erklären. Sowohl für die wiederkehrende Heißrissbildung im Regime III als auch für die Rissbildung im Regime II bei höheren Pulsspitzenleistungen trifft dies jedoch nicht zu; hier bietet die verlängerte Nachspeisezeit keine ausreichende Erklärungsgrundlage. Daraus wird ersichtlich, dass in diesen Regimen andere Effekte die Heißrissbildung dominieren.

Ausgehend von dem parameterabhängigen Verhalten beim Schmelzen und Erstarren werden weitergehende Untersuchungen durchgeführt, die Rückschlüsse auf die Vorgänge an der Erstarrungsfront, im Zweiphasengebiet und im angrenzend erstarrten Gebiet gestatten.

5.3.4 Erstarrungsintervall

Durch die zeit- und ortsaufgelöste Berechnung von werkstoffspezifischen Isothermen (T_L und T_S) können die grundlegenden Größen und Vorgänge direkt an der Phasengrenze quantifiziert werden. Das Erstarrungsintervall ψ (Differenz zwischen Liquidus- und Solidustemperatur) wird als kritischer Bereich während des Abkühlprozesses im Sinne der Heißrissbildung betrachtet, da hier flüssige Phasen im Zweiphasenverbund vorliegen, die nicht in der Lage sind, die auftretenden Dehnungen aufzunehmen, und somit aufreißen. Weitgehend stimmen viele Autoren darin überein, dass es einen eindeutigen Zusammenhang zwischen der Größe des Erstarrungsintervalls und der Neigung zur Bildung von Erstarrungsrissen gibt [Kou03]. Je größer das „kritische Erstarrungsintervall“ einer Legierung ist, desto höher ist die Gefahr der Entstehung von Heißrissen.

Ausgehend von den vorherigen Berechnungen zur Erstarrungszeit soll die zeitabhängige Ausdehnung des Erstarrungsgebietes näher betrachtet werden ($\Delta\psi$). Sie wiederum definiert die Distanz, die die Restschmelze nachfließen muss, um auftretende Hohlräume im interdendritischen Netzwerk zu „schließen“. Die vorherigen Ausführungen haben gezeigt, dass das Temperatur-Zeit-Profil während der Erstarrung hauptsächlich durch die Rampdownlänge (t_{RD}) beeinflusst wird. Daher erfolgt zunächst eine qualitative Gegenüberstellung anhand von Bildsequenzen für einen Rechteck- und einen Rampdownpuls. Beide Punktschweißungen führen zu vergleichbaren Schmelzbaddurchmessern und Einschweißtiefen und sind daher qualitativ vergleichbar.

Die Bildfolge in Abbildung 5.31 zeigt den berechneten Erstarrungsvorgang des Schmelzbades und zugleich die zeitabhängige Ausdehnung des Erstarrungsgebietes ψ, wenn mit einem Rechteckpuls (t_{RD} = 0 ms) geschweißt wird. Die Abfolge startet oben links und endet unten rechts, wobei in jeder Aufnahme der zeitliche Abstand zum Beginn der Erstarrung im Zeitpunkt t = 5 ms angegeben ist. Das Erstarrungsgebiet ist hierbei in dem von T_L und T_S grau eingeschlossenen Bereich gekennzeichnet. Die Erstarrung beginnt am Pulsende zum Zeitpunkt t = 5 ms und setzt aufgrund des hohen Temperaturgradienten direkt am Übergang zum Grundwerkstoff ein. Mit Beginn der Abkühlung und Erstarrung verringert sich der Temperaturgradient an der vorschreitenden Phasengrenze, weshalb sich das heißrisskritische Temperaturintervall im Verlauf der Erstarrung sukzessive vergrößert.

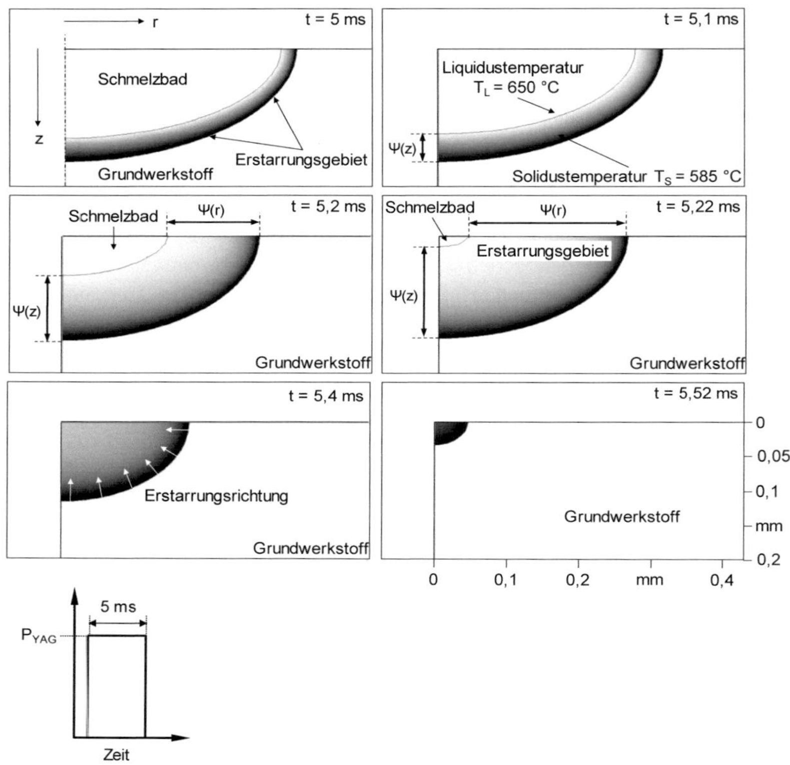

Abbildung 5.31: Zeitfolge des Erstarrungsprozesses eines Rechteckpulses mit P_{YAG} = 1,8 kW

Die im Zweiphasengebiet frei werdende Kristallisationswärme führt dazu, dass oberhalb von T_L ein höherer Temperaturgradient vorliegt und die Isotherme T_L = 650 °C gegenüber T_S = 585 °C mit einer höheren Geschwindigkeit voranschreitet. Daraus resultiert die sukzessive Vergrößerung des Erstarrungsgebietes bzw. des heißrisssensitiven Temperaturintervalls im Verlauf der Erstarrung. Zum Zeitpunkt t = 5,22 ms ist ψ(z) maximal und zum Zeitpunkt t = 5,55 ms ist das Schmelzbad vollständig erstarrt.

Abbildung 5.32 zeigt das orts- und zeitaufgelöste Verhalten des Erstarrungsgebietes (ψ), wenn die Punktschweißung mit einem in Bezug auf die Heißrissbildung optimierten Rampdownpuls aus Regime II ausgeführt wird.

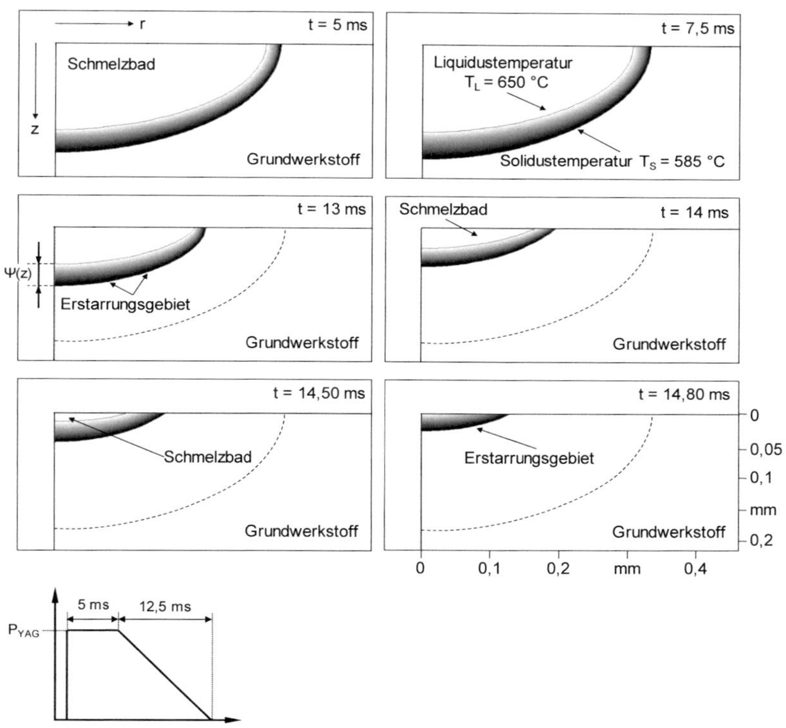

Abbildung 5.32: Zeitfolge des Erstarrungsprozesses eines RD-Pulses mit P_{YAG} = 1,8 kW

Die Erstarrung setzt ebenfalls an der Schmelzzone zum Grundwerkstoff ein und schreitet von da aus radial in Richtung Schmelzbadoberfläche voran. Gegenüber dem Rechteckpuls wird für den Rampdownpuls ein verändertes Verhalten festgestellt. In diesem Fall bleibt das Zweiphasengebiet im Verlauf der Erstarrung in seiner Länge nahezu konstant bzw. reduziert sich erst im letzten Stadium, wenn $T = T_L$ unterschritten wird. Da während der Rampdownphase kontinuierlich Energie an der Schmelzbadoberfläche absorbiert wird, kann die Wärmeableitung nur in den umliegenden

Grundwerkstoff bzw. das bereits erstarrte Material erfolgen. Über die Länge des Erstarrungsgebietes stellt sich daher ein gleichmäßig hoher Temperaturgradient ein. Dadurch erstarren beide Isothermen T_L und T_S mit nahezu gleicher Geschwindigkeit, sodass das Erstarrungsgebiet ψ eine nahezu konstante Ausdehnung bzw. Länge hat.

Abbildung 5.33 stellt die zeitlichen Verläufe der Isothermen T_S, T_L und ψ über die Tiefe für die beiden zuvor diskutierten Bildsequenzen einander gegenüber.

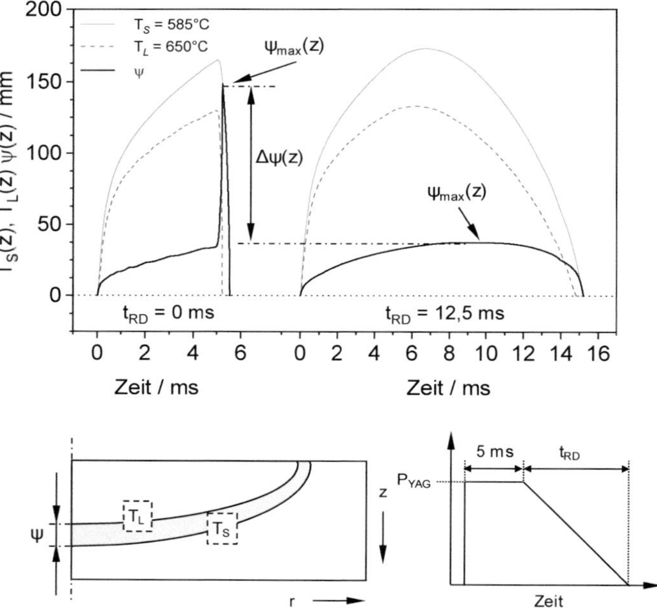

Abbildung 5.33: Transiente Ausdehnung von T_L, T_S und ψ

Für t_{RD} = 0 ms wächst das kritische Temperaturintervall im Verlauf der Erstarrung auf eine maximale Länge von ca. 140 µm. Dies entspricht ca. 80 % der Einschweißtiefe. Hingegen ergibt sich beim Rampdownpuls eine maximale Länge ψ = 30 µm. Die direkte Gegenüberstellung der Verläufe verdeutlicht, dass die Größe des kritischen Temperaturintervalls beim Schweißen mit Rampdownpulsen signifikant reduziert werden kann.

Abbildung 5.34 zeigt die maximalen berechneten Längen des Erstarrungsgebietes im Vergleich zu dem gesamten experimentellen Untersuchungsraum aus Kapitel 5.1.1, sodass die Länge des Erstarrungsgebietes ψ auch den drei quantifizierten Regimen zugeordnet werden kann. Für eine integrale und verallgemeinerte Aussagefähigkeit ist ψ über den Anstieg der RD-Flanke (LLA^{-1}) aufgetragen, die sich durch die Variation von t_{RD} und P_{YAG} ergibt. Die Abnahme von ψ über LLA^{-1} steht dabei in der Beziehung einer Hyperbelfunktion (1/LLA). Die größte Länge des Erstarrungsgebietes ergibt sich, wenn mit Rechteckpulsen bzw. kurzen RD-Phasen bis 5 ms geschweißt wird. Dies entspricht dem experimentell ermittelten Regime I, in dem die höchste Heißrissanfälligkeit identifiziert wurde. Mit Beginn des Regimes II ab t_{RD} = 5 ms bzw. LLA^{-1} = 4 ms kW^{-1} bleibt ψ bei weiterer Zunahme von t_{RD} nahezu konstant. Ein wiederkehrender Anstieg von ψ im rissbehafteten Regime ist nicht zu verzeichnen.

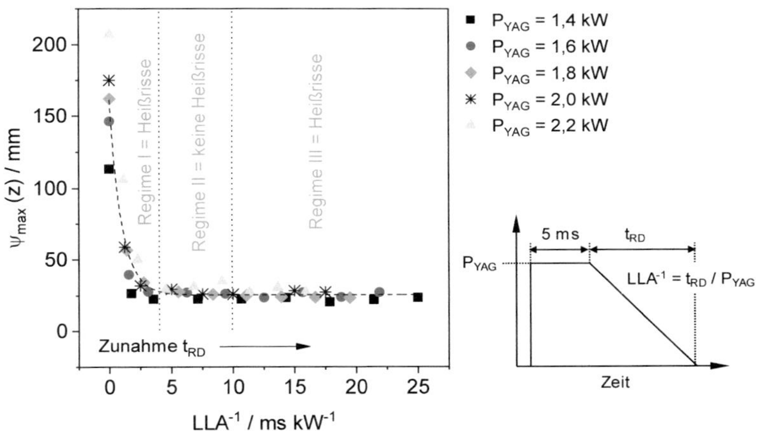

Abbildung 5.34: ψ_{Max} in Abhängigkeit von LLA^{-1}

Die Berechnungen weisen nach, dass es beim Schweißen im Regime I im Verlauf der Erstarrung zu einer Aufweitung, d. h. zu einer Vergrößerung des heißrisskritischen Temperaturintervalls kommt. Weil mit der Vergrößerung des Erstarrungsgebietes die Heißrissanfälligkeit proportional ansteigt, kann in diesem Zusammenhang die verringerte Heißrissanfälligkeit beim Schweißen mit Rampdownpulsen mit der Abnahme von ψ erklärt werden. Dadurch reduziert sich analog die Länge des interdendritischen Netzwerkes und dementsprechend auch die Distanz, die die Restschmelze nachfließen muss, um auftretende Hohlräume zu „schließen". Die hohe Heißrissanfälligkeit im Regime I – ausgedrückt durch die experimentell gemessenen Risslängen – korreliert mit der berechneten Länge des Erstarrungsgebietes. Die ausgeprägte Heißrissanfälligkeit kann daher durch die hohe Nachspeisedistanz der Restschmelze im Regime I begründet werden, da der zeitliche Beständigkeitsbereich der niedrigschmelzenden Phasen im interdendritischen Netzwerk vergrößert und das Erreichen eines erstarrungsrissunempfindlichen Materialzustandes verzögert wird. Punktschweißungen im Regime II und Regime III erzeugen geringe Nachspeisungswege für die Restschmelze. Dies kann neben einer verlängerten Erstarrungszeit als weitere Ursache für die rissfreie Erstarrung im Regime II angesehen werden. Neben der verlängerten Nachspeisedauer lässt sich die wiederkehrende Heißrissbildung im Regime III auch durch die Nachspeisedistanz erklären. Somit wird die Bildung eines Heißrisses in diesem Regime durch einen anderen Mechanismus hervorgerufen.

Ausgehend von Untersuchungen zum Erstarrungsintervall und zur Erstarrungszeit werden weitere Untersuchungen zu den Erstarrungsparametern durchgeführt. Diese Größen bestimmen wiederum die Morphologie und Größe des sich ausbildenden Erstarrungsgefüges und geben Hinweise auf die Permeabilität der Restschmelze im interdendritischen Netzwerk.

5.3.5 Erstarrungsgeschwindigkeit

Die Erstarrungsgeschwindigkeit (R) ist die Geschwindigkeit, mit der die Grenzfläche zwischen fest und flüssig während der Schmelzbaderstarrung voranschreitet. Sie wird durch die zeitliche Veränderung von Schmelzbadtiefe und -durchmesser über die Formel 5-1 approximiert, wobei dø dem Schmelzbaddurchmesser an der Oberfläche und dz der Schmelzbadtiefe zum Zeitpunkt t entspricht. Die Approximation von R erfolgt dabei anhand der Solidustemperatur (T_S = 585 °C). Auf diese Weise wird auch der Einfluss der latenten Wärme mitberücksichtigt.

$$R(r) = \frac{d\emptyset(t)}{dt} \quad R(z) = \frac{dz(t)}{dt} \qquad \text{Gleichung 5-1}$$

Abbildung 5.35 stellt den Verlauf der Erstarrungsgeschwindigkeit für einen Rechteckpuls und einen in Bezug auf die Heißrissbildung optimierten Rampdownpuls (t_{RD} = 15 ms) aus Regime II einander gegenüber. Beide Parameter erzeugten in den Punktschweißexperimenten vergleichbare Schweißpunktdurchmesser und Einschweißtiefen. Um die Wechselwirkung zwischen den Laserparametern und R beschreiben zu können, muss R während der gleichen Phase der Erstarrung gegenübergestellt werden. Daher wird R nicht zeitabhängig, sondern ortsaufgelöst in Bezug auf die Position der Grenzfläche dargestellt. Im Diagramm verläuft die Erstarrung bei maximalem Schmelzbaddurchmesser und maximaler Einschweißtiefe von unten links nach rechts oben, sodass das Schmelzbad bei 0 µm vollständig erstarrt ist. Damit R auch im letzten Stadium hinreichend quantifiziert werden kann, wurde für diese Berechnungen die Zeitschrittweite von 0,01 auf 0,002 ms verkürzt.

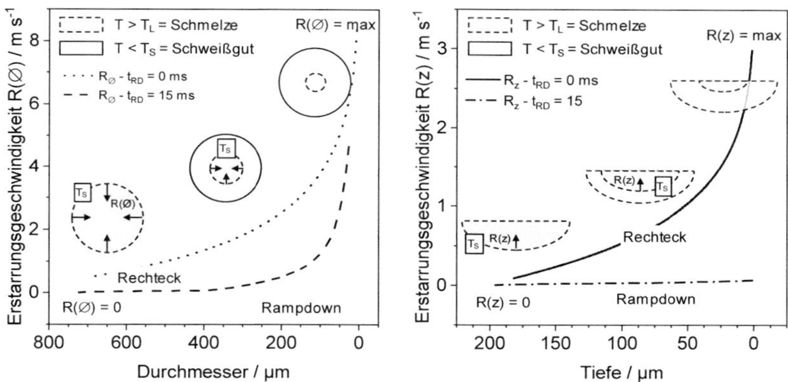

Abbildung 5.35: Erstarrungsgeschwindigkeit in Abhängigkeit von der Position der Grenzfläche

Am Beginn der Erstarrung sind R(z) und R(Ø) jeweils minimal und haben den Wert 0 m/s. Mit dem Voranschreiten der Phasengrenze ist die sukzessive Zunahme von R(z) und R(Ø) zu verzeichnen. Vor allem im letzten Stadium der Erstarrung für Ø < 100 µm, d. h., wenn ein Großteil des Schweißpunktes erstarrt ist, ist ein signifikanter Anstieg von R zu verzeichnen, der auch in den experimentell durchgeführten Hochgeschwindigkeitsaufnahmen beobachtet worden ist. Die maximale Erstarrungsgeschwindigkeit (R_{max}) wird zum Zeitpunkt der vollständigen Kristallisation des Schmelzbades erreicht. Zu diesem Zeitpunkt setzt auch die Rissinitiierung ein. Unabhängig davon, ob mit Rechteck- oder Rampdownpuls geschweißt wird, erstarrt der Durchmesser aufgrund der stärkeren Wärmeabfuhr in der Blechebene mit einer höheren Geschwindigkeit gegenüber der Tiefe.

Abbildung 5.36 stellt das berechnete $R_{max}(z)$ dem gesamten experimentellen Untersuchungsraum aus Kapitel 5.1.1 und dementsprechend den drei Rissregimen gegenüber. Ausgehend vom Rechteckpuls (t_{RD} = 0 ms) verringert sich $R_{max}(z)$ exponentiell mit der Zunahme von t_{RD}. Dagegen ist der Einfluss von P_{YAG} auf $R_{max}(z)$ zu vernachlässigen. Eine signifikante Verringerung von R_{max} ist entlang des Regimes I zu beobachten. Im Regime II und III sind die resultierenden Erstarrungsgeschwindigkeiten nahezu vergleichbar.

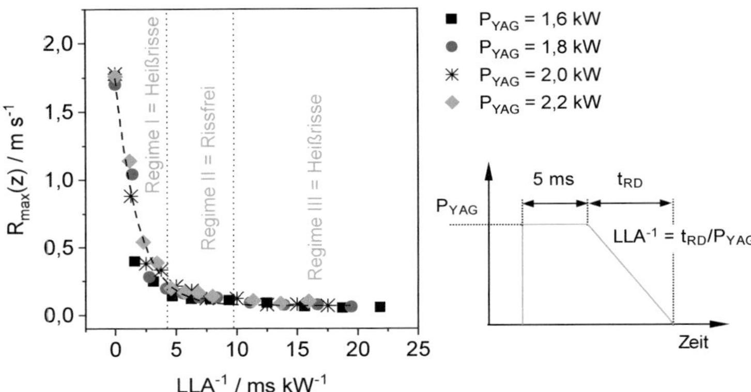

Abbildung 5.36: $R_{MAX}(z)$ in Abhängigkeit von LLA

Inwieweit die Erstarrungsgeschwindigkeit die Größe und Morphologie der Mikrostruktur beeinflusst und dementsprechend Einfluss auf die Permeabilität der Restschmelze im interdendritischen Netzwerk nimmt, wird ausführlich in Kapitel 5.4 diskutiert.

5.3.6 Temperaturgradient

Neben der Erstarrungsgeschwindigkeit nimmt auch der Temperaturgradient Einfluss auf die Schmelzbaderstarrung, die sich ausbildende Mikrostruktur und dementsprechend auch auf die Heißrissbildung. Auf der Grundlage des validierten Temperaturfeldes wird der Temperaturgradient G zeit- und ortsaufgelöst während der Kristallisation des Schmelzbades in Abhängigkeit vom Laserparameter bestimmt. Dabei wird G sowohl in radialer G_R- als auch in axialer G_Z-Richtung direkt an der Erstarrungsfront T_L = 650 °C über folgende Gleichung approximiert:

$$G_z = \frac{\partial T}{\partial z}$$

Ergänzend zeigt Abbildung 5.37 den Verlauf des Temperaturgradienten G_R für verschiedene Laserparameter innerhalb der experimentell ermittelten Riss-Regime.

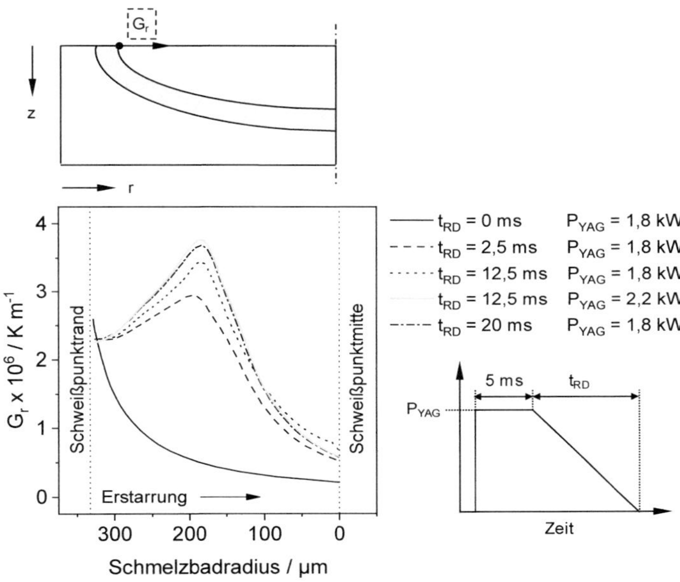

Abbildung 5.37: Ortsaufgelöster Verlauf von G_R in Abhängigkeit von t_{RD}

Weil im Regime II auch eine Rissbildung für $P_{YAG} > 2{,}0$ kW auftritt, wird für t_{RD} = 12,5 ms auch der Verlauf von G_R bei P_{YAG} = 2,2 kW gezeigt. Um zu bewerten, wie sich die Laserparameter auf den Verlauf von G_R auswirken, muss G_R während der gleichen Phase der Erstarrung verglichen werden. Als Referenz wird die Position der Erstarrungsfront während der Schmelzbadkristallisation in Bezug auf den Radius verwendet. Beim Rechteckpuls (t_{RD} = 0 ms) hat G_R zu Beginn der Erstarrung den höchsten Wert und nimmt während der Schmelzbadkristallisation exponentiell ab. Alle Rampdownpulse zeigen einen qualitativ identischen, gegenüber dem Rechteckpuls aber konträren Verlauf von G_R. Weil vor allem zu Beginn der Rampdownphase noch hohe Pulsleistungen vom Schmelzbad absorbiert werden, kommt es unabhängig von t_{RD} erst zu einem Anstieg des Temperaturgradienten, bis die Phasengrenze den Laserstrahlradius bei 0,2 mm erreicht. Die zeitliche Rate, mit der G_R steigt, ist abhängig von t_{RD}. Ab dem Unterschreiten eines bestimmten Energieeintrags verläuft G_R analog zum Rechteckpuls und fällt exponentiell bis zur vollständigen Schweißpunkterstarrung ab. Zum Zeitpunkt der Heißrissinitiierung erstarrt das Schmelzbad unabhängig von den Laserparametern mit einem nahezu identischen Temperaturgradienten, der im Bereich zwischen 0,7–0,8 · 10^6 K m^{-1} liegt. Aus den Berechnungen kann abgeleitet werden, dass die Parameter den Temperaturgradienten gegen Ende der Erstarrung nicht beeinflussen können. Lediglich die zeitliche Rate, mit der G_R abnimmt, wird beeinflusst.

5.3.7 Transiente Spannungsverteilung

Das alleinige Vorhandensein von niedrigschmelzenden Phasen an den Korngrenzen in einem dendritischen Gefüge führt zu keinem Heißriss, solange keine Belastung auf diesen Zweiphasenverbund wirkt. Neben den zuvor berechneten thermischen Erstarrungsparametern nehmen daher auch die während der Schmelzbaderstarrung auftretenden mechanischen Beanspruchungsverhältnisse direkten Einfluss auf die Entstehung eines Heißrisses. Infolge der lokalen und instationären Wärmeeinbringung wird im Werkstoff ein sich örtlich und zeitlich verändernder Spannungszustand hervorgerufen, aus dem Verformungen resultieren. Eine Rissbildung ist dann möglich, wenn die während der Abkühlung eintretende Schrumpfung zu einer Zugbeanspruchung führt. Im Verlauf der weiteren Abkühlung kann sich somit ein entstehender Heißriss im Schweißgut auch bis in die Wärmeeinflusszone des Grundwerkstoffes ausdehnen. Dies erklärt auch den Sachverhalt, dass die Dehnung in einer Schweißverbindung am größten ist, wenn noch schmelzflüssige Phasen existieren, da das bereits erstarrte Material weiterhin frei schrumpfen bzw. kontrahieren kann, ohne behindert zu werden. Die wesentliche Ursache der Spannungen, die beim Erstarren der Schmelze und dem nachfolgenden Abkühlen der Schweißnaht entstehen, ist dabei den unterschiedlichen Expansionen bzw. Kontraktionen des Schweißgutes zuzuordnen, deren Ursache wiederum die Temperaturabhängigkeit der Wärmedehnung und Dichte ist.

Die Quantifizierung der mechanischen Beanspruchungsverhältnisse erfolgt auf der Grundlage des zuvor berechneten und validierten Temperaturfeldes, aus dem über die Verschiebung der Netzknoten das zeitabhängige Spannungs- und Dehnungsfeld abgeleitet werden kann. In einem ersten Schritt wird die zeit- und ortsaufgelöste Spannungsverteilung während des Aufschmelzens beschrieben. Abbildung 5.38 zeigt die Verteilung der Spannungen in den Raumrichtungen r und z zu unterschiedlichen Zeitpunkten während der Aufschmelzphase und stellt dem vergleichend die zugehörige Temperaturfeldverteilung gegenüber. Die Bildsequenz ist das Ergebnis für eine Punktschweißung mit einem Rampdownpuls (t_{RD} = 5 ms) bei einer Pulsspitzenleistung P_{YAG} = 1,8 kW. Die im Erscheinungsbild unterscheidbaren Spannungsbereiche in den Feldverteilungen lassen sich ihrer Ursache entsprechend unterteilen und charakterisieren.

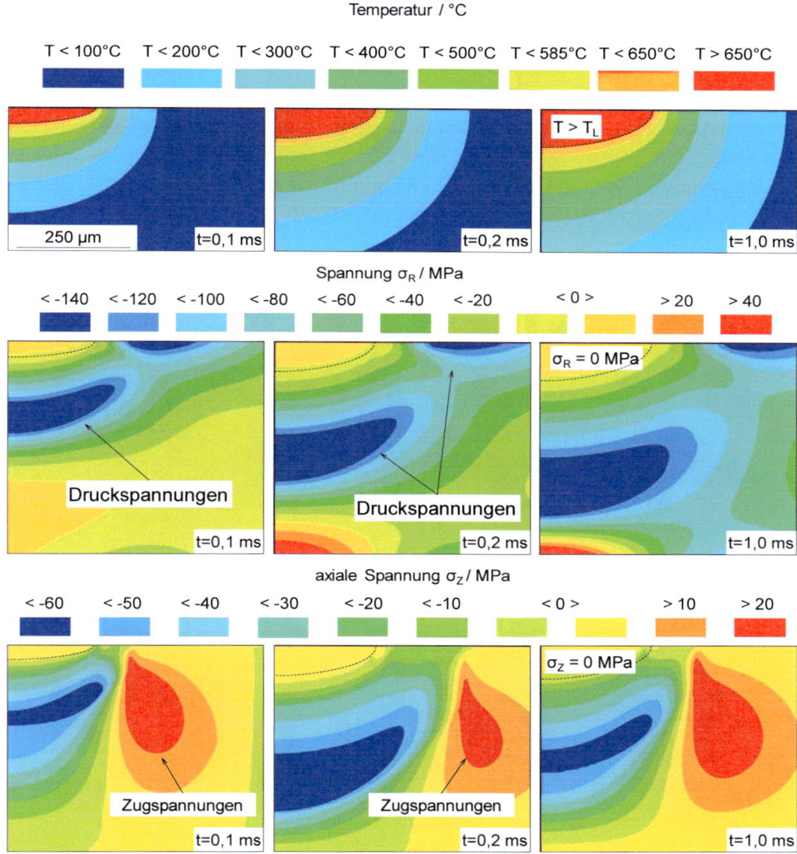

Abbildung 5.38: Spannungsverteilung in axialer und radialer Richtung beim Aufschmelzen

Während des Aufschmelzens entstehen entlang der Blechebene und -tiefe vor dem Schmelzbad lokale elastische Druckspannungen, die in direkter Angrenzung zum Schmelzbad aufgrund der ansteigenden Temperatur zu einer plastischen Verformung des Werkstoffes übergehen. Die gedankliche Überlagerung der Spannungsfelder beider Raumrichtungen ergibt einen Druckspannungskeil, der sich mit dem Aufschmelzen durch das Aluminiumblech bewegt. In diesen Bereichen nimmt lokal die Temperatur zu, und der Werkstoff ist in seiner angestrebten Ausdehnung durch die angrenzenden, nicht erwärmten Bereiche behindert. Es handelt sich hierbei um Druckspannungen infolge einer behinderten thermischen Ausdehnung. Als Ausgleich im Rahmen des Gleichgewichts innerer und äußerer Kräfte entstehen in den angrenzenden Bereichen positive Reaktionsspannungen, die den Druckspannungen in Richtung des nicht erwärmten Bauteils vorgelagert sind. Sie entstehen aus den aufgezwungenen Dehnungen durch die Druckbeanspruchung und sind daher hauptsächlich elastischer Natur.

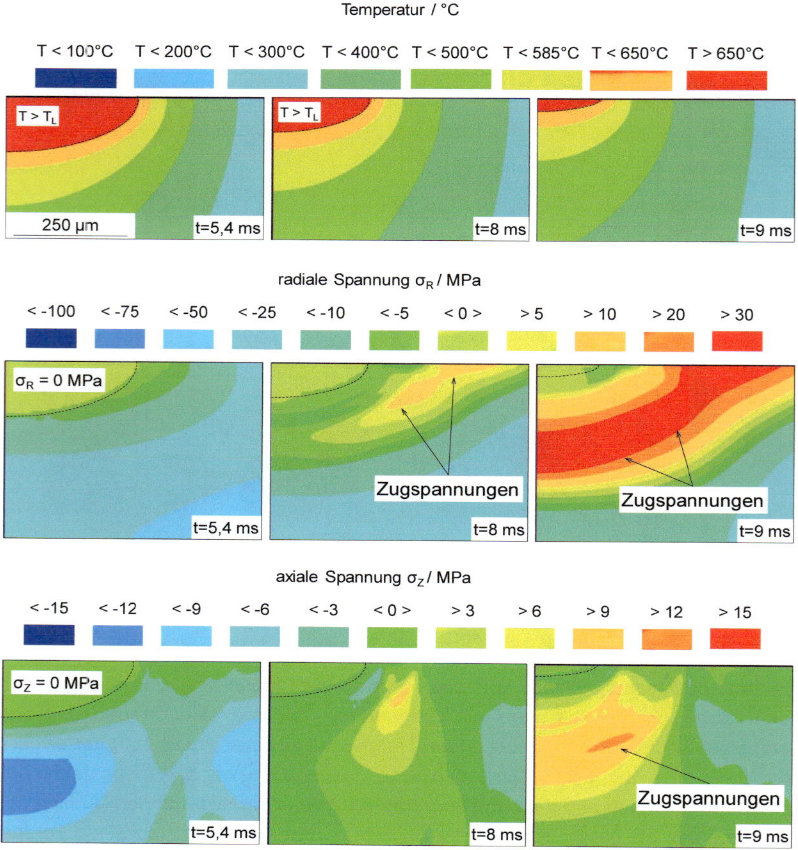

Abbildung 5.39: Spannungsverteilung in axialer und radialer Richtung beim Erstarren

Die zugehörige Spannungssituation während der Abkühlung und Erstarrung ist in Abbildung 5.39 dargestellt. Auch hier ist den Spannungen die zugehörige Temperaturfeldverteilung gegenübergestellt. Die Erstarrung beginnt zum Zeitpunkt t = 5,4 ms und ist bei t = 9,3 ms vollständig abgeschlossen. Während der Erstarrung sind die Zusammenhänge zwischen den berechneten Spannungen und deren Ursachen komplexer.

Im Schmelzbad herrscht im mechanischen Sinne der Spannungszustand null. Im Laufe der Abkühlung lagert sich das erstarrende Schweißgut an die erwärmten, an das Schmelzbad angrenzenden und bereits erstarrten Bereiche an. Mit zunehmender Temperaturabsenkung schrumpft bzw. kontrahiert das feste Material. Dadurch entstehen Schrumpfspannungen, die zu einer Bildung positiver Reaktionsspannungen in axialer (σ_Z) und radialer (σ_R) Richtung führen. Im weiteren Verlauf der Erstarrung und der nachfolgenden Abkühlung kommt es zu einem sukzessiven Anstieg der Zugspannungen. Dabei ergeben sich aufgrund der höheren Wärmeableitung in die Blechebene höhere Spannungen in radialer Raumrichtung σ_R. Aus den Bildsequenzen kann abgeleitet werden, dass während der Erstarrung und Abkühlung Schrumpfspannungen entstehen, sodass sich ein lokales Zugspannungsfeld in die Mushy-Zone verschiebt.

Ausgehend von qualitativen Vorbetrachtungen erfolgt in einem weiteren Schritt die quantitative Analyse der mechanischen Beanspruchungsverhältnisse. Abbildung 5.40 zeigt die berechneten Verläufe von σ_R in Abhängigkeit von t_{RD} an zwei Positionen im Schmelzbad. Die Kurven in beiden Diagrammen haben einen qualitativ vergleichbaren Verlauf, der dadurch gekennzeichnet ist, dass es im Zuge der Erstarrung und Abkühlung mit dem Unterschreiten der Liquidustemperatur (T_L = 650 °C) zu einem Aufbau von Zugspannungen kommt. Die Auswertung im Punkt A (linkes Diagramm) zeigt den Verlauf von σ_R im Zentrum an der Schmelzbadoberfläche, wenn der Schweißpunkt final erstarrt und die Heißrissinitiierung erfolgt. Für t_{RD} = 0 ms kommt es zu einem Anstieg der Zugspannungen (σ_R) bereits mit dem Unterschreiten der Liquidustemperatur (T_L = 650 °C). Im Erstarrungsgebiet ist die sukzessive Zunahme von σ_R zu beobachten. Im finalen Stadium der Erstarrung, d. h. im Zeitpunkt der Rissinitiierung bei T_S = 585 °C, betragen die Zugspannungen ca. 7 MPa. Unabhängig vom Regime zeigt sich ein konträres Verhalten, wenn mit Rampdownpulsen (t_{RD} > 0 ms) geschweißt wird. Für alle Rampdownpulse beträgt σ_R im Erstarrungsgebiet < 1 MPa. Dies ist darauf zurückzuführen, dass am Ende der Rampdownphase noch immer Pulsenergie in die Oberfläche des bereits erstarrten Schweißpunktes eingetragen wird und somit den Schrumpfspannungen, im Gegensatz zum Rechteckpuls, entgegengewirkt wird. Da oberhalb von 500 °C keine Streckgrenzenverfestigung vorliegt, sind die im Erstarrungsgebiet entstehenden Spannungen hauptsächlich elastischer Natur und auf den abfallenden Elastizitätsmodul in diesem Temperaturintervall zurückzuführen. Festzuhalten ist, dass die Länge der Rampdownphase (t_{RD}) keinen signifikanten Einfluss auf die Höhe der entstehenden Zugspannungen hat. Lediglich wenn mit einem Rechteckpuls geschweißt wird, ist das heißrisskritische Temperaturintervall signifikant höheren Schrumpfspannungen (ca. 7 MPa) ausgesetzt als beim Schweißen mit Rampdownpulsen.

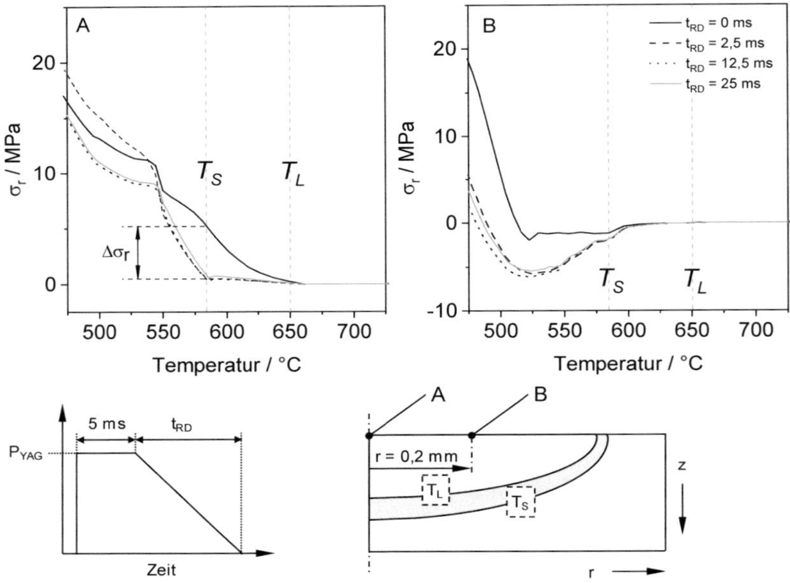

Abbildung 5.40: Zeitabhängiger Verlauf von σ_R in Abhängigkeit von t_{RD} für P_{YAG} = 1,8 kW

Auf der Grundlage der bisherigen Erkenntnisse und Untersuchungen konnte die Heißrissbildung im Regime III sowie die dann im Regime II einsetzende Rissbildung, wenn mit einer Pulsspitzenleistung > 2,0 kW geschweißt wird, nicht erklärt werden. An dieser Stelle müssen andere Effekte dominieren und die Heißrissbildung verursachen. Aus diesem Grund erfolgt zunächst eine detaillierte Untersuchung der mechanischen Beanspruchungsverhältnisse im Regime II. Weil der vorherige Abschnitt nachgewiesen hat, dass kein Zusammenhang zwischen t_{RD} und der entstehenden Spannungssituation besteht, wird folgend der Einfluss der Pulsspitzenleistung P_{YAG} als möglicher Faktor für den Heißrissinitiierungsmechanismus im Regime II untersucht.

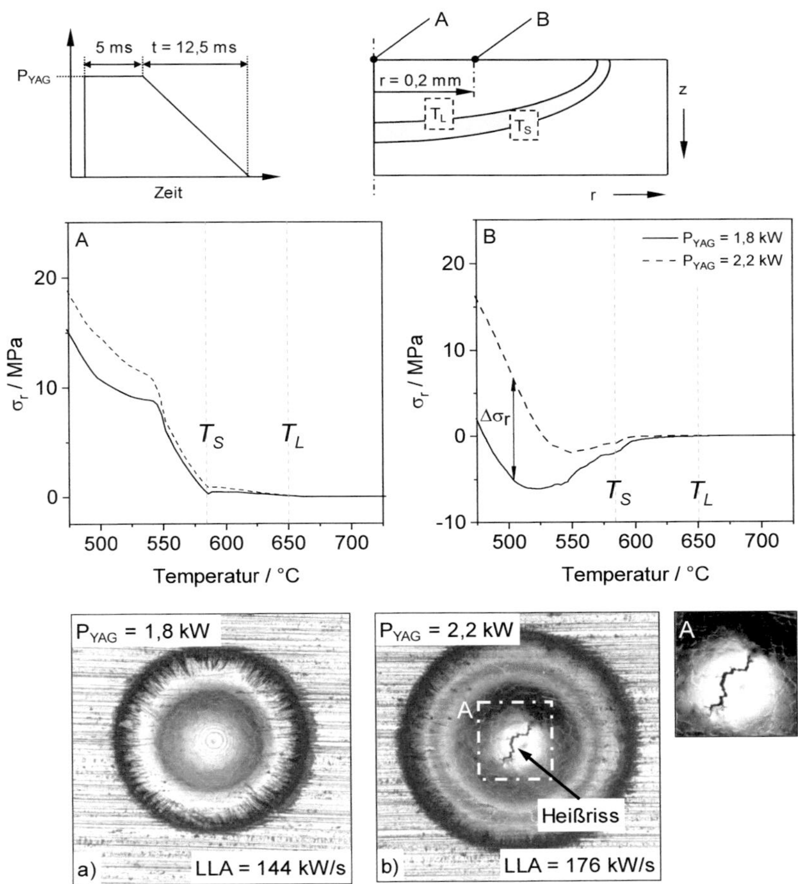

Abbildung 5.41: Zeitabhängiger Verlauf von σ_R in Abhängigkeit von P_{YAG}

In diesem Zusammenhang stellt Abbildung 5.41 die Spannungsverläufe beim Schweißen mit einem RD-Puls (t_{RD} = 12,5 ms) aus Regime II bei P_{YAG} = 1,8 kW (ohne Heißrisse) und 2,2 kW (mit Heißrissen) einander gegenüber. Exemplarisch werden auch die dazugehörigen metallographischen Schweißpunktaufsichten gezeigt.

Diese veranschaulichen, dass mit einer Zunahme von P_{YAG} ein größeres Schweißpunktvolumen (Durchmesser) erzeugt wird. Die Verläufe von σ_R an zwei verschiedenen Auswertungspunkten zeigen, dass durch die Erhöhung der Pulsspitzenleistung eine deutlich höhere Zugspannung während der Abkühlung bewirkt wird. Obwohl beide Kurven qualitativ analog zueinander verlaufen, ist die Mushy-Zone höheren Zugspannungen ausgesetzt ist, wenn mit höheren Pulsspitzenleistungen geschweißt wird. Dies bedeutet, dass die Höhe der entstehenden Zugspannungen nicht von dem während der Erstarrung vorherrschenden Temperatur-Zeit-Regime abhängt, sondern von dem effektiven Energieeintrag, d. h. dem aufgeschmolzenen Volumen. Aus dem größeren Schweißpunktvolumen resultieren höhere Schrumpfspannungen, die ab einem gewissen Niveau auch durch eine verlängerte Nachspeisedauer bzw. verkürzte Nachspeisedistanz nicht mehr kompensiert werden können. Daher wird angenommen, dass die während der Erstarrung und Abkühlung entstehende Schrumpfspannung der Haupteinflussfaktor auf die Heißrissbildung bei höheren Pulsspitzenleistungen ist, da die Rissbildung auch im Regime II unabhängig von der Nachspeisedauer und der Nachspeisedistanz auftritt.

5.3.8 Dehnung und Dehnrate

Eine Auswertung der Berechnungen zu den mechanischen Beanspruchungsverhältnissen erfolgt auch für die Dehnung (ε) und die Dehnrate ($\dot{\varepsilon}$). Abbildung 5.42 zeigt schematisch die Vorgehensweise zur Ermittlung beider Größen anhand der Berechnungsergebnisse. Für die Auswertung der Dehnung und Dehnrate werden nur Elemente berücksichtigt, die auch die Schmelztemperatur T = 650 °C überschreiten.

Laut Stand der Technik und der weitergehenden Übereinstimmung in den Angaben vieler Autoren treten Heißrisse hauptsächlich im letzten Stadium der Erstarrung auf, d. h. in einem Temperaturbereich knapp oberhalb der Solidustemperatur, wenn der Feststoffanteil über 85 bis 95 % liegt [Esk07]. Zusätzlich kommt es im Verlauf der Erstarrung durch die konstitutionelle Unterkühlung der Schmelze zur Bildung von Entmischungen bzw. Seigerungen, sodass die Schmelze aufgrund ihrer veränderten chemischen Zusammensetzung bei geringeren Temperaturen erstarrt. Somit können Heißrisse auch bei Temperaturen leicht unterhalb der Solidustemperatur initiiert werden. Vor diesem Hintergrund werden die beiden Zielgrößen Dehnung und Dehnrate in dem Temperaturbereich zwischen 600 °C und 550 °C nahe der Solidustemperatur

(T_S) ausgewertet. Da oberhalb von 470 °C keine weitere Verfestigung durch plastische Verformung des Werkstoffes erfolgt, ist dieses Temperaturintervall auch im mechanischen Sinne valide.

Eine bereits in Kapitel 5.2 erläuterte notwendige Vereinfachung bei der Simulation von Schmelzschweißvorgängen ist die Vernachlässigung der flüssigen Phase. Dies bedeutet, dass die Dehnungshistorie eines Elementes nicht vollständig gelöscht werden kann, da sonst keine Konvergenz der Rechnung erfolgt. Daher werden die thermischen und plastischen Anteile der Gesamtdehnung gelöscht und nur der elastische Dehnungsanteil wird ausgewertet. Dies folgt analog der Vorgehensweise von [Hil01] bei der Simulation von Längsrissen beim cw-Laserstrahlschweißen am freien Blechrand. Weil der elastische Dehnungsanteil nicht gelöscht werden kann, liegt im Bereich der Schweißnaht (T < 650 °C) eine negative Dehnung infolge der behinderten Ausdehnung durch benachbarte kalte Bereiche vor. Eine Auswertung der Absolutwerte der Dehnung wäre daher fehlerhaft. Aus diesem Grund wird die Dehnung nicht absolut, sondern als Dehnungsänderung $\Delta\varepsilon_r$ im Temperaturbereich zwischen 600 °C und 550 °C angegeben.

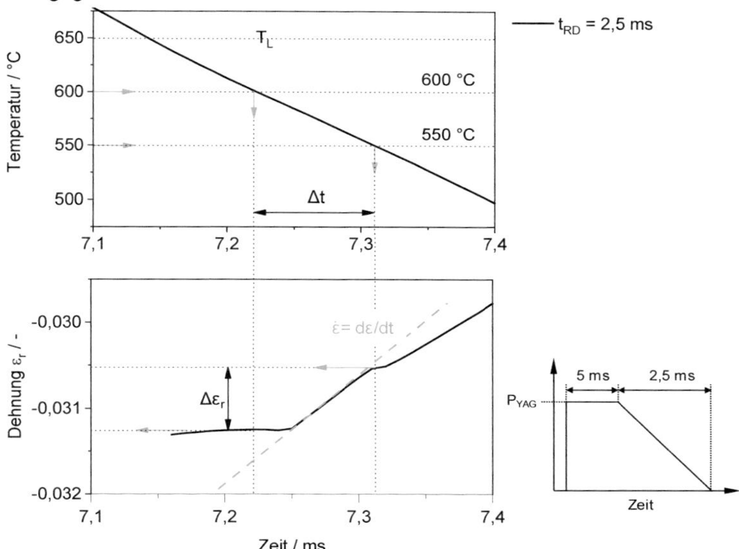

Abbildung 5.42: Vorgehensweise bei der Auswertung der Dehnung und Dehnrate

Die zeit- und ortsabhängige Betrachtung der Dehnrate stellt für die Bewertung der Heißrissbildung beim gepulsten Laserstrahlschweißen ein wissenschaftliches Alleinstellungsmerkmal dar, das bisher im Stand der Technik nicht vorzufinden war. Dabei ergibt sich die Dehnrate dε/dt aus der Ableitung der Dehnungs-Zeit-Kurve und beschreibt die Geschwindigkeit, mit der sich die Dehnung entlang des definierten Temperaturintervalls ändert. Die Dehnrate ist somit kein direktes Ergebnis der Simulation, sondern wird in einem separaten Datenverarbeitungsschritt bestimmt.

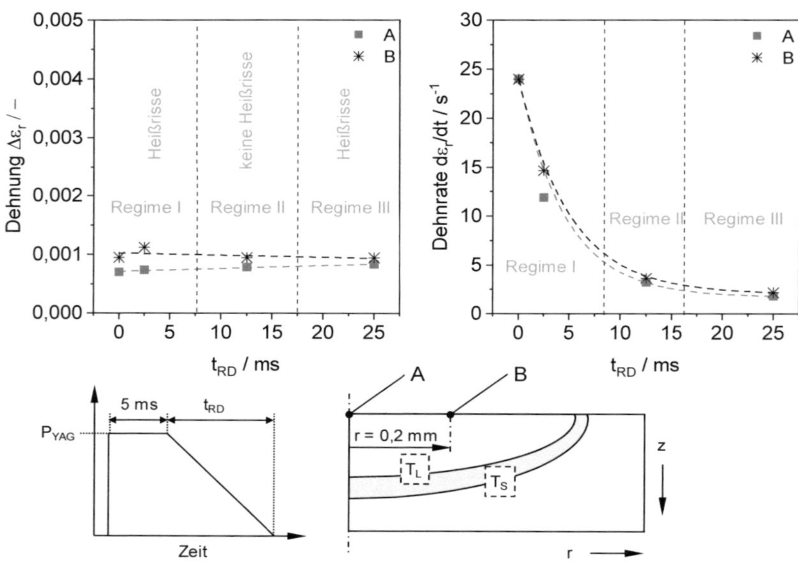

Abbildung 5.43: Dehnung und Dehnrate in Abhängigkeit von t_{RD}

Abbildung 5.43 stellt die berechneten Dehnungen und die Dehnraten in Abhängigkeit von t_{RD} für P_{YAG} = 1,8 kW an zwei verschiedenen Orten im Schmelzbad einander gegenüber. Entlang der drei experimentell ermittelten Rissregime bleibt die Dehnungsänderung $\Delta\varepsilon_r$ nahezu konstant bzw. ändert sich nur minimal im Zehntel-Prozent-Bereich. In diesem Zusammenhang kann der vernachlässigbare Einfluss der Dehnung auf die entstehenden geringen Schmelzbaddimensionen zurückgeführt werden, insofern im Gegensatz zu Schmelzbädern, die mittels MIG-Schweißen und cw-Laserstrahlschweißen erzeugt werden, geringe Kontraktionen und dementsprechend geringe Dehnungen resultieren. Die Berechnungen zeigen, dass das während der Erstarrung auftretenden Temperatur-Zeit-Profil, das hauptsächlich durch t_{RD} beeinflusst wird, keine Auswirkung auf die Höhe der Dehnungsänderung hat. Die Berechnungen lassen hingegen die exponentielle Abnahme der Dehnrate ($\dot{\varepsilon}$) entlang der drei Riss-Regime erkennen. Bereits die Abkühlzeit t_{RD} = 2,5 ms reduziert die Dehnrate um ca. 60 %. Es liegt daher nahe, dass die Dehnrate mit der Erstarrungsgeschwindigkeit verknüpft ist und ebenfalls exponentiell mit t_{RD} sinkt. Laserpulse im Regime I führen zu höheren Erstarrungsgeschwindigkeiten und erzeugen demnach höhere Dehnraten, die auf die Restschmelze im interdendritischen Netzwerk wirken. Dies mündet in einer höheren Heißrissempfindlichkeit, was sich auch in den größeren Risslängen widerspiegelt (Abbildung 5.4 und Abbildung 5.5).

Für die Dehnungsänderung $\Delta\varepsilon_r$ lässt sich keine Korrelation mit der resultierenden Heißrissentstehung entlang der drei Rissregime feststellen. Dagegen sinkt die Dehnrate mit zunehmender Rampdownphase, d. h. mit abnehmender Erstarrungsgeschwindigkeit. Wie bereits im Stand der Technik beschrieben, liegen bislang keine FEM-Modelle vor, die eine hinreiche Beschreibung der mechanischen Beanspruchungsverhältnisse ableiten lassen. Auch die meisten FEM-Studien zum cw-Laserstrahlschweißen berücksichtigen nur den Aspekt der Dehnung und nicht den der Dehnrate. Gemäß der im Stand der Technik aufgeführt Theorien von Prokhorov und Pellini entstehen Heißrisse beim Überschreiten einer kritischen Dehnung im Erstarrungsgebiet, d. h. im kritischen Temperaturintervall. Die vorliegenden Ergebnisse zeigen einen anderen Zusammenhang. Im gesamten Untersuchungsraum, d. h. entlang aller drei Rissregime, bleibt die Dehnungsänderung ($\Delta\varepsilon_r$) konstant, während sich die Dehnrate ($\dot{\varepsilon}$) exponentiell mit der Zunahme von t_{RD} reduziert. Somit wird die gleiche Dehnungsänderung ($\Delta\varepsilon_r$) in einer deutlich kürzeren Zeit erreicht. Das entscheidende mechanische Kriterium für die Entstehung von Heißrissen ist demnach die Überschreitung einer kritischen Dehnrate im Erstarrungsgebiet zu dem Zeitpunkt, in dem die Restschmelze zwischen den Korngrenzen existiert.

Mithilfe der numerischen Modellierung des gepulsten Laserstrahlschweißprozesses konnte im Rahmen dieser Arbeit der Nachweis erbracht werden, dass der von [Rap99] entwickelte direkte Zusammenhang zwischen der Heißrissbildung und der Dehnrate existiert. Dies wurde anhand der Berechnung von unterschiedlichen Parameterkonfigurationen und an unterschiedlichen Auswertpositionen (A und B) im Schmelzbad nachgewiesen. Damit konnte eine Datenbasis geschaffen werden, die es erlaubt, die Gültigkeit eines dehnungsbasierten oder eines dehnratenbasierten Heißrisskriteriums zu bewerten.

5.4 Mikrostruktur

Der gepulste Laserstrahlschweißprozess und die damit verbundenen Vorgänge von Schmelzen und Erstarren üben einen Einfluss auf die resultierende Mikrostruktur der Schweißnaht aus. Das sich in Bezug auf Morphologie und Größe ausbildende Erstarrungsgefüge wird maßgeblich von den in den vorherigen Abschnitten ermittelten Erstarrungsparametern bestimmt.

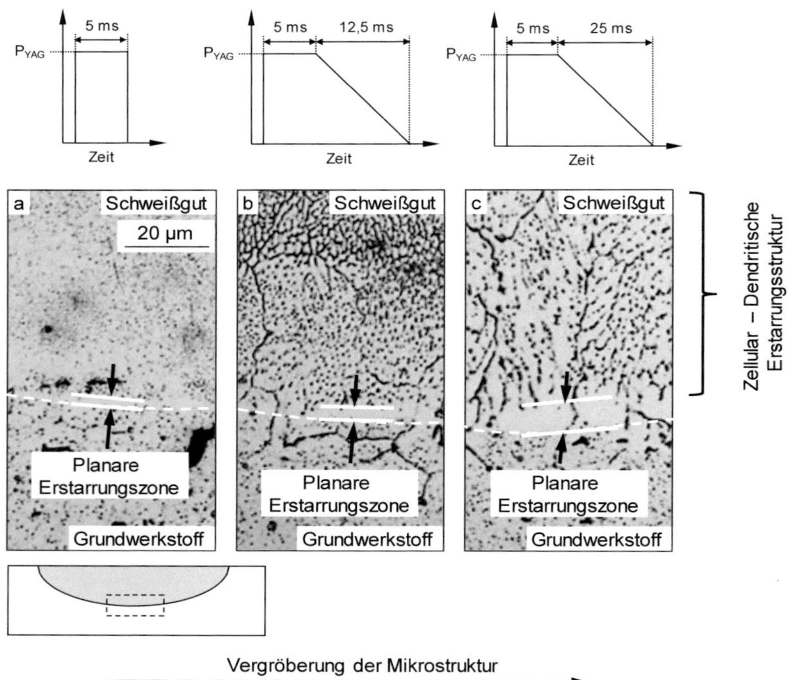

Abbildung 5.44: Darstellung der Mikrostruktur im Korngrenzschliff

Die sich in Abhängigkeit von t_{RD} ausbildende Mikrostruktur ist in Abbildung 5.44 dargestellt und zeigt jeweils die Detailaufnahme eines Schweißpunktquerschliffs am Übergang vom Grundmaterial zum Schweißgut. Die Schweißpunkte sind für P_{YAG} = 1,8 kW mit einem a) Rechteckpuls (t_{RD} = 0 ms) sowie für die Rampdownpulse

b) t_{RD} = 12,5 ms und c) t_{RD} = 25 ms erzeugt worden. Mit einsetzender Abkühlung beginnt die Erstarrung der Schmelze aufgrund des hohen Temperaturgradienten am Übergang zum Grundwerkstoff. Unmittelbar an der Grenzfläche zum Grundmaterial entsteht eine planare Erstarrungsmorphologie, die mit dem hohen Quotienten aus G/R zu begründen ist. Direkt zu Beginn der Kristallisation hat G einen hohen Wert und R den niedrigsten Wert. In diesem frühen Stadium kann die Wärme aus dem Schmelzbad (T > 2.000 °C) hauptsächlich über das kalte Grundmaterial abgeführt werden. Dadurch stellt sich an der Grenzfläche ein hoher Temperaturgradient ein, was dazu führt, dass wachsende Zellen bzw. Dendriten wieder abgeschmolzen werden und eine planar wachsende Front entsteht.

Abbildung 5.45 zeigt die gemessene Dicke der planaren Zone entlang des gesamten untersuchten Parameterraumes. Punktschweißungen, die mit einem Rechteckpuls bzw. einer kurzen t_{RD} ausgeführt werden, erzeugen eine planare Zone, deren laterale Dicke < 2 µm beträgt und mit dem lichtoptischen Mikroskop auch bei 1.000-facher Vergrößerung kaum noch darzustellen ist. Durch die Rampdownphase ist der Temperaturgradient G über einen längeren Zeitraum hoch. Dadurch setzt die konstitutionelle Unterkühlung der Schmelze zu einem späteren Zeitpunkt ein, wodurch die Dicke des planaren Erstarrungsbereiches von 1 µm beim Schweißen mit Rechteckpulsen auf 8 µm im Regime III steigt.

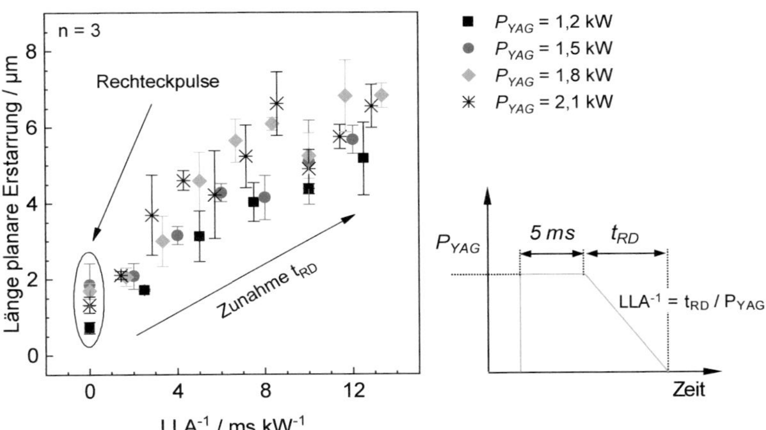

Abbildung 5.45: Laterale Ausdehnung der planaren Erstarrungszone

An die planare Erstarrungszone schließt eine zellular-dendritische Struktur an. Sie entsteht, weil im Verlauf der Schmelzbadkristallisation die Erstarrungsgeschwindigkeit der Grenzfläche zwischen flüssig und fest steigt. Dies führt zu einem unzureichenden Diffusionsausgleich zwischen Schmelze und Kristall und somit zur Bildung von Seigerungen unmittelbar an der Erstarrungsfront. Mit dieser Absenkung des Quotienten G/R entsteht an der fortschreitenden Grenzfläche zwischen fest und flüssig ein Bereich konstitutioneller Unterkühlung, wodurch die planare Erstarrungsfront in eine für die Schmelzbaderstarrung typische zellular-dendritische Erstarrung umschlägt (Abbildung 5.44). Die Größe der zellular-dendritischen Mikrostruktur, die sich in Abhängigkeit von t_{RD} ergibt, ist ebenfalls in den Detailaufnahmen in Abbildung 5.44 exemplarisch dargestellt. Im Regime I führt die hohe Erstarrungsgeschwindigkeit der Schmelze zu einer sehr feinen zellular-dendritischen Mikrostruktur, die auch mit dem lichtoptischen Mikroskop bei 1.000-facher Vergrößerung kaum noch darzustellen ist (Abbildung 5.44). In diesem Regime treten Heißrisse auf, da ein Nachfließen der Schmelze in die interdendritischen bzw. interzellularen Hohlräume nicht ermöglicht bzw. zumindest nicht begünstigt wird. Durch eine Verringerung der Erstarrungsgeschwindigkeit (Schweißen im Regime II und III) entsteht, wie in Abbildung 5.44 b–c dargestellt, eine sukzessiv vergröberte Mikrostruktur mit größeren primären Dendritarmabständen, sodass eine verbesserte Permeabilität der innerdendritischen Schmelze im gerichteten Gefüge vorliegt.

Die abnehmende Rissneigung kann somit auch auf eine verbesserte Permeabilität der Restschmelze im interdendritischen Netzwerk zurückgeführt werden. Dies lässt sich neben einer verlängerten Erstarrungszeit, einer verringerten Nachspeisedistanz und der abnehmenden Dehnrate als Ursache für die abnehmende Rissbildung im Regime I und die rissfreie Schweißpunkterstarrung im Regime II ansehen. Die in den Punktschweißexperimenten beobachtete wiederkehrende Heißrissbildung im Bereich III kann auf der Grundlage der thermomechanischen Einflussfaktoren und der Permeabilität der Mikrostruktur bisher nicht erklärt werden, weshalb in diesem Prozessregime andere Effekte überwiegen. In [Wit16] wird die Seigerung von Wasserstoff als möglicher Heißrissinitiierungsmechanismus genannt, wenn mit langen Abkühlzeiten geschweißt wird. In der vorliegenden Arbeit kann in diesem Parameterbereich die Rissbildung nicht auf die Seigerung von Wasserstoff zurückgeführt werden. Poren, die auf eine erhöhte Wasserstoffkonzentration schließen lassen und Heißrisse initiieren, wurden in angefertigten Makroschliffen nicht identifiziert. Zudem ist die Konzentration von H_2 mittels EDX nicht hinreichend nachzuweisen, sodass gelöster Wasserstoff als Rissursache im Rissregime III ausgeschlossen werden kann. Somit dominiert in diesem Regime ein anderer Effekt die Heißrissbildung.

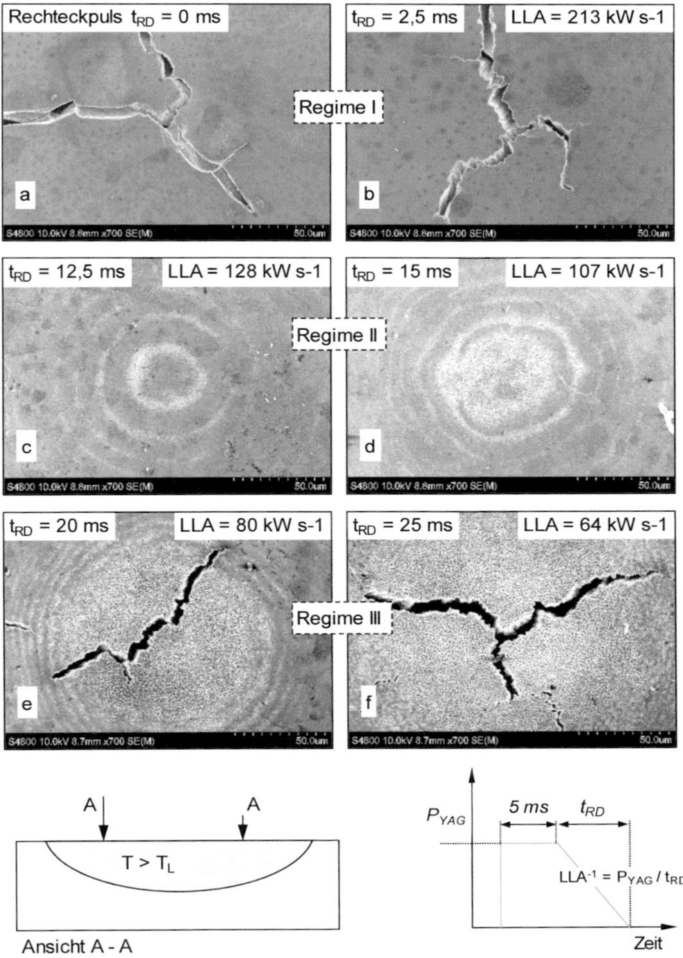

Abbildung 5.46: REM-Aufnahmen von Schweißpunktmitten

Um die Ursache der Heißrissbildung im Regime III zu identifizieren, wurden die erzeugten Punktschweißungen in einem weiteren Schritt mittels Rasterelektronenmikroskopie, d. h. mit einer höheren optischen Auflösung, untersucht. Dafür wurde das

Zentrum der Schweißpunktoberfläche analysiert, wo das Schmelzbad final erstarrt. Korrespondierende Aufnahmen, die die Veränderung der Mikrostruktur in Abhängigkeit von t_{RD} veranschaulichen, sind in Abbildung 5.46 dargestellt und können den drei identifizierten Regimen zugeordnet werden. Abgesehen von den Heißrissen, weisen die Abbildungen aus Regime I eine glatte Oberfläche in der Schweißpunktmitte auf. Im rissfreien Regime II ist eine Veränderung der Schweißpunktoberfläche zu verzeichnen, die sich ausgehend von der Schweißpunktmitte radial mit der Zunahme von t_{RD} vergrößert und im Regime III nahezu über das gesamte Zentrum erstreckt.

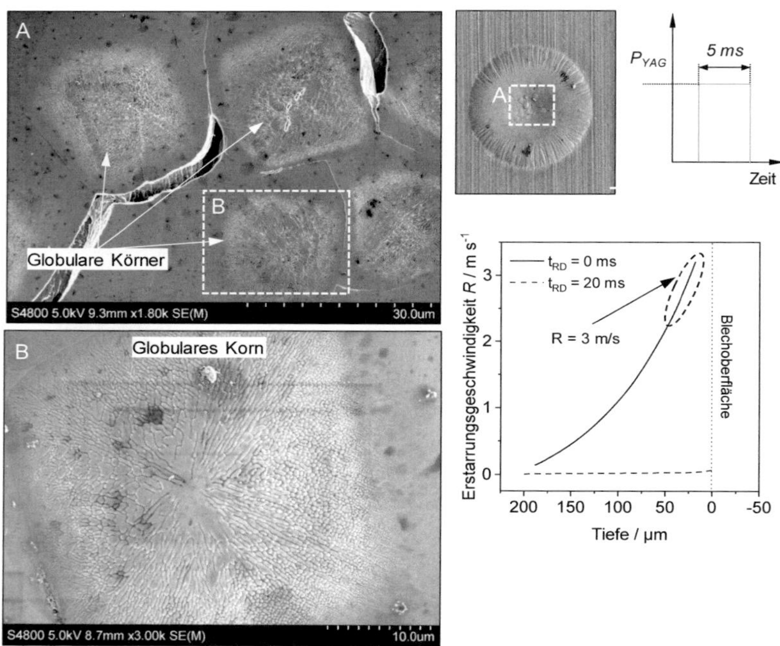

Abbildung 5.47: REM-Aufnahmen von der Schweißpunktmitte beim Rechteckpuls

Abbildung 5.47 zeigt die Detailaufnahme einer Punktschweißung, die mit einem Rechteckpuls (t_{RD} = 0 ms) erzeugt worden ist. Im Zentrum liegt an der Schweißpunktoberfläche eine globulare Erstarrungsmorphologie vor. Das Entstehen globularer Körner wird beim Schweißen mit konventionellen Rechteckpulsen durch den sich ergebenden kleinen Quotienten aus G/R im finalen Stadium der Schmelzbaderstarrung begünstigt. G nimmt im Verlauf der Schmelzbadkristallisation kontinuierlich ab.

Gleichzeitig steigt R überproportional im finalen Stadium der Schmelzbaderstarrung an und reduziert den Quotienten G/R so weit, dass die Bildung von globularen Körnern zum Erstarrungsende in der Schweißpunktmitte wahrscheinlicher wird. Im gesamten Parameterraum wird das Auftreten der globularen Kornstruktur nur beim Schweißen mit Rechteckpulsen identifiziert.

Abbildung 5.48 zeigt die Detailaufnahme eines Schweißpunktes, der dem Regime III zugeordnet werden kann. Im finalen Stadium erstarrt das Schmelzbad mit signifikant geringeren Geschwindigkeiten ($R = 0{,}01\ ms^{-1}$). Hier wird eine dendritisch ausgebildete Mikrostruktur in der Schweißpunktmitte identifiziert. Zudem sind in dem Schweißpunkt der Aufnahme B interdendritisch verlaufende Risse ersichtlich.

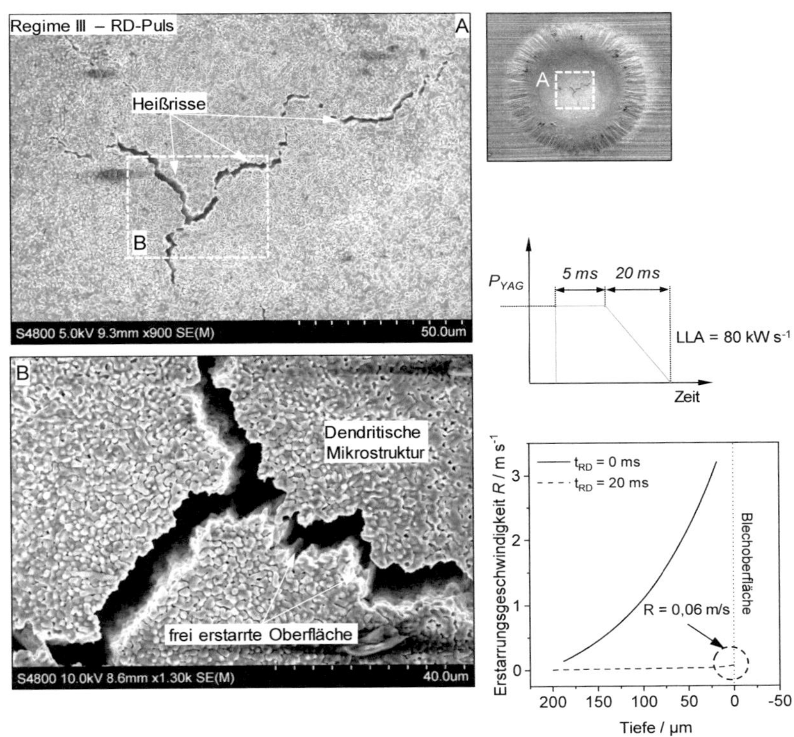

Abbildung 5.48: REM-Aufnahmen von der Schweißpunktmitte im Regime III

Ausgehend von den beobachteten visuellen Veränderungen an der Schweißpunktoberfläche und dem signifikanten Einfluss der Erstarrungsgeschwindigkeit auf die Entmischungsvorgänge an der Erstarrungsfront, erfolgt in einem nächsten Schritt die Analyse der Elementverteilung im Zentrum des Schweißpunktes, wenn das Schmelzbad final erstarrt und die Heißrissbildung einsetzt. Exemplarisch wird für P_{YAG} = 1,6 kW mittels energiedispersiver Röntgenspektroskopie die lokale Elementzusammensetzung in der Schweißpunktmitte quantifiziert. Dafür wird der Durchmesser des Elektronenstrahls auf 5 µm eingestellt, um die lokale Konzentration der Elemente integriert über eine größere Fläche zu bestimmen. Durch die große Abbildung des Elektronenstrahls lassen sich die Messergebnisse nicht quantitativ bewerten, da die Auflösung für die Elementkonzentration < 1 Gew.-% nicht hinreichend genau ist. Zudem wird die örtliche Genauigkeit einer Messung im Rasterelektronenmikroskop durch die Eindringtiefe (Anregungsbirne) des Elektronenstrahls in das Material begrenzt, da der Elektronenstrahl nicht nur die oberflächennahen Elemente, sondern auch ein kleines Volumen von Metall unterhalb der Oberfläche anregt. Die EDX-Messungen bilden somit einen gemittelten Wert der chemischen Zusammensetzung im Anregungsvolumen des Elektronenstrahls ab. Dies ist vor allem in den Bereichen zu beachten, wo der Film niedrigschmelzender Eutektika dünner ist als das Anregungsvolumen des Elektronenstrahls in die Tiefe. Für die statistische Absicherung wurde die Messung sechsmal durchführt.

Abbildung 5.49 zeigt die gemessene Konzentration der Legierungselemente Fe, Mg, Si in Bezug auf LLA^{-1} für P_{YAG} = 1,6 kW. Der im Zentrum der Schweißpunktoberfläche gemessene Massenanteil steigt für die drei Elemente mit der Zunahme von LLA^{-1}. Im Regime I, wenn mit kurzen Abkühlzeiten von t_{RD} < 5 ms geschweißt wird, ist nur ein geringer Anstieg der Elementkonzentration zu verzeichnen. Hingegen wird im Regime III, wenn die Erstarrungsgeschwindigkeit signifikant reduziert wird, ein stärkerer Anstieg der Elementkonzentration identifiziert. Quantitativ ist die Zunahme unterschiedlich stark ausgeprägt. Gegenüber dem Rechteckpuls (LLA^{-1}= 0 ms/kW) wird für LLA^{-1} = 25 ms/kW ein Anstieg der Konzentration für Mg um den Faktor 2, für Si um den Faktor 4 und für Fe um den Faktor 5 verzeichnet, was auf die unterschiedlichen Diffusionsgeschwindigkeiten und Löslichkeiten der einzelnen Elemente zurückzuführen ist. Da alle Punktschweißungen an EN-AW-6082-T6-Blechen der gleichen Charge durchgeführt worden sind, müsste im Grundmaterial immer die gleiche Ausgangskonzentration der Legierungselemente vorliegen. Die EDX-Messungen belegen somit, dass nicht allein die chemische Zusammensetzung eines Werkstoffes, sondern vor allem die Erstarrungsbedingungen einen signifikanten Einfluss auf die Entstehung niedrigschmelzender Eutektika ausüben. Dabei sind die an der Phasenfront auftretenden Entmischungsvorgänge mit abnehmender Erstarrungsgeschwindigkeit ausgeprägter, was mit der zunehmenden Konzentration der Legierungselemente bestätigt wird. Die Punktschweißungen im Regime III erstarren gegenüber denen im Regime I und II unter einer geringeren Geschwindigkeit R. Die verlängerte Erstarrungszeit begünstigt die zunehmende Anreicherung niedrigschmelzender Eutektika im interdendritischen Netzwerk.

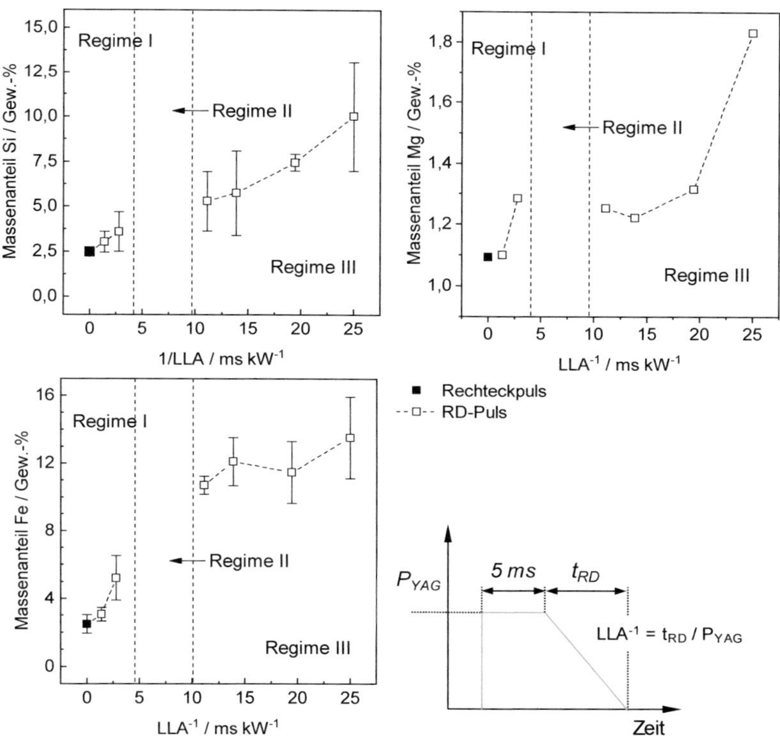

Abbildung 5.49: Konzentration der Elemente in Abhängigkeit von LLA

In diesem Zusammenhang wird für das 6xxx-System aus binären und ternären Legierungssystemen die Bildung von Al-Mg_2Si, Al-Si, Al-Mg_2Si-Fe-$Mg_3Si_6Al_8$-Si, Al-$CuAl_2$-Mg_2Si und $AlCu_2Mg_8Si_6Al_5$-$CuAl_2$-Si nachgewiesen (Mon76). Die Schmelzpunkte dieser Eutektika liegen im Temperaturbereich zwischen 514 und 595 °C und weichen somit erheblich von der Liquidustemperatur von EN AW 6082-T6 (650 °C) ab. Die

Größe des Erstarrungsintervalls steht in direkter Proportionalität zu der Heißrissanfälligkeit, da die Verweildauer der schmelzflüssigen Filme im interdendritischen Netzwerk mit zunehmendem Erstarrungsintervall steigt. Dabei gilt, dass die Gefahr der Heißrissbildung umso größer ist, je niedriger die Solidus- bzw. die eutektische Temperatur ist. Durch die lange Erstarrungszeit im Regime III reichert sich die Restschmelze mit fortschreitender Erstarrung immer mehr mit niedrigschmelzenden Eutektika an und senkt die Solidustemperatur unmittelbar an der Erstarrungsfront herab. Die Folge ist eine Vergrößerung des zeitlichen Beständigkeitsbereiches der flüssigen Phasen und damit die Ausdehnung des Erstarrungsgebietes. Daraus folgt ein Anstieg der Heißrissanfälligkeit, da einerseits das Erreichen eines erstarrungsrissunempfindlichen Materialzustandes verzögert wird. Anderseits werden die niedrigschmelzenden Legierungselemente im letzten Stadium der Erstarrung in der Schweißpunktmitte konzentriert und können die auftretenden Schrumpfkräfte des bereits erstarrten Schweißgutes nicht übertragen.

Die wiederkehrende Heißrissbildung im Regime III wird somit durch die Bildung schmelzpunktherabsenkender Eutektika im interdendritischen Netzwerk während der Schmelzbaderstarrung verursacht, wenn die lineare Leistungsabfallrate die Erstarrungszeit des Schmelzbades erhöht. Dies wurde durch die energiedispersive Röntgenspektroskopie nachgewiesen.

5.5 Punktüberlappende Nahtschweißungen

5.5.1 Rissbildung in punktüberlappenden Nahtschweißungen

Im Folgenden steht die Übertragung der Ergebnisse aus den modellhaften Einzelpulsschweißungen auf die industriell bevorzugten Linienverbindungen im Fokus. Dabei werden individuelle Punktschweißungen nacheinander überlappend gesetzt. Schweißnahtdraufsichten, ausgeführt mit P_{YAG} = 1,8 kW, sind exemplarisch in Abbildung 5.50 dargestellt. Dabei ist mit einem Vorschub von v_s = 40 mm · min^{-1} und einer Repetitionsrate von f_{Rep} = 4,5 Hz geschweißt worden. Daraus ergibt sich in Abhängigkeit von P_{YAG} eine individuelle Pulsüberlappung zwischen 70 und 80 %, der für gasdichte Schweißnähte gefordert wird. In den Experimenten werden drei Rissharakteristika beobachtet, die in Abhängigkeit von t_{RD} auftreten.

Das Schweißen mit einem konventionellen Rechteckpuls erzeugt einen durchgehenden Heißriss entlang der Schweißnaht (Abbildung 5.50a). Eine sequentielle bzw. unterbrochene Rissbildung entsteht, wenn mit einer kurzen RD-Phase von 5 ms geschweißt wird. Durch eine Verlängerung der Rampdownphase auf 15 ms erstarrt die Schweißnaht ohne Heißrissbildung.

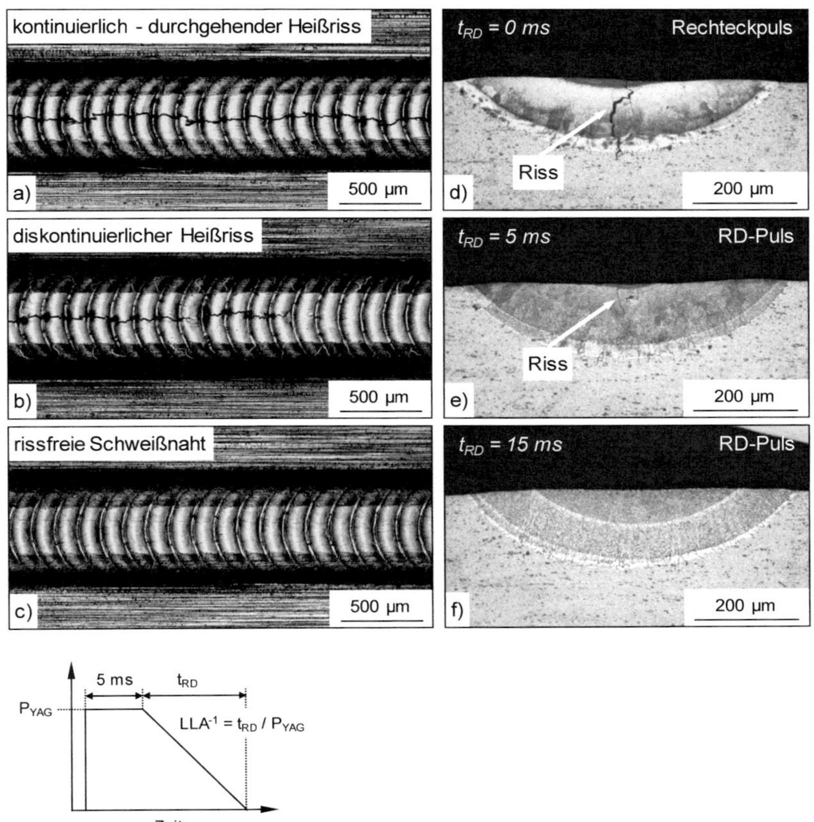

Abbildung 5.50: Risscharakteristik bei punktüberlappenden Nahtschweißungen für P_{YAG} = 1,8 KW in Abhängigkeit von tRD

Die zugehörige Quantifizierung der Heißrissanfälligkeit in Nahtschweißungen erfolgte durch die Messung der Risslängen im Querschliff (Abbildung 5.51). Analog zu den modellhaften Punktschweißexperimenten aus Kapitel 5.1.2 ist die höchste Heißrissanfälligkeit beim Schweißen mit Rechteckpulsen und kurzen Rampdownzeiten vorzufinden, wobei die Risslänge mit der Zunahme von t_{RD} reduziert wird. Durch Erhöhung der Pulsspitzenleistung nimmt die relative Risslänge zu, was analog zu den Punktschweißexperimenten auch hier den höheren Zugspannungen während der Abkühlung zugesprochen werden kann. Das rissfreie Regime wird durch höhere Pulsspitzenleistungen zu längeren t_{RD} verschoben. Korrespondierende Makroschliffe sind oberhalb des Diagramms in Abbildung 5.50 d)–f) dargestellt.

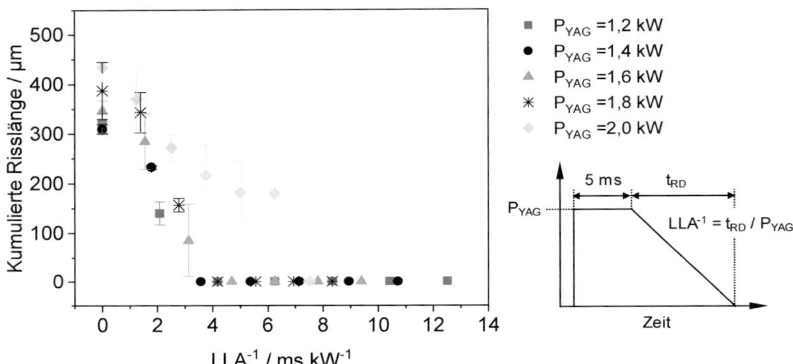

Abbildung 5.51: Heißrissanfälligkeit bei punktüberlappenden Nahtschweißungen in Abhängigkeit von P_{YAG} und LLA

Im Gegensatz zu den Punktschweißexperimenten ist bei punktüberlappenden Nahtschweißungen keine wiederkehrende Rissbildung (Regime III) zu beobachten. Nahtschweißungen können somit rissfrei erstarren, obwohl individuelle Schweißpunkte rissbehaftetet sind. Ursache hierfür ist, dass bei Nahtschweißungen durch jeden nachfolgenden Laserpuls ein Anteil des vorherigen Schweißpunktes umgeschmolzen wird. Durch diesen Umstand können Heißrisse des vorherigen Schweißpunktes umgeschmolzen und ausgeheilt werden, sofern sie im Schmelz- bzw. Überlappungsbereich des aktuellen Schweißpunktes liegen. In den Punktschweißexperimenten wurde gezeigt, dass sich bei langen Abkühldauern vom Zentrum des Schweißpunktes aus kürzere Risslängen bilden. Auf diese Weise wird bei Nahtschweißungen der vorherige rissbehaftete Schweißpunkt mit einem angepassten Pulsüberlappungsgrad vollständig umgeschmolzen und der Heißriss ausgeheilt. Ein detaillierter Zusammenhang zwischen Rissinitiierung und -fortpflanzung in punktüberlappenden Nahtschweißungen ist Gegenstand der Arbeit von [Wit16] und [She14]. Die Punktschweißexperimente können somit auch auf punktüberlappende Nahtschweißungen übertragen werden.

Die Entstehung von Erstarrungsrissen und Wiederaufschmelzrissen erfolgt durch die Trennung in den flüssigen Filmen während der Erstarrung und ist durch Betrachtung der Bruch- und Rissflächen im Rasterelektronenmikroskop nachweisbar. Abbildung 5.52 zeigt beispielhaft eine rasterelektronenmikroskopische Aufnahme der Bruchfläche einer mit Rechteckpuls geschweißten Naht, die nachfolgend für die Betrachtung aufgebrochen wurde. Der obere Abschnitt zeigt eine frei erstarrte Oberfläche und belegt die Bildung eines Erstarrungsrisses. Auch der Erstarrungsverlauf kann der gut ausgebildeten zellular-dendritischen Struktur entnommen werden. Unterhalb der Schweißnaht ist eine verformte, wabenförmig ausgeprägte Struktur zu erkennen, die auf den beabsichtigten Gewaltbruch der Probe zurückzuführen ist.

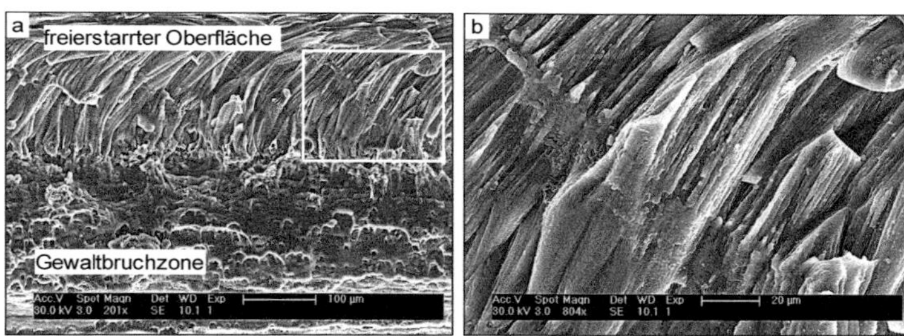

Abbildung 5.52: Heißrissanfälligkeit bei punktüberlappenden Nahtschweißungen in Abhängigkeit von PYAG und LLA

Mit Blick auf die bisherigen Ergebnisse lässt sich ableiten, dass punktüberlappende Nahtschweißen durch das Umschmelzen rissbehafteter Bereiche des vorherigen Schweißpunktes gegenüber individuellen Punktschweißungen weniger anfällig für die Entstehung von Heißrissen sind. Unter wirtschaftlichen und produktiven Aspekten ist festzuhalten, dass die rissfreie Prozessführung nur bei geringen Schweißgeschwindigkeiten bzw. begrenzten Einschweißtiefen (< 300 µm) umgesetzt werden kann. Eine höhere Einschweißtiefe bedingt eine höhere Pulsspitzenleistung und dementsprechend eine zunehmende Energie pro Puls, was wiederum dazu führt, dass bei konstanter Pulsüberdeckung mit geringeren Pulsfrequenzen geschweißt werden muss.

5.6 Zusammenfassende Bewertung der Ergebnisse

In diesem Abschnitt werden die aus den experimentellen Schweißversuchen, den numerischen Berechnungen und den metallographischen Analysen gewonnenen Erkenntnisse zusammenfassend bewertet. Innerhalb der experimentellen Untersuchungen wurden drei Regime identifiziert, die sich in Abhängigkeit von t_{RD} ergeben und in denen unterschiedliche Mechanismen die Entstehung von Heißrissen dominieren. Die

Wirkung der individuellen Einflussfaktoren auf die Rissbildung in Punktschweißungen können in einem Prozessschaubild veranschaulicht werden (Abbildung 5.53).

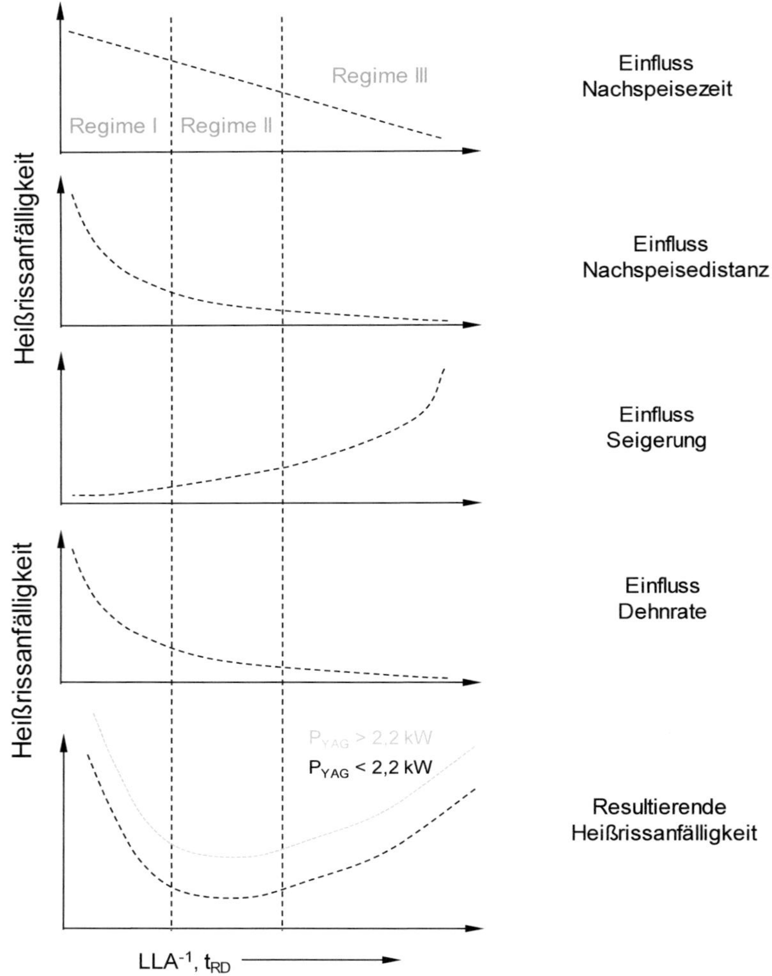

Abbildung 5.53: Modellhafte Darstellung der Einflussfaktoren, die beim gepulsten Laserstrahlschweißen zur Heißrissbildung führen

Heißrisse treten hauptsächlich bei hohen (Regime I) und bei geringen (Regime III) RD-Zeiten auf. Die rissfreie Erstarrung des Schmelzbades wird im von Regime II beobachtet, wenn mit mittleren RD-Zeiten im Bereich von 12,5 bis 17,5 ms geschweißt wird. Die Ursache für dieses Verhalten liegt in der Überlagerung verschiedener Einflussgrößen während der Erstarrung, die folgend erläutert werden.

Im **Regime I** ist die ausgeprägte Heißrissanfälligkeit mit der hohen Erstarrungsgeschwindigkeit des Schmelzbades verknüpft, die sich beim Schweißen mit Rechteck- und RD-Pulsen mit kurzen RD-Längen ergibt. Aus der hohen Erstarrungsgeschwindigkeit resultiert

- eine **verkürzte Erstarrungszeit des Schmelzbades** und somit nur ein begrenztes Zeitintervall, in dem die Restschmelze die entstehenden Hohlräume im interdendritischen Netzwerk nachspeisen kann;
- die **Vergrößerung des Erstarrungsgebietes ψ**. Daraus folgt die Bildung langer Zellen bzw. Dendriten und dementsprechend eine Zunahme der Heißrissanfälligkeit, weil die Nachspeisungsdistanz im interdendritischen Netzwerk für die Restschmelze zunimmt;
- die Ausbildung einer feinen dendritischen **Mikrostruktur mit geringer Permeabilität**, die ein Nachfließen der Restschmelze in die interdendritischen bzw. interzellularen Hohlräume nicht ermöglicht bzw. zumindest nicht begünstigt;
- eine **höhere Dehnrate**, die auf die Restschmelze im interdendritischen Netzwerk wirkt.

Im **Regime II** werden die im Regime I dominierenden Mechanismen, die zur Entstehung eines Heißrisses führen, durch die verringerte Erstarrungsgeschwindigkeit beseitigt. Bei abnehmender Erstarrungsgeschwindigkeit reduzieren sich die Dehnrate und die Länge des kritischen Temperaturintervalls, und es entsteht eine sukzessiv vergröberte Mikrostruktur mit größeren primären Dendritenarmabständen, sodass bei zugleich verlängerter Nachspeisezeit eine verbesserte Permeabilität der innerdendritischen Schmelze im Gefüge vorliegt.

Im **Regime III** kristallisiert das Schmelzbad durch die langen RD-Zeiten mit sehr geringen Erstarrungsgeschwindigkeiten von $R < 0{,}01\ m\ s^{-1}$, sodass die Seigerung niedrigschmelzender Eutektika an der fortschreitenden Phasengrenze zunimmt. Dies wurde durch lokale EDX-Messungen im Zentrum der Schweißpunktoberfläche nachgewiesen. Die seigernden Elemente führen unmittelbar an der Erstarrungsfront zu einer Herabsenkung der Solidustemperatur und somit zu einer Vergrößerung des Erstarrungsgebietes, woraus ein Anstieg der Heißrissanfälligkeit resultiert. Wird mit Pulsspitzenleistungen > 2,0 kW geschweißt, kommt es unabhängig von der Erstarrungsgeschwindigkeit auch im Regime II zur Bildung von Heißrissen. Ursächlich hierfür ist eine Zunahme des Schweißpunktvolumens, woraus höhere Schrumpfspannungen resultieren, die ab einem gewissen Niveau auch durch eine verlängerte Nachspeisedauer, eine verringerte Dehnrate bzw. eine verkürzte Nachspeisedistanz nicht mehr kompensiert werden können. Dies haben die strukturmechanischen Berechnungen nachgewiesen. In diesem Prozessregime wird die Heißrissbildung nicht von dem vorherrschenden Temperatur-Zeit-Regime während der Erstarrung und Abkühlung dominiert, sondern ausschließlich von den mechanischen Beanspruchungsverhältnissen verursacht.

In punktüberlappenden Nahtschweißungen treten Heißrisse nur im Regime I auf, sodass auch bei ausreichend langer Leistungsabfallzeit eine rissfreie Schweißnaht erzeugt wird. Hier wird die Rissbildung bei langen Abkühldauern durch einen hohen Überlappungsgrad der individuellen Schweißpunkte vermieden. So wurde nachgewiesen, dass rissbehaftete Bereiche der individuellen Schweißpunkte in punktüberlappenden Nahtschweißungen umgeschmolzen und ausgeheilt werden können.

Der derzeitige Stand der Technik betrachtet die Heißrissbildung beim Schweißen oft nur mittels eines einzigen Kriteriums. Beim gepulsten Laserstrahlschweißen ist sie jedoch nicht auf ein individuelles Kriterium, sondern auf eine Schnittmenge verschiedene Kriterien zurückzuführen, wie anhand der in den unterschiedlichen Regimen dominierenden Effekte gezeigt werden konnte. Die Untersuchungen machen deutlich, dass durch eine gezielte Anpassung des Temperatur-Zeit-Profils die Heißrissproblematik beim gepulsten Laserstrahlschweißen auch ohne den Einsatz eines Schweißzusatzwerkstoffes beherrschbar ist.

Trotz der Möglichkeit, ausscheidungshärtende Legierungen ohne Bildung von Heißrissen zu schweißen, bestehen noch Optimierungspotenziale, was die produktiven Aspekte des Schweißprozesses betrifft. Diese Potenziale sind derzeit vorwiegend auf die geringen Einschweißtiefen und Prozessgeschwindigkeiten zurückzuführen.

5.7 Heißrissvermeidung durch eine angepasste Intensitätsverteilung

Die Heißrissentstehung beim gepulsten Laserstrahlschweißen von ausscheidungshärtenden Al-Legierungen wird unterdrückt, wenn gezielt Einfluss auf die thermomechanischen (Spannungen und Dehnraten) und metallurgischen Vorgänge (Seigerungen) während der Schmelzbaderstarrung genommen wird. Diese Größen werden im Wesentlichen durch das auftretende Temperatur-Zeit-Profil bestimmt, das durch die Laserparameter (P_{YAG} und t_{RD}) eingestellt werden kann. Obwohl die Heißrissbildung ohne den Einsatz eines zusätzlichen Schweißzusatzwerkstoffes vermieden werden kann, bestehen für eine umfassende industrielle Umsetzung noch prozessbezogene Einschränkungen, die neben der ausgeprägten Heißrissanfälligkeit auch auf wirtschaftliche Aspekte zurückzuführen sind. Vor allem betrifft dies die geringe Prozessgeschwindigkeit (v_s = 40 mm · min^{-1}) und die Einschweißtiefe (s < 0,3 mm). Ursächlich für die geringe Prozesseffizienz pulsmodulierbarer Laserstrahlquellen ist, dass trotz erreichbarer Pulsspitzenleistungen von bis zu 8 kW die verfügbare mittlere Leistung auf Bereiche zwischen 200 und 400 W begrenzt ist. Die auf das zu schweißende Bauteil übertragbare Prozessgeschwindigkeit, die ein Maß für die Produktivität des Schweißprozesses darstellt, wird bei der gepulsten Prozessführung einerseits durch die Energie pro Puls und anderseits durch die Pulsfrequenz bzw. den Überlappungsgrad der Schweißpunkte eingeschränkt (Gleichung 2-3 und 2-4).

In den vorherigen Kapiteln wurde nachgewiesen, dass rissfreie Punktschweißungen erzeugt werden können, wenn die Erstarrungsgeschwindigkeit signifikant reduziert wird. Dafür muss mit langen RD-Phasen von bis zu 15 ms geschweißt werden. Dies hat wiederum einen Anstieg der Pulsenergie zur Folge und führt dazu, dass Nahtschweißungen, die industriell bevorzugt werden, um bspw. Gehäusedichtschweißungen durchzuführen, mit reduzierten Pulsfrequenzen ausgeführt werden müssen. Zwar wurde nachgewiesen, dass in punktüberlappenden Nahtschweißungen rissbehaftete Bereiche der individuellen Schweißpunkte umgeschmolzen und ausgeheilt werden können. Dies erfordert jedoch einen hohen Pulsüberlappungsgrad von 75–80 % und limitiert ebenfalls die auf das zu schweißende Bauteil übertragbare Prozessgeschwindigkeit. Darüber hinaus hat sich gezeigt, dass das rissfreie Schweißen auch durch eine maximale Einschweißtiefe von ca. 0,3 mm begrenzt ist. Die komplexe Auslegung der Pulsform, die niedrigen Schweißgeschwindigkeiten, die begrenzte rissfreie Einschweißtiefe und das immer wiederkehrende Auftreten von Heißrissen, das zur Unbrauchbarkeit der geschweißten Bauteile führt, verweisen auf die derzeitigen Optimierungspotentiale beim Schweißen von Blechen niedrigerer Stärke (< 1 mm). Dies gilt insbesondere dort, wo Dichtheit gefordert ist, sodass die jetzigen Vorgehensweisen an ihre Grenzen stoßen.

Um ein Schweißen ohne Heißrissentstehung auch bei höheren Schweißgeschwindigkeiten und größeren Einschweißtiefen zu ermöglichen, braucht es eine Prozessführung mit angepasster Wärmeführung, die es ermöglicht, sowohl das auftretende Temperatur-Zeit-Profil als auch die mechanischen Beanspruchungsverhältnisse zu beeinflussen. Dafür wird im Rahmen der vorliegenden Arbeit eine neuartige Prozessführung auf der Basis der räumlichen und zeitlichen Kopplung eines gepulsten Nd:YAG-Lasers mit einem Dauerstrich-Diodenlaser im niedrigen Leistungsbereich (P_{Diode} < 500 W) entwickelt.

In den Schweißexperimenten wird das Schmelzbad durch den Nd:YAG-Laser erzeugt. Der Diodenlaserstrahl bewirkt lediglich eine lokale Erwärmung der Metalloberfläche. Er erwärmt aufgrund seines größer abgebildeten Brennflecks in der Fokusebene ($Ø_{Diode}$) hauptsächlich das Grundmaterial, das den Schweißpunkt umgibt. Um die Auswirkung des zeitlich und räumlich überlagerten Diodenlaserstrahls besser ableiten zu können, werden die Schweißexperimente ausschließlich mit dem heißrissanfälligen Rechteckpuls des Nd:YAG-Lasers durchgeführt.

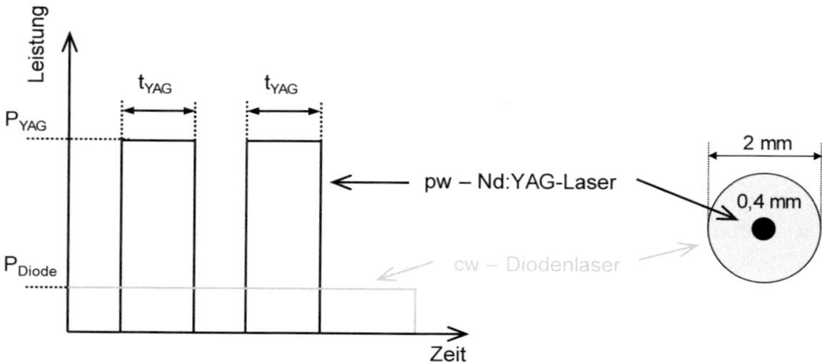

Abbildung 5.54: Zeitliche und räumliche Kopplung eines gepulsten Nd:YAG-Lasers und eines Dauerstrich-Diodenlasers

Die räumliche und zeitliche Überlagerung mit einem zusätzlichen Diodenlaserstrahl eröffnet neue Freiräume, indem einerseits das Temperaturfeld und anderseits die Spannungsbedingungen in Abhängigkeit von der geometrischen Formung des Diodenlaserstrahls zeit- und ortsabhängig angepasst werden können. Diesem Ansatz der Heißrissvermeidung durch die Überlagerung beider Laserstrahlen liegen zwei Ansätze zugrunde:

Ansatz 1: Einerseits wird durch die Erwärmung mit einem cw-Diodenlaserstrahl im Aluminiumblech eine Grundtemperatur eingehalten, die es erlaubt, im Schweißprozess angepasste Abkühlraten zu erwirken. Aus der Bestrahlung mit dem Diodenlaser resultiert ein angepasstes Temperatur-Zeit-Regime, das die Erstarrungsgeschwindigkeit des Schmelzbades reduziert und auf diese Weise eine Mikrostruktur mit verbesserter Permeabilität der Restschmelze erzeugt. Dadurch soll die Anfälligkeit zur Heißrissbildung reduziert werden (Abbildung 5.55).

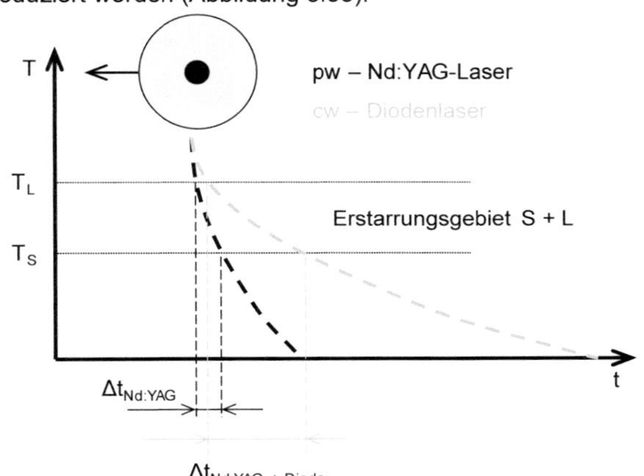

Abbildung 5.55: Temperatur-Zeit-Regime bei YAG und YAG + Diode (schematisch)

Ansatz 2: Anderseits wird durch die Erwärmung mit einem cw-Diodenlaserstrahl das Spannungsverhältnis bei der Abkühlung so eingestellt, dass den Zugspannungen, die beim Erstarren auf das Schmelzbad wirken, mit Druckspannungen begegnet wird. Dafür wird die überlagernde Strahlung des Diodenlasers auf einen größeren Brennfleck fokussiert, wodurch das den Schweißpunkt umgebende Grundmaterial bestrahlt wird. Die daraus resultierende Temperaturerhöhung führt zu einer linearen thermischen Ausdehnung des schmelzbadumgebenden Materials, die einerseits der Schrumpfung des erstarrenden Schweißpunktes und anderseits auch der thermischen Kontraktion des bereits erstarrten Materials beim Abkühlen entgegenwirkt.

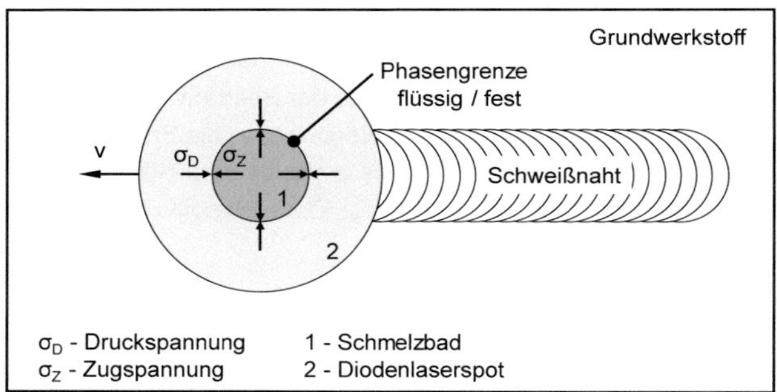

Abbildung 5.56: Kompensation von Zugspannungen durch räumliche Überlagerung einer Diodenlaserstrahlung

Die Hochgeschwindigkeitsaufnahmen aus Kapitel 5.1.3 haben gezeigt, dass der Schweißpunkt radial vom Außenrand hin zur Schweißpunktmitte erstarrt und die Heißrissbildung erst zu einem späten Zeitpunkt einsetzt, wenn das Schmelzbad fast vollständig erstarrt ist. Diese Erkenntnis unterstützt den Einsatz einer lokalen und nur auf der Oberfläche wirkenden Wärmequelle für die Überlagerung.

Neben der Reduzierung der Heißrissbildung ermöglicht die räumliche Kopplung eines Dauerstrich-Diodenlasers mit einem gepulsten Nd:YAG-Lasers auch eine Steigerung der Effizienz bzw. Produktivität. Dem Ansatz der Effizienzsteigerung durch die Überlagerung beider Laserstrahlen liegen ebenfalls zwei Ansätze zugrunde:

Ansatz 1: Die im Gegensatz zum Nd:YAG-Laserstrahl ($\lambda_{Nd:YAG}$ = 1064 nm) kürzere Wellenlänge des kontinuierlich emittierenden Diodenlasers (λ_{Diode} = 980 nm) ist dem Absorptionsspektrum des Aluminiums angepasst und wird somit stärker absorbiert, sodass das Aluminium energieeffizient vorgewärmt wird. Die durch den Diodenlaserstrahl vorgewärmte Prozesszone wird darauf mit dem gepulstem Nd:YAG-Laser geschweißt, dessen Laserstrahlung aufgrund der nun höheren Temperatur besser absorbiert wird.

Ansatz 2: Aufgrund der höheren Temperatur am Aluminiumblech wird weniger Pulsenergie benötigt, um das Aluminium in die flüssige Phase zu überführen. Die eingesparte Pulsenergie kann somit in eine höhere Pulsfrequenz überführt werden, womit sich höhere Schweißgeschwindigkeiten umsetzen lassen. Zudem werden breitere Nähte erzeugt, wodurch höhere Prozesstoleranzen (Spaltüberbrückbarkeit) möglich sind.

Durch die niedrigen Diodenlaserleistungen (< 500 W) bleiben die Vorteile der gepulsten Betriebsart auch bei kombinierter Prozessführung erhalten, d. h., das Schmelzbad erstarrt in den Pulspausen, sodass der geringe Gesamttemperatureintrag in das Bauteil erhalten bleibt.

5.7.1 Einschweißtiefe

In einem ersten Schritt werden Grundsatzuntersuchungen an einer Blindnaht ausgeführt, um die Effekte, die sich aus der Überlagerung für die Geometrie, die Heißrissbildung und die Prozessgrenzen ergeben, eindeutig ableiten zu können. Die mit einem Rechteckpuls bei unterschiedlichen P_{YAG} erzeugten Punktschweißdurchmesser sind in Kapitel 5.1.1 dargestellt und liegen im Bereich zwischen 700 und 1.000 µm. Damit durch die überlagerte Diodenlaserstrahlung eine Kompensation der Erstarrungsschrumpfung erreicht wird, muss eine Temperaturerhöhung im Grundmaterial außerhalb des Schmelzbades erzielt werden. Dafür muss der Brennfleck des Diodenlaserstrahls im Fokus größer abgebildet sein als die individuell erzeugten Schweißpunkte. Aus diesem Grund beginnen die Untersuchungen mit einem in der Fokusebene punktförmig und auf unterschiedliche Durchmesser abgebildeten Diodenlaserstrahl. Entsprechend werden die Leistung und Leistungsdichte variiert, um Erkenntnisse für die prozess- und werkstoffangepasste Auslegung des Diodenlaserstrahls mit Blick auf die maximale Einschweißtiefe und effektive Heißrissvermeidung abzuleiten. Durch die Variation der Kollimations- und Fokussierungslinse wird die Bearbeitungsoptik des fasergekoppelten Diodenlasers derart ausgelegt, dass der Diodenlaserbrennfleck in der Fokusebene des Nd:YAG-Laserstrahls auf 2, 3 und 5 mm abgebildet wird.

In einem ersten Schritt wird untersucht, inwieweit die Einschweißtiefe durch die räumlich überlagerte Diodenlaserstrahlung erhöht werden kann. Dabei soll die Auswirkung der Diodenlaserstrahlintensität durch die Variation von P_{Diode} und $Ø_{Diode}$ an punktüberlappenden Nahtschweißungen identifiziert werden. Die Blechdicke beträgt 1 mm, sodass ein Durchschweißen vermieden wird und die Auswirkung hinsichtlich der maximal erreichbaren Einschweißtiefe verbessert dargestellt werden kann. Geschweißt wird mit einem Vorschub v_s = 100 mm · min^{-1}und einer Repetitionsrate f_{Rep} = 9,3 Hz. Die Pulsparameter betragen P_{YAG} = 2,0 kW und t_P = 5 ms. Der Diodenlaserstrahl ist dem Nd:YAG-Laserstrahl konzentrisch überlagert. Die über Querschliffe ermittelten Einschweißtiefen sind in Abbildung 5.57 dargestellt.

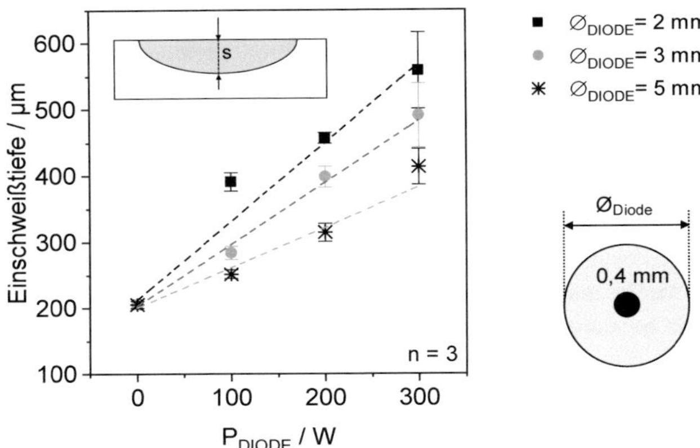

Abbildung 5.57: Einfluss von P_{Diode} und $ø_{Diode}$ auf Einschweißtiefe

Für alle drei untersuchten Durchmesser steigt die Einschweißtiefe gegenüber dem konventionellen Prozess (P_{Diode} = 0 W) nahezu linear mit zunehmender Diodenlaserleistung an. Die maximale Einschweißtiefe wird mit $ø_{Diode}$ = 2 mm erreicht und ist mit der höheren Leistungsdichte bei konstanter Ausgangsleitung zu begründen.

Ein analoges Verhalten würde sich ergeben, wenn auf der Ordinate statt der Einschweißtiefe die Nahtbreite aufgetragen wäre. Im Vergleich zu den Leistungsstufen 100 W und 200 W nimmt die Streubreite der Einschweißtiefe bei P_{Diode} = 300 W signifikant zu. Diese Streubereiche treten auf, da durch die zunehmende Oberflächentemperatur die Strahlung des gepulsten Laserstrahls verbessert absorbiert wird und zu einzelnen Tiefschweißeffekten führt. Dies wird in den angefertigten Längsschliffen in Abbildung 5.62 bestätigt. Weitere Ergebnisse, die in [Bie15] veröffentlicht sind, zeigen, dass die Einschweißtiefe weiter gesteigert werden kann, wenn der Diodenlaserstrahl dem Nd:YAG-Laserstrahl vorlaufend angeordnet ist.

Im nächsten Schritt werden Schweißexperimente an einem 0,5 mm dicken Aluminiumblech durchgeführt, um die Auswirkung der Überlagerung in Bezug auf ein vollständiges Durchschweißen des Bleches zu ermitteln (Abbildung 5.58). Innerhalb dieser Untersuchungen wurde mit $ø_{Diode}$ = 2 mm geschweißt und das Durchschweißen in Abhängigkeit von P_{DIODE} und P_{YAG} ermittelt. Für P_{YAG} = 2,0 kW ohne Überlagerung (P_{Diode} = 0 W) ergibt sich eine Einschweißtiefe von ca. 230 µm. Bereits durch die Überlagerung mit P_{Diode} = 100 W wird das 0,5 mm dicke Blech vollständig durchgeschweißt, weshalb die Punkte ab dieser Leistung waagerecht verlaufen. Wird mit

P_{YAG} < 2,0 kW geschweißt, muss P_{Diode} > 100 W sein und individuell an P_{YAG} angepasst werden, um eine vollständige Durchschweißung zu erzeugen. Dabei verläuft der Schweißprozess stabil, ohne Unregelmäßigkeiten (Schweißspritzer) zu erzeugen.

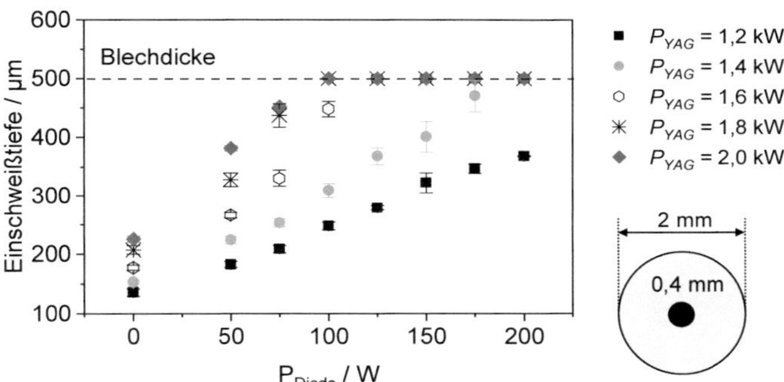

Abbildung 5.58: Einschweißtiefe in Abhängigkeit von P_{Diode} mit $\varnothing_{Diode}$ = 2 mm

An dieser Stelle kann festgehalten werden, dass durch die räumliche Überlagerung einer cw-Diodenlaserstrahlung im niedrigen Leistungsbereich die Einschweißtiefe signifikant gesteigert wird und zu einer Effizienzsteigerung des Schweißprozesses führt.

5.7.2 Heißrissanfälligkeit

Inwieweit durch die räumlich überlagerte cw-Diodenlaserstrahlung die Heißrissentstehung reduziert bzw. vermieden wird, wurde in einem weiteren Schritt untersucht. Dafür wurden punktüberlappende Schweißnähte mit einem Rechteckpuls (t_P = 5 ms) ausgeführt, da für diese Pulsform sowohl in Punktschweißungen als auch in punktüberlappenden Nahtschweißungen die stärkste Rissbildung erzeugt wird. Um den kombinierten Prozess (Nd:YAG + Diode) in Bezug auf die Heißrissbildung zu bewerten, wird die Heißrissanfälligkeit dem konventionellen YAG-Prozess gegenübergestellt.

Exemplarisch ist die Auswirkung einer überlagerten cw-Diodenlaserstrahlung mit $\varnothing_{Diode}$ = 5 mm bei P_{YAG} = 2,0 kW auf die Heißrissbildung in Abbildung 5.59 veranschaulicht. Die Schweißnähte sind bei gleicher Pulsspitzenleistung und den Diodenlaserleistungen a) 0 W, b) 150 W, c) 200 W und d) 300 W erzeugt worden. In Abhängigkeit von der Diodenlaserleistung (P_{Diode}) werden verschiedene Rissregime an der Nahtoberfläche identifiziert. Das Schweißen nur mit dem Nd:YAG-Laser (P_{Diode} = 0 W) führt zu einer ausgeprägten Rissbildung über die gesamte Schweißnaht hinweg, wobei mehrere einzelne Heißrisse örtlich nebeneinanderliegen. Für P_{Didoe} = 150 W erfolgt eine Veränderung des Rissmusters, indem die individuellen Heißrisse in einen einzelnen, entlang der gesamten Schweißnaht auftretenden Riss übergehen. Eine weitere Erhöhung auf P_{Diode} = 200 W führt zu einem vorwiegend diskontinuierlichen Rissregime, das durch partiell bzw. rissfreie Bereiche an der Schweißnahtoberfläche gekennzeichnet ist. Bei P_{Diode} = 300 W erstarrt die Schweißnaht ohne Heißrisse.

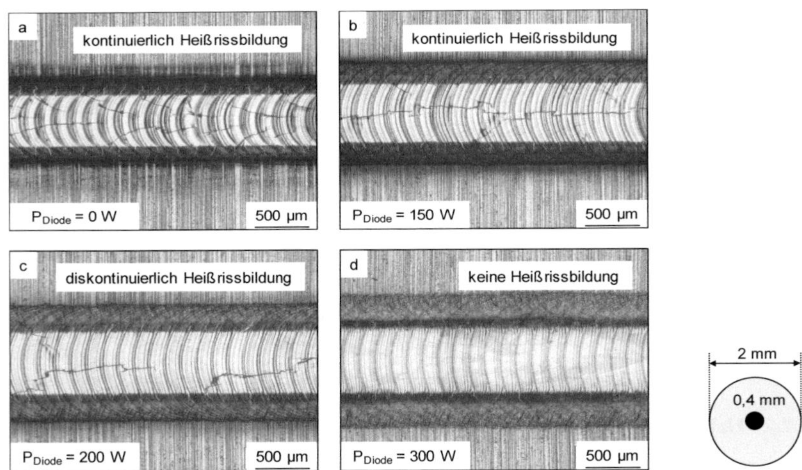

Abbildung 5.59: Schweißnahtdraufsicht, Heißrissanfälligkeit in Abhängigkeit von P_{Diode}

Die quantitative Bewertung der Heißrissanfälligkeit ist in Abbildung 5.60 dargestellt. Hierbei wird die Heißrissanfälligkeit durch den Rissindex $R_{\%}$ quantifiziert, der sich in Abhängigkeit von der Pulsspitzenleistung (P_{YAG}), der Diodenlaserleistung (P_{Diode}) und dem auf dem Aluminiumblech abgebildeten Fokusdurchmesser ($\varnothing_{Diode}$) ergibt. Die Längen der rissbehafteten Bereiche li werden aufsummiert und in das Verhältnis zur Schweißnahtlänge L gesetzt. Dabei entspricht L der Gesamtlänge der Naht (30 mm), abzüglich der ersten und letzten 5 mm. Der Wert $R_{\%}$ = 1,0 bedeutet, dass der betrachtete Bereich der Schweißnaht vollständig von Heißrissen durchzogen ist. Umgekehrt bedeutet ein Rissindex von R% = 0 eine rissfreie Schweißnaht.

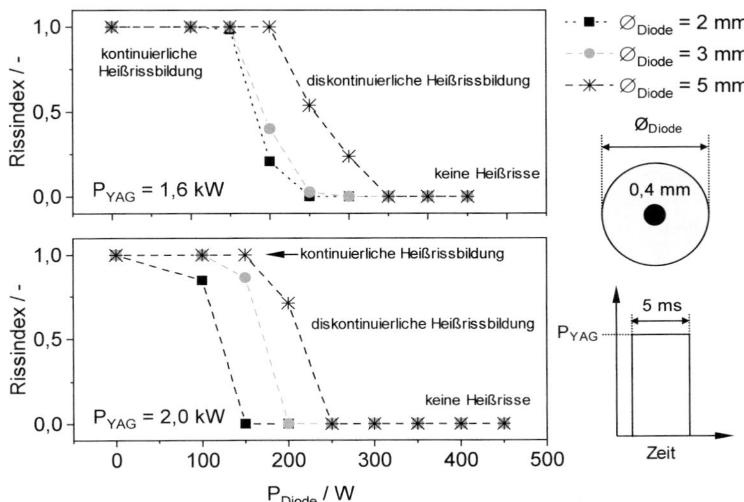

Abbildung 5.60: Heißrissanfälligkeit in Bezug auf P_{YAG}, P_{Diode} und $ø_{Diode}$

Die Ergebnisse sind auf zwei Diagramme aufgeteilt, um die Übersichtlichkeit zu erhöhen. Im oberen Diagramm ist die Heißrissanfälligkeit für P_{YAG} = 1,6 kW und im unteren für P_{YAG} = 2,0 kW dargestellt. In beiden Diagrammen sind die Verläufe von $R_{\%}$ in Relation zu P_{Diode} für verschiedene abgebildete Fokusdurchmesser ($ø_{Diode}$) aufgeführt. Ersichtlich ist, dass sich für alle untersuchten Durchmesser ein qualitativ nahezu identischer Verlauf von $R_{\%}$ ergibt, sodass lediglich die notwendige Diodenlaserleistung in Relation zu P_{YAG} bzw. $ø_{Diode}$ angepasst werden muss. Größere Durchmesser des Diodenlaserstrahls verschieben die Heißrissvermeidung hin zu höheren Diodenlaserleistungen. Weiterhin muss im Gegensatz zu P_{YAG} = 2,0 kW eine höheren Diodenlaserleistung für P_{YAG} = 1,6 kW verwendet werden, um Heißrisse zu unterdrücken.

An den mit P_{YAG} = 2,0 kW erzeugten Schweißnähten wird zusätzlich eine Bewertung der Heißrissanfälligkeit über die kumulierte Risslänge im Querschliff vorgenommen und dem zuvor ermittelten Rissindex gegenübergestellt (Abbildung 5.61). Die Ergebnisse sind in Abhängigkeit von der Diodenlaserleistung für unterschiedliche $ø_{Diode}$ aufgetragen und zeigen eine hinreichende Übereinstimmung beider Bewertungsmethoden. Die geringen Abweichungen in der kumulierten Risslänge können mit der vergrößerten Einschweißtiefe begründet werden, sodass sich längere bzw. mehr Risse ausbilden können. Weiterhin wird die geringe Abweichung der Momentaufnahme des

Querschliffs zugerechnet, sodass die Risse je nach Schliffebene unterschiedlich verlaufen. Dieser Umstand wird zwar durch die Mittelwertbildung abgemildert, kann aber nicht ganz ausgeschlossen werden. Angesichts der guten Übereinstimmung der beiden Risskriterien genügt es, die Heißrissbildung punktüberlappender Nahtschweißungen anhand des $R_{\%}$ an der Nahtoberfläche zu quantifizieren; eine aufwendige Zielpräparation von Querschliffen, die nur eine Momentaufnahme darstellen, ist nicht erforderlich. Die im Querschliff kumulierten Risslängen aus Abbildung 5.61 bestätigen den Verlauf von $R_{\%}$ aus Abbildung 5.60. Ausgehend von $ø_{Diode}$ = 2 mm werden Schweißnähte ohne Heißrisse bei einer Überlagerung mit P_{Diode} = 200 W erzeugt. Mit zunehmendem $ø_{DIODE}$ und dementsprechend abnehmender Intensität wird eine höhere Ausgangsleistung des Diodenlasers benötigt, damit die Schweißnaht rissfrei erstarrt. Die leistungsabhängige Verschiebung der Rissregime ist auf eine Veränderung des Temperatur-Zeit-Profils zurückzuführen, was Untersuchungsbestandteil der folgenden Abschnitte ist.

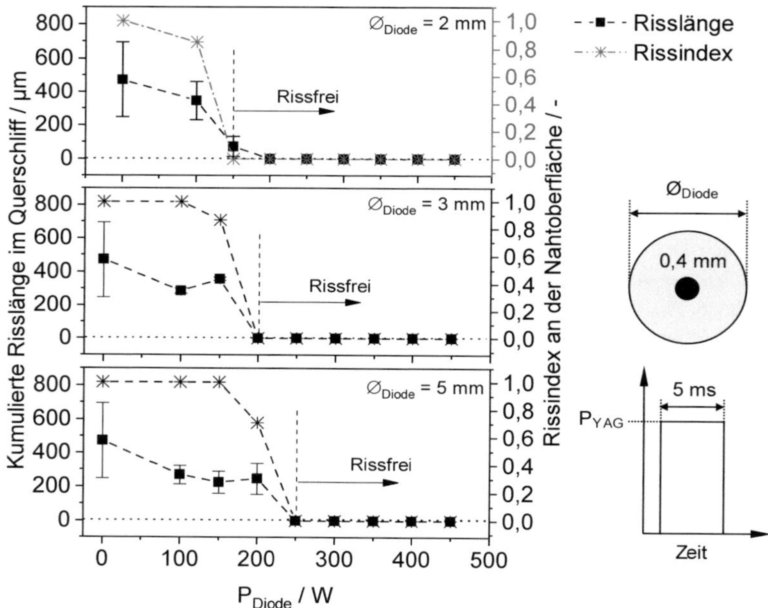

Abbildung 5.61: Verlauf von Rissindex und Risslänge in Bezug auf P_{Diode} und $ø_{Diode}$

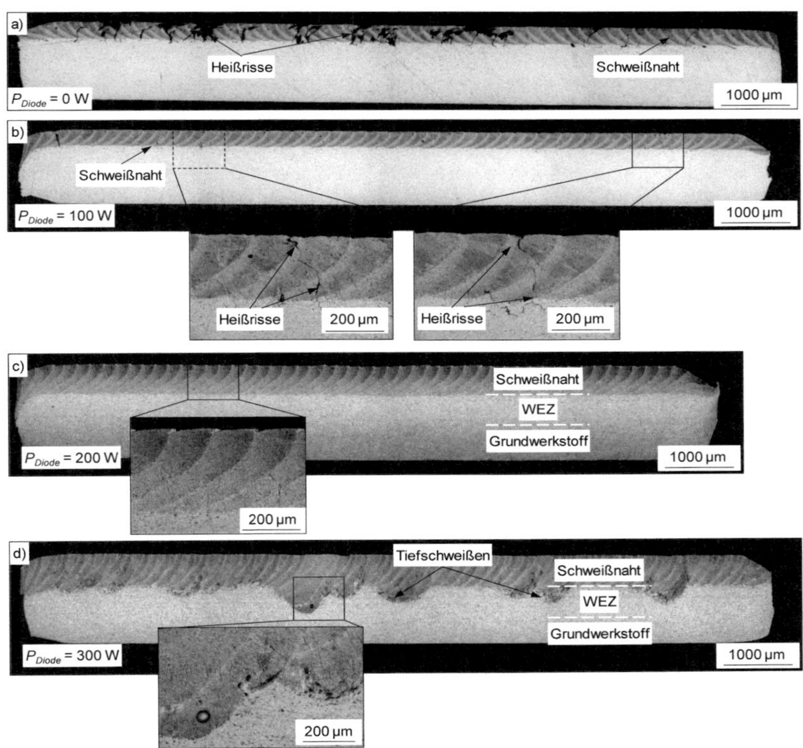

Abbildung 5.62: Längsschliffe an Nahtschweißungen in Abhängigkeit von P_{Diode}: a) 0 W, b) 100 W, c) 200 W, d) 300 W

Um abschließend eine ganzheitliche Aussage über die Schweißnahtqualität abzuleiten, wurden zusätzlich 10 mm lange Längsschliffe angefertigt (Abbildung 5.62). Die jeweiligen Detailbilder bei P_{Diode} = 0 W und 100 W zeigen, dass die auftretenden Erstarrungsrisse vollständig durch die Schweißnaht bis in den Grundwerkstoff verlaufen. Vor allem in der erzeugten Blindnaht ohne Überlagerung der Diodenlaserstrahlung zeichnet sich die Bildung von Heißrissen deutlich ab. Diese Risse erscheinen im Längsschliff sehr stark, da sie sehr breit sind und über längere Abstände mittig entlang der Naht verlaufen. Bei P_{Diode} = 200 W und 300 W erstarrt die Schweißnaht ohne nachweisbare Heißrissbildung. Zusätzlich sind bei P_{Diode} = 300 W Prozessinstabilitäten ersichtlich. Diese sind durch ungleichmäßige Einschweißtiefen entlang der Schweißnaht gekennzeichnet und auf lokale Tiefschweißeffekte zurückzuführen, da die Oberflächentemperatur und damit der Absorptionsgrad des Grundwerkstoffes durch die eingebrachte Energie des Diodenlasers ansteigen. Durch das dadurch größere Schmelzbad kommt es in unregelmäßigen Abständen dazu, dass der Laser in die noch nicht vollkommen erstarrte Schweißnaht einkoppelt und lokal Tiefschweißeffekte auftreten. Der ungleichmäßige Nahtverlauf korreliert auch quantitativ mit den gemessenen Werten aus Abbildung 5.57, die bei P_{Diode} = 300 W eine höhere Streuung aufweisen. Die Rissfreiheit ist auch unterhalb der Oberfläche gegeben, was durch den Längsschliff belegt wird.

An dieser Stelle kann festgehalten werden, dass durch die zeitliche und räumliche Kopplung eines gepulsten Nd:YAG-Lasers und eines Dauerstrich-Diodenlasers im niedrigen Leistungsbereich

- die erreichbare Einschweißtiefe bereits durch geringe Ausgangsleistungen des Diodenlasers signifikant gesteigert werden kann und
- die Bildung von Heißrissen auch beim Schweißen mit einem konventionellen Rechteckpuls unterdrückt werden kann.

Die höchste Prozesseffizienz in Bezug auf die rissfreie Einschweißtiefe bei geringster Ausgangsleistung des Diodenlasers wird mit der Abbildung des Brandflecks auf $ø_{Diode}$ = 2 mm erreicht.

5.7.3 Schmelzbaderstarrung und Mikrostruktur

Um den ersten Ansatz zu bestätigen, der besagt, dass sich mit der überlagerten Bestrahlung mit dem Diodenlaser ein angepasstes Temperatur-Zeit-Regime erreichen, die Erstarrungsgeschwindigkeit des Schmelzbades reduzieren und auf diese Weise eine Mikrostruktur mit verbesserter Permeabilität der Restschmelze erzeugen lässt, wurden im Rahmen der experimentellen Untersuchungen Hochgeschwindigkeitsaufnahmen angefertigt. Aufgrund der höchsten Prozesseffizienz erfolgten die Untersuchungen ausschließlich mit einem auf $ø_{DIODE}$ = 2 mm fokussierten und dem Nd-YAG konzentrisch überlagerten Diodenlaserstrahl. Exemplarisch veranschaulicht Abbildung 5.63 die zeitliche Abfolge einer Punktschweißung innerhalb einer Nahtschweißung. Geschweißt wird mit P_{YAG} = 1,6 kw und t_p = 5 ms.

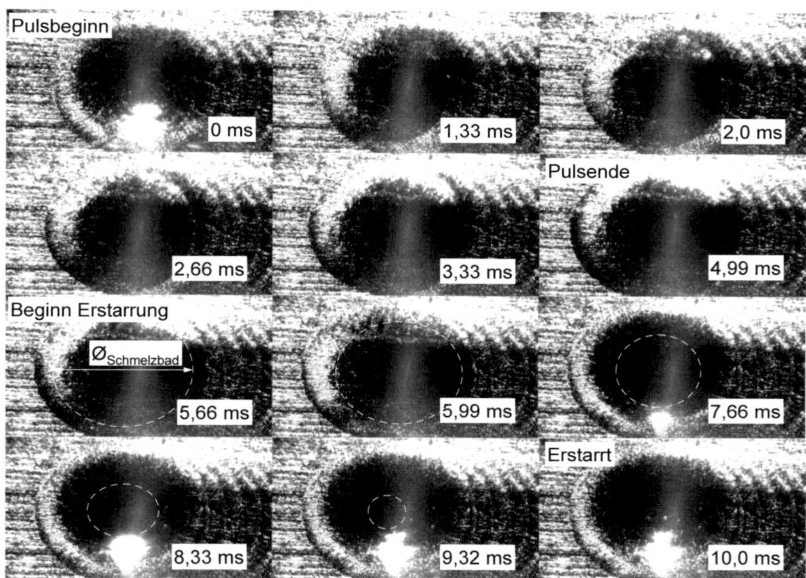

Abbildung 5.63: Hochgeschwindigkeitsaufnahme eines Schweißpunktes (Nd:YAG und Diode) P_{YAG}=1,6 kW, P_{Diode} = 300 W und $ø_{Diode}$ = 2 mm

Der Diodenlaser ist mit P_{Diode} = 300 W überlagert. Bereits 0,67 ms nach Einsetzen des Nd:YAG-Pulses beträgt der Schmelzbaddurchmesser 0,58 mm. Dieser sprunghafte Anstieg von $ø_{Schmelzbad}$ ist in guter Übereinstimmung mit den in Kapitel 5.2.3 berechneten Ergebnissen. Anschließend wächst $ø_{Schmelzbad}$ bis zum Pulsende bei t = 5 ms mit einer geringen Rate auf $ø_{Schmelzbad}$ = 1,0 mm. Die Erstarrung beginnt bei t = 5,05 ms und endet bei t = 9,85 ms. Innerhalb der Erstarrungszeit nimmt der Schmelzbaddurchmesser nahezu linear ab. Weiterhin sind Lichtreflexionen im bereits erstarrten Bereich des Schweißpunktes sichtbar.

Der aus der Bildsequenz vollständig abgeleitete Verlauf des Schmelzbaddurchmessers ist in Abbildung 5.64 aufgeführt. Hierbei wurde $ø_{Schmelzbad}$ mit einem zeitlichen Abstand von 0,333 ms ermittelt.

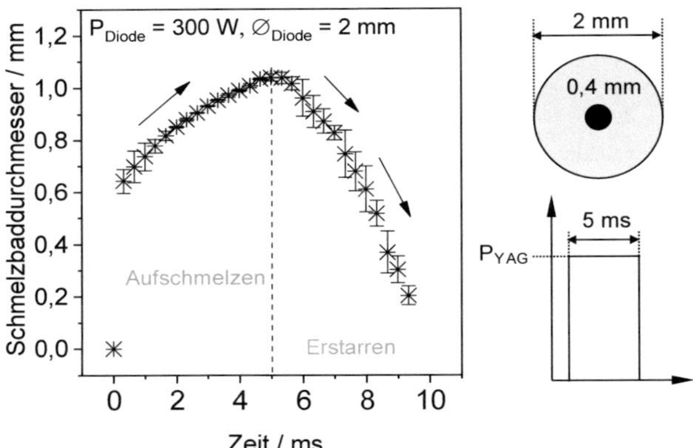

Abbildung 5.64: Zeitaufgelöster Verlauf des Schmelzbaddurchmessers für P_{YAG}=1,6 kW, P_{DIODE} = 300 W und ø$_{Diode}$ = 2 mm

Für die untersuchten Parameter wird zuerst die zeitliche Abnahme des Schmelzbaddurchmessers bei P_{Diode} = 0 bis 300 W ermittelt. Aus Gründen der verbesserten Darstellung sind die einzelnen Verläufe ab dem Beginn der Schmelzbaderstarrung für P_{YAG} = 1,6 kW und 2,0 kW in Abbildung 5.65 hinterlegt. Die Hochgeschwindigkeitsaufnahmen zeigen, dass die erzeugten Punktschweißungen ohne Überlagerung (P_{Diode} = 0 W) bereits nach t < 1 ms erstarrt sind. Wird mit räumlich überlagerter Diodenlaserstrahlung geschweißt, verlängert sich die Schmelzbaderstarrungszeit sukzessive mit der Zunahme von P_{Diode}. Dies kann mit der stärkeren Erwärmung der Prozesszone begründet werden, wodurch auch ein größeres Schmelzbad erzeugt wird. Weiterhin besteht ein Zusammenhang zwischen P_{YAG} und der Erstarrungszeit. Schweißnähte, die mit P_{YAG} = 2,0 kW produziert werden, erzeugen größere Schmelzbadvolumen und gehen somit auch mit einer Verlängerung der Erstarrungszeit einher. Über die zeitliche Veränderung des Schmelzbaddurchmessers wird die Erstarrungsgeschwindigkeit der Phasenfront bestimmt, die in Abbildung 5.65 durch einen linearen Anpassungsgraphen (gestrichelte Linie) gekennzeichnet ist. Durch die nahezu lineare Abnahme des Schmelzbaddurchmessers verläuft R weitestgehend konstant.

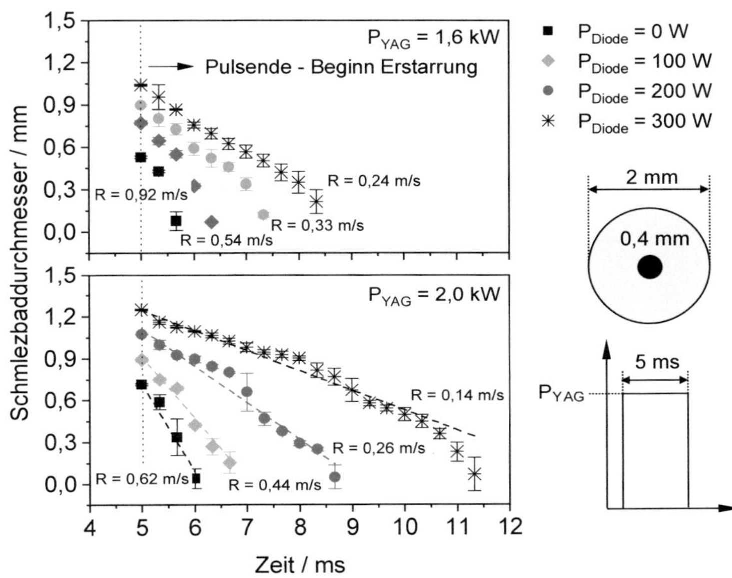

Abbildung 5.65: Erstarrungsgeschwindigkeit in Abhängigkeit von P_{YAG} und P_{Diode}

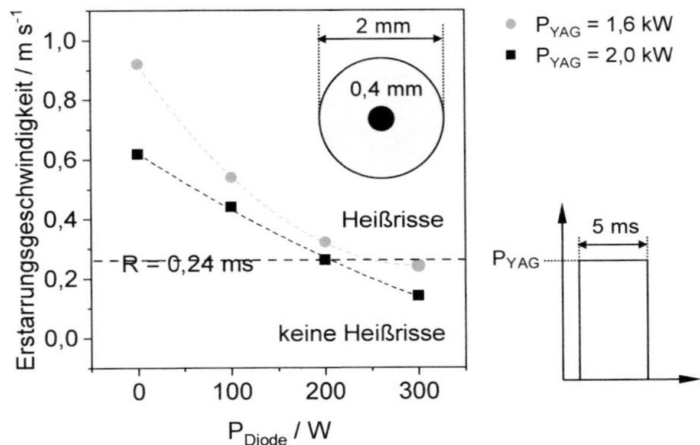

Abbildung 5.66: Erstarrungsgeschwindigkeit

An dieser Stelle ist festzuhalten, dass der räumlich überlagerte Diodenlaserstrahl die Erstarrungsgeschwindigkeit des Schmelzbades reduziert. Daraus wird eine geringere Heißrissanfälligkeit abgeleitet. Die sich aus der Kombination aus P_{YAG} und P_{Diode} ergebenden Erstarrungsgeschwindigkeiten sind in Abbildung 5.66 einander gegenübergestellt.

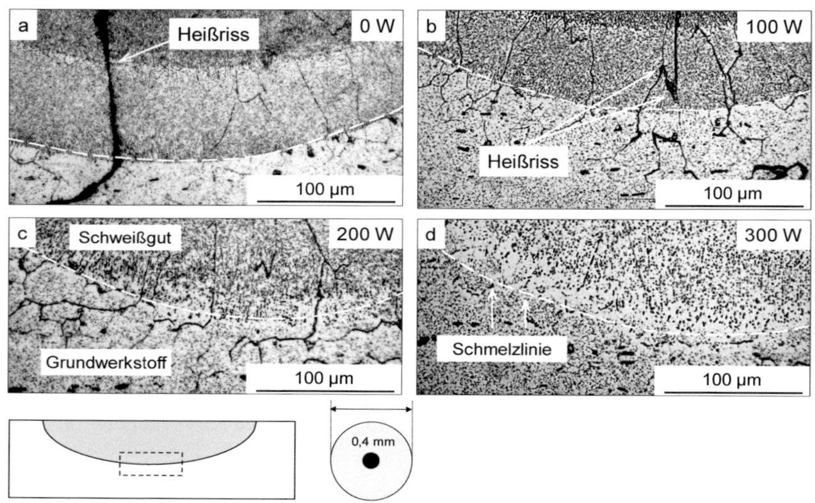

Abbildung 5.67: Mikrostruktur in Abhängigkeit von P_{Diode} bei P_{YAG} = 2,3 kW und t_p = 10 ms

Die Gegenüberstellung beider Kurven zeigt, dass für P_{YAG} = 1,6 kW höhere Diodenlaserleistungen verwendet werden müssen, damit im Schmelzbad mit $R < 0{,}24\ m\ s^{-1}$ die Erstarrung und Heißrissbildung unterdrückt wird. Die Bewertung der resultierenden Mikrostruktur (Morphologie und Größe) erfolgt an Querschliffen, die in Abbildung 5.67 zu sehen sind. Gezeigt wird jeweils der Übergang vom Grundmaterial zum Schweißgut für P_{Diode} a) 0 W, b) 100 W, c) 200 W und d) 300 W bei P_{YAG} = 2,0 kW und t_p = 5 ms. In den Schliffbildern ist die für Nahtschweißungen charakteristische Überlappung der individuellen Schweißpunkte ersichtlich. Am Übergang vom Schweißgut zum Grundmaterial wird eine planare Erstarrungsmorphologie erzeugt, die mit zunehmender Erstarrung in eine zellular-dendritische übergeht. Die Feinheit der zellular-dendritischen Erstarrungsstruktur steht, wie bereits in Kapitel 5.4 gezeigt, in enger Beziehung mit der Erstarrungsgeschwindigkeit im Schmelzbad und wird hierbei durch P_{Diode} beeinflusst. Aus der hohen Erstarrungsgeschwindigkeit resultiert eine sehr feine zellular-dendritische Mikrostruktur, die mit dem Lichtmikroskop kaum abgebildet werden kann. Durch eine reduzierte Erstarrungsgeschwindigkeit, die sich aus der Überlagerung ergibt, entsteht eine sukzessiv vergröberte Mikrostruktur mit zunehmender Ausgangsleistung des Diodenlasers.

Die Hochgeschwindigkeitsaufnahmen haben die Hypothese bestätigt, dass die lokale Bestrahlung mit einem cw-Diodenlaserstrahl ein angepasstes Temperatur-Zeit-Regime ermöglicht, die Erstarrungsgeschwindigkeit des Schmelzbades reduziert und auf diese Weise eine Mikrostruktur mit verbesserter Permeabilität der Restschmelze erzeugt. Dies wird aus den Schliffbildern abgeleitet, die signifikante Unterschiede bezüglich der Mikrostruktur aufweisen.

5.7.4 Temperaturfeldverteilung des Diodenlasers

Die thermische Ausdehnung des schmelzbadumgebenden Schweißgutes zur Erzeugung von Druckspannungen, aber auch zur Beeinflussung des Zeit-Temperatur-Regimes im Schmelzbad erfolgt aus der lokalen Bestrahlung mit dem Diodenlaser. Damit eine Erstarrungsgeschwindigkeit von 0,24 m s^{-1} erreicht wird, muss durch den Diodenlaserstrahl eine bestimmte Grundtemperatur im Aluminiumblech erwirkt werden. Aus diesem Grund wird das zeitabhängige Temperaturfeld, das aus der Bestrahlung mit dem Diodenlaserstrahl resultiert, mithilfe des numerischen Modells nachfolgend berechnet.

Die vollständig experimentell durchgeführte Nahtschweißung, bestehend aus ca. 300 überlappend gesetzt Schweißpunkten entlang einer ca. 60 mm langen Schweißnaht, kann aufgrund der limitierten Rechenleistung bzw. des großen Datenvolumens nicht gesamtheitlich berechnet werden. Eine Begrenzung der Randbedingungen (Elementkantenlänge des Netzes = 0,01 mm und Zeitschrittweite = 0,002 ms) wäre erforderlich, um die Vorgänge im Schmelzbad hinreichend auflösen können. Vereinfachungen in Bezug auf eine 2D-Modellerstellung oder eine stationäre Berechnung können durch die gepulste Energieabgabe ebenfalls nicht angenommen werden. Aus diesem Grund wird nur das transiente Temperaturfeld durch den Energieeintrag des Diodenlaserstrahls untersucht.

Aufgrund der geringen Leistungsdichten wird das Aluminiumblech durch den Diodenlaserstrahl nicht aufgeschmolzen, sondern nur erwärmt. Daher ist eine Validierung durch die Gegenüberstellung der Temperaturfeldverteilung und der metallographischen Makroschliffe nicht möglich. Das Modell wird deshalb auf der Basis von Temperaturkurven in der Fügezone validiert. Dafür wurden in einem ersten Schritt Temperaturmessungen (Abtastrate = 300 Hz) mit einem Stab-Thermoelement vom Typ K durchgeführt. Das Thermoelement wird in einer zusätzlichen Vorrichtung fixiert, die wiederum mit Schrauben an der Stirnfläche der Spannbacke befestigt ist (Abbildung 5.68).

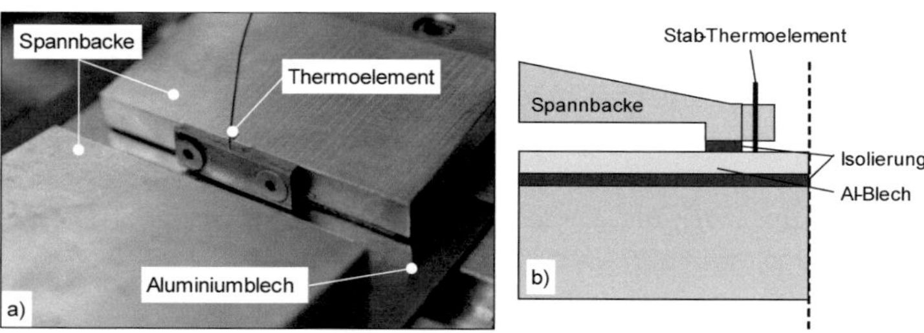

Abbildung 5.68: a) Temperaturmessprinzip; b) Anordnung der Messstelle

Beim Herunterfahren der Klemmbacken kontaktiert das Thermoelement die Blechoberseite. Dadurch ist gewährleistet, dass bei jeder Messung Kontakt zwischen dem Thermoelement und der Probe besteht. Abbildung 5.69 zeigt den Eindruck des Thermoelements und die Schweißnaht.

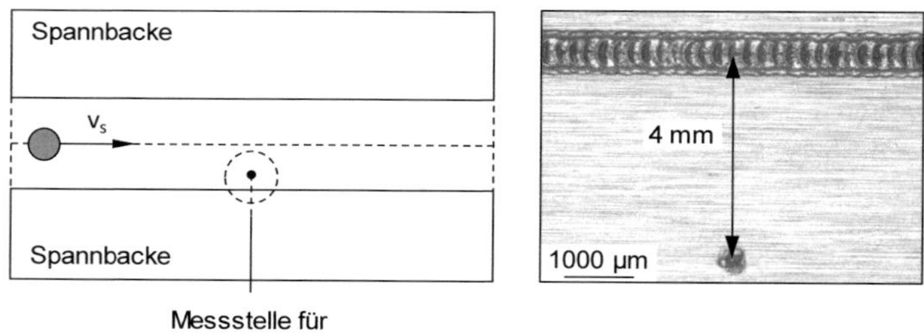

Abbildung 5.69: Lichtmikroskopaufnahme von Messstelle und Schweißnaht

Durch dieses Messprinzip verändert sich die Position der Messstelle auch bei einem Wechsel der Bleche nicht, weil das Thermoelement nur durch das Verfahren der Spannbacken bewegt wird und die Bleche mithilfe eines Anschlags immer in der gleichen Lage gehalten werden. Aufgrund der Fixierung des Thermoelements durch die Aufnahmevorrichtung bleibt auch dessen Lage zu den Spannbacken konstant. Zur Validierung des Messsystems wurde die Leistung des Diodenlasers in 50-W-Schritten von 0 W bis 300 W erhöht. Es wurden ein Vorschub von 60 mm min^{-1} und ein Verfahrensweg von 60 mm eingestellt. Das Blech blieb währenddessen eingespannt, wodurch das Thermoelement nicht bewegt wurde. Nach jeder Leistungsstufe wurde das Blech auf ca. 24 °C abgekühlt. Nach einem Durchgang wurde das Blech ausgewechselt und erneut unter schrittweiser Erhöhung der Diodenlaserleistung von 50 W auf 300 W bestrahlt. Es wurden insgesamt drei Durchgänge vorgenommen und die Temperaturkurven miteinander verglichen. Die Messstelle lag bei den Messungen zur Validierung des Messsystems 4 mm von der Schweißnahtmittellinie entfernt. Die Auflageflächen der Einspannvorrichtung sind mit Glimmer (Dicke ca. 1 mm) isoliert, um die Wärme vom Blech nicht abzuführen.

Abbildung 5.70 stellt die experimentell ermittelten und numerisch berechneten Temperatur-Zeit-Verläufe für P_{DIODE} = 100 W und P_{Diode} = 200 W einander gegenüber. Die ermittelten Abweichungen ΔT zwischen Simulation und Experiment, die weniger als 13 K betragen, zeigen dabei eine hinreichende Übereinstimmung. In Bezug auf Höhe und Breite ist der Temperaturverlauf sowohl während der Bestrahlung als auch während der anschließenden Abkühlung nach dem Ausschalten des Diodenlasers sehr gut wiedergegeben. Somit sind die Materialdaten, die Wärmewirkung des Diodenlaserstrahls sowie der Wärmeübergang zwischen Aluminiumblech und Umgebung im Modell hinreichend abgebildet.

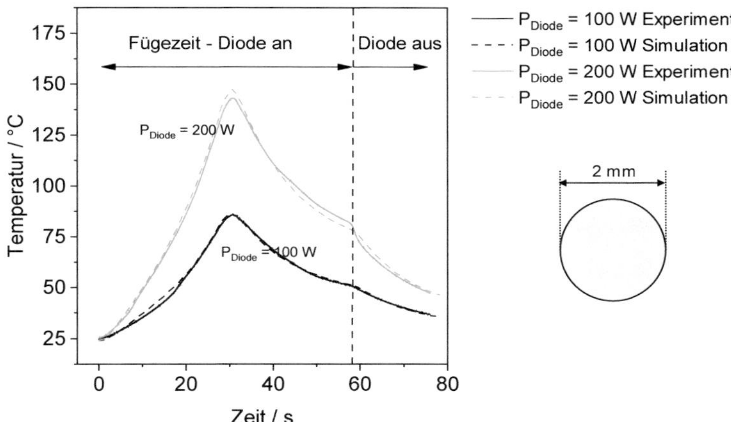

Abbildung 5.70: Temperaturfeldabgleich für P_{Diode} = 100 W und 200 W

Ausgehend von dem experimentell validierten Modell soll die Temperaturfeldverteilung in der direkten Wechselwirkungszone des Diodenlaserstrahls berechnet und den Ergebnissen der Schweißexperimente gegenübergestellt werden. In einem ersten

Schritt wird der Einfluss der im Experiment variierten Parameter P_{Diode} und $Ø_{Diode}$ untersucht. Dafür wird das sich ergebende Temperaturfeld in der Blechmitte zum Zeitpunkt t = 30 s bewertet.

Ein Vergleich der Temperaturverläufe in radialer Richtung (Abbildung 5.71a) verdeutlicht den Einfluss des Fokusdurchmessers auf die Temperaturverteilung. Bei konstanter Diodenlaserstrahlleistung nimmt die Intensität des Laserstrahles mit steigendem Fokusdurchmesser ab. Dadurch sinkt die Maximaltemperatur an der Blechoberseite von 260 °C bei $Ø_{Diode}$ = 2 mm auf ca. 190 °C bei $Ø_{Diode}$ = 5 mm. In radialer Richtung zeigt das Temperaturfeld allerdings keine Sensitivität gegenüber den untersuchten Fokusdurchmessern. Abbildung 5.71b zeigt, dass die Erhöhung der Diodenlaserleistung bei konstantem Fokusdurchmesser ($Ø_{Diode}$ = 2 mm) eine sukzessive Temperaturerhöhung sowohl in der Wechselwirkungszone mit dem Nd:YAG als auch außerhalb des Schmelzbades erzeugt. Die größeren Diodenlaserleistungen führen somit zu höheren Vorwärm- bzw. Grundtemperaturen im Aluminiumblech.

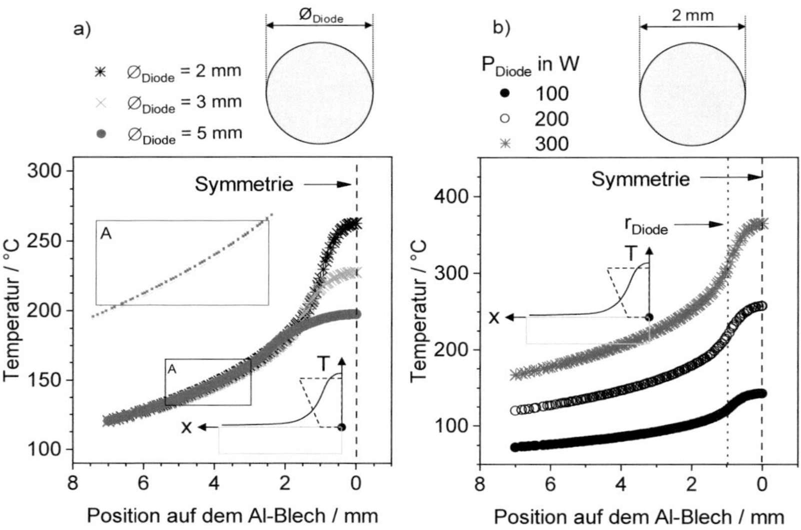

Abbildung 5.71: Temperaturentwicklung in Abhängigkeit von P_{Diode} für $Ø_{Diode}$ = 2 mm

In den experimentellen Untersuchungen (Kap. 5.7.2) ist festgestellt worden, dass mit zunehmender Diodenlaserleistung die Heißrissbildung erst reduziert und ab einem spezifischen Wert vollständig vermieden wird. Zudem wurde gezeigt, dass die Diodenlaserleistung sowohl für $Ø_{Diode}$ als auch P_{YAG} individuell angepasst werden muss, damit die Schmelze mit R < 0,24 m s^{-1} erstarrt und die Entstehung von Heißrissen unterdrückt wird. In Abbildung 5.72 sind daher die Temperaturfeldverteilungen dargestellt, die in Abhängigkeit von P_{YAG}, P_{Diode} und $Ø_{Diode}$ dazu führen, dass eine Schweißnaht ohne Heißrisse erstarrt.

Die berechneten Temperaturkurven zeigen, dass in Abhängigkeit von P_{YAG}, P_{Diode} und $Ø_{Diode}$ eine bestimmte Grundtemperatur im Aluminiumblech vorliegen muss, damit eine Erstarrungsgeschwindigkeit von R < 0,24 m s^{-1} erreicht wird, um die Heißrissbildung vollständig zu unterdrücken. Sie liegt bei P_{YAG} = 2,0 kW bei ca. 220°C. Dagegen muss für P_{YAG} = 1,6 kW eine höhere Grundtemperatur im Aluminiumblech gegeben sein, damit R < 0,24 m s^{-1} eintritt. In diesem Fall muss mit höheren Diodenlaserleistungen geschweißt werden.

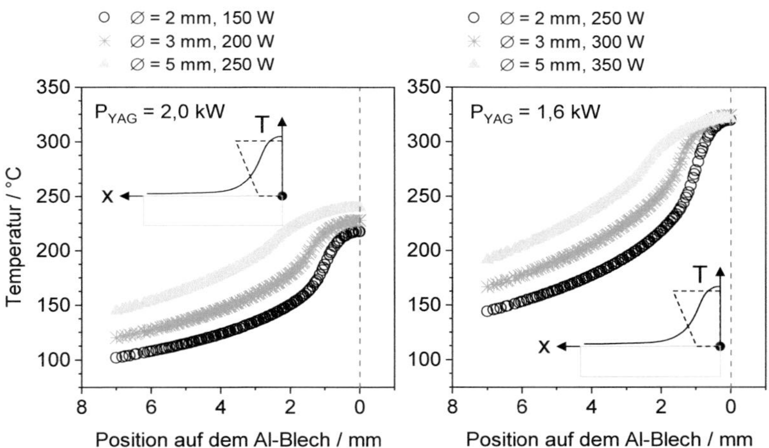

Abbildung 5.72: Temperaturverteilung für rissfreie Erstarrung

Die Temperaturkurven belegen, dass durch die cw-Bestrahlung eine Grundtemperatur im Aluminiumblech eingehalten wird, die zu einem angepassten Temperatur-Zeit-Regime führt, das die Abkühlgeschwindigkeit des Schmelzbades reduziert und auf diese Weise eine Mikrostruktur mit verbesserter Permeabilität der Restschmelze erzeugt. Weiterhin zeigen die Temperaturkurven, dass die Bestrahlung mit dem Diodenlaser eine Temperaturerhöhung außerhalb des Schmelzbades mit sich bringt. Dies belegt, dass durch die Diodenlaserbestrahlung eine thermische Ausdehnung des das Schmelzbad umgebenden Materials entstehen muss.

5.7.5 Strahlformung

Die bisherigen Ergebnisse zur Kombination von YAG und Diode zeigen, dass die wesentlichen Effekte der Heißrissreduzierung unmittelbar mit der sich aus der Überlappung ergebenden Temperaturfeldverteilung einhergehen. In diesem Fall ermöglicht die Strahlformung eine räumliche Anpassung der Diodenlaserstrahlintensität, womit das Zeit-Temperatur-Regime während des Schweißprozesses effektiver eingestellt werden kann. In diesem Zusammenhang stellt die Strahlformung des Diodenlasers im Hinblick auf die Heißrissbildung eine zusätzliche Erweiterung des Standes der Technik dar.

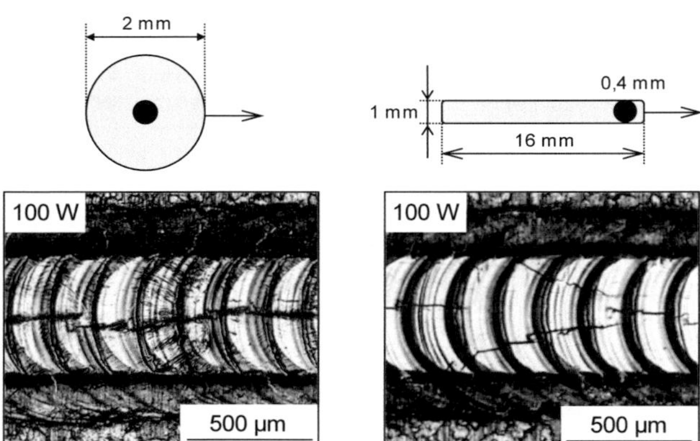

Abbildung 5.73: Einfluss der Strahlformung (DL) auf die Heißrisscharakteristik in Bezug auf P_{Diode}

Vor dem Hintergrund, dass eine Reduzierung der Schmelzbadabkühlgeschwindigkeit die Bildung einer Mikrostruktur mit verbesserter Permeabilität der Restschmelze hervorruft, wird der Diodenlaserstrahl für die folgenden Experimente als Linie mit der Geometrie 16 x 1 mm auf dem Blech abgebildet. Der Versuchsaufbau ist so gestaltet, dass die Foki von YAG und Diode in ihrer Lage und Position, die sie zueinander einnehmen, variiert werden können. In den Schweißexperimenten ist die Linie dem

Nd:YAG-Laserstrahl nachlaufend angeordnet, womit der Bereich des Nachwärmens örtlich ausgeht wird. Die räumliche Abstimmung der beiden Laserstrahlen ist in Abbildung 5.73 schematisch dargestellt. Die in den Schweißexperimenten beobachtete Risscharakteristik ist exemplarisch für P_{Diode} = 100 W für die Konfiguration der nachlaufenden Linie und des mittig überlagerten Punktes in Abbildung 5.73 anhand von Schweißnahtdraufsichten dargestellt. Beim Schweißen mit einem dem Nd:YAG-Laser punktförmig abgebildeten Diodenlaserstrahl entsteht ein durchgehender Erstarrungsriss entlang der Schweißnahtmitte. Im Gegensatz dazu erzeugt die Überlagerung mit einer nachlaufend positionierten Linie eine veränderte Risscharakteristik. In diesem Fall findet keine durchgängige Rissausbildung in der Schweißnahtmitte statt. Die Rissbildung liegt hier sequentiell unterbrochen vor. Deutlich im Vergleich zum punktförmig abgebildeten Diodenlaserstrahl zeigt sich, dass die Heißrisse beim Linienspot eine sehr feine, verzweigte Struktur aufweisen. Somit weisen die Untersuchungen einen ersten Einfluss der Strahlformung vor.

Die Gegenüberstellung der Querschliffe in Abbildung 5.74 veranschaulicht qualitativ die Heißrissbildung in Abhängigkeit von P_{Diode}.

Wird die Linie dem Nd:YAG-Laser nachlaufend angeordnet, so ist gegenüber dem mittig angeordneten punktförmig abgebildeten Diodenlaserstrahl eine geringere Ausgangsleistung erforderlich, damit das Schmelzbad ohne Heißrisse kristallisiert. Während bei nachlaufend angeordneter Linie P_{Diode} = 200 W ausreichen, werden bei einem auf $\varnothing_{Diode}$ = 2 mm fokussierten Diodenlaserstrahl trotz 6-fach höherer Leistungsdichte 300 W Ausgangsleistung benötigt.

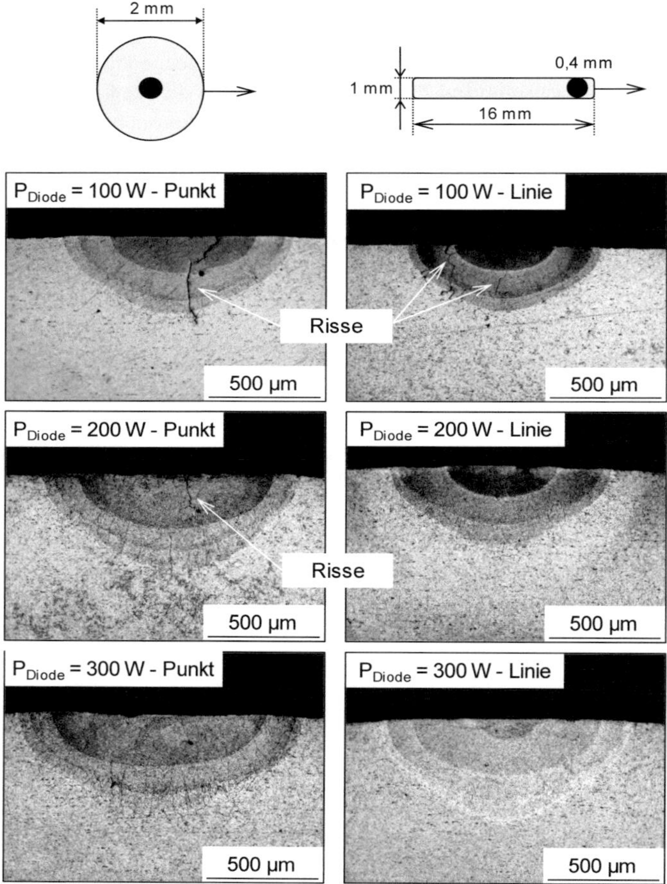

Abbildung 5.74: Einfluss von Strahlformung (DL) auf die Heißrissbildung

Ausgehend von der Beobachtung, dass durch die Strahlformung eine veränderte Rischarakteristik erzielt wird bzw. die Heißrissbildung bei geringen Leistungen unterdrückt werden kann, gilt es, den Einfluss der Strahlformung auf das resultierende Temperaturfeld näher zu betrachten. Korrespondierende Temperaturverläufe, die Rückschlüsse auf die sich ausbildende Temperaturfeldverteilung in Abhängigkeit von der Konfiguration erlauben, wurden mittels Thermoelementen in einem Abstand von 4 mm neben der Schweißnaht auf dem Blech (mittig) aufgenommen. Exemplarisch ist in Abbildung 5.75 jeweils ein typischer zeitlicher Verlauf für die Anordnung mit nachlaufender Linie, mittigem Punkt ($ø_{Diode}$ = 2 mm) und einer Referenzierung ohne Überlagerung dargestellt. Dabei beträgt P_{YAG} = 2,0 kW, und es ist mit einem 5 ms langen Rechteckpuls, einer Repetitionsrate von f_{Rep} = 6 Hz und einem Vorschub von v = 60 mm min^{-1} geschweißt worden. Der Diodenlaser wurde mit P_{Diode} = 100 W überlagert. Die Temperaturverläufe zeigen, dass aus der Überlagerung eine signifikante Erhöhung der Spitzentemperatur resultiert. Sie beträgt in Abhängigkeit von der Anordnung zwischen 74 und 80 °C. Weiterhin ist ersichtlich, dass die nachlaufend angeordnete vergleichbare Temperaturerhöhung zu einem örtlich größeren Bereich führt. Für die quantitative Beurteilung wird an dieser Stelle die Abkühlrate im Temperaturbereich zwischen 140 und 100 °C herangezogen. Dieses Temperaturintervall wird bei einer dem Nd:YAG-Laser nachlaufend angeordneten Linie in ca. 10,6 s und bei einem mittig überlagerten Punkt in nur 7 s durchlaufen. Dies ist zum einen auf die längliche Form und zum anderen auf die zum Fokus des Nd:YAG-Lasers nachlaufende Anordnung zurückzuführen, wodurch die Bestrahlung über einen längeren Zeitraum mit dem Schmelzbad interagiert. Somit erzeugt die nachlaufend angeordnete Linie einerseits eine verringerte Abkühlrate. Anderseits resultiert infolge der Bestrahlung mit der Linie ein räumlich größeres Temperaturfeld hinter dem Schmelzbad, d. h., es wird ein größeres Druckspannungsfeld erzeugt, das den entstehenden Schrumpfspannungen während der Erstarrung und Abkühlung der Schmelze effektiver entgegenwirkt.

Trotz 6-fach geringerer Leistungsdichte der Linie gegenüber dem Punktspot kann die Vermeidung von Heißrissen bereits bei geringeren Ausgangsleistungen des Diodenlasers erreicht werden. Hier zeigt sich, dass das Schmelzbad umgebende Wärmefeld einen größeren Einfluss auf die Erstarrung ausübt als der direkte, leistungsbezogene Wärmeeintrag. Die Ergebnisse erbringen somit den Nachweis, dass durch eine Formung und Anordnung des cw-Diodenlaserstrahls ein angepasstes Temperatur-Zeit-Regime erreicht werden kann, das direkten Einfluss auf die Heißrissbildung nimmt.

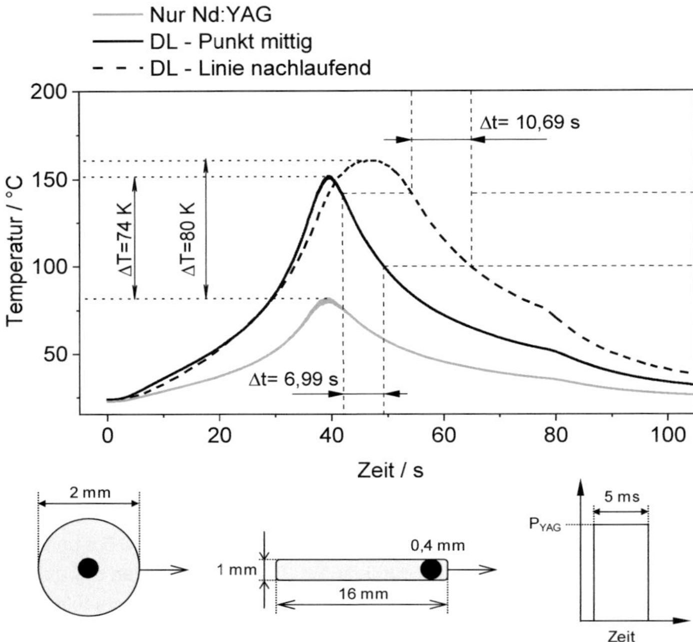

Abbildung 5.75: Experimentell bestimmte Temperaturzyklen für unterschiedliche Konfiguration

5.8 Produktivität und Prozesseffizienz

Der erfolgreiche Einsatz des kombinierten Schweißprozesses aus pw-Nd:YAG-Laser und cw-Diodenlaser in der Materialbearbeitung wird nicht nur durch technologische Gesichtspunkte bestimmt, sondern auch durch die Wirtschaftlichkeit. Es ist daher notwendig aufzuzeigen, welche positiven Aspekte sich durch den zusätzlichen Diodenlaser neben der Heißrissvermeidung auch für die Prozessstabilität und Produktivität ergeben.

Um den Einfluss der räumlichen Diodenlaserüberlagerung auf die maximal erreichbare Geschwindigkeitszunahme zu untersuchen, wurde die Diodenlaserstrahlung mit einer Leistung von 100 W und 150 W überlagert. Der experimentelle Ablauf stellt sich dabei wie folgt dar. Im ersten Schritt wurde für eine konstante Überdeckung der Laserpulse, was ein konstantes Verhältnis aus Repetitionsrate und Vorschubgeschwindigkeit bedeutet, die maximal erreichbare Schweißgeschwindigkeit ermittelt, um ein 0,5 mm dickes Blech durchzuschweißen. Eine Schweißnaht wurde als zulässig bewertet, wenn eine vollständige Nahtwurzel über die gesamte Schweißnahtlänge zu erkennen war (vgl. Abbildung 5.76).

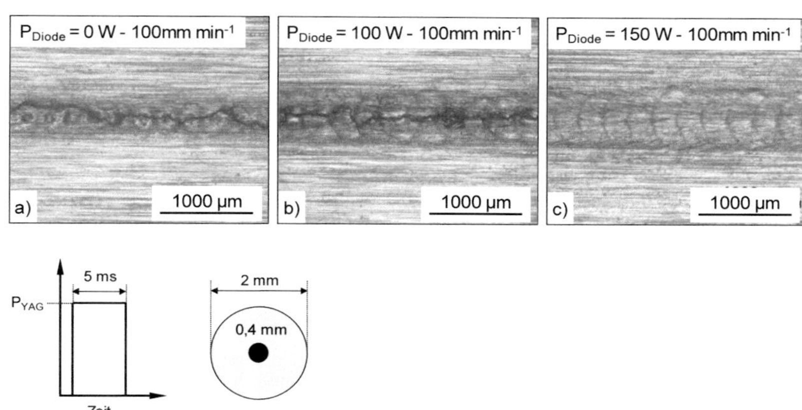

Abbildung 5.76: Nahtwurzel einer mit a) YAG, b) und c) YAG + Diode durchgeschweißten Blindnaht

Die Schweißgeschwindigkeit kann durch Erhöhung der Repetitionsrate der Laserpulse erhöht werden. Die maximale mittlere Leistung des Nd:YAG-Lasers, die sich aus dem Produkt aus Pulsenergie und Repetitionsrate ergibt, begrenzt die Schweißgeschwindigkeit. Für die untersuchten Kombinationen aus Schweißgeschwindigkeit und Repetitionsrate wurde die Pulsspitzenleistung ermittelt, die für eine Durchschweißung des 0,5 mm dicken Bleches nötig war. Nach Feststellung der maximalen Schweißgeschwindigkeit für den Schweißprozess mit Nd:YAG-Laser wurden bei analogem Vorgehen die maximal erreichbaren Schweißgeschwindigkeiten mit überlagerter Diodenlaserstrahlung erhoben. Als Bewertungskriterium galt auch hier die vollständige Durchschweißung. Die Ergebnisse sind in Abbildung 5.77 zusammengefasst.

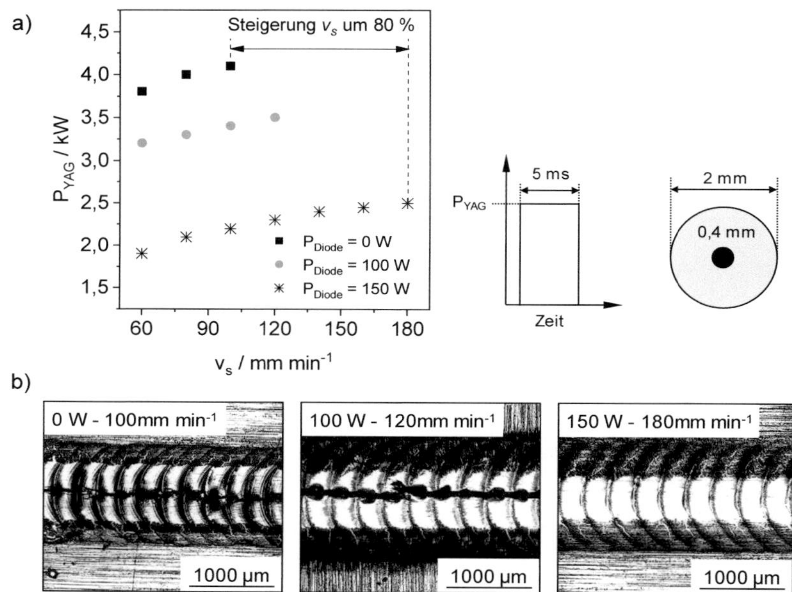

Abbildung 5.77: a) Geschwindigkeitserhöhung infolge der Überlagerung, b) Schweißnahtdraufsichten

Ohne die Überlagerung beträgt die maximal erreichbare Schweißgeschwindigkeit 100 mm ·°min^{-1}. Dabei muss der Nd:YAG-Laser mit einer hohen Pulsspitzenleistung von 4,1 kW betrieben werden. Durch die Überlagerung mit 150 W wird die benötigte Pulsspitzenleistung, die für das vollständige Durchschweißen des Bleches erforderlich ist, signifikant auf 2,1 kW herabgesetzt. Die dadurch eingesparte mittlere Leistung wird dementsprechend in eine höhere Repetitionsrate der Laserpulse überführt, die bei konstanter Pulsüberdeckung mit einer Zunahme der Schweißgeschwindigkeit einhergeht. So konnte die Schweißgeschwindigkeit durch die Leistungszugabe des Diodenlasers von 150 W um 80 % auf 180 mm ·°min^{-1} gesteigert werden. Für das prozesssichere Durchschweißen eines 0,5 mm dicken Aluminiumbleches wird in der wissenschaftlichen Literatur derzeit von einer maximal erreichbaren Prozessgeschwindigkeit von 40 mm ·°min^{-1} berichtet [Wit16]. Mit dem hier neu entwickelten Verfahrensansatz kann die Schweißgeschwindigkeit somit um den Faktor 4 gesteigert werden.

Zur Verdeutlichung der Auswirkung der Diodenlaserüberlagerung auf die Erweiterung der Prozessgrenzen und der Prozessstabilität wurde in einem weiteren Schritt ein

Prozessfenster mit den zuvor ermittelten Randbedingungen ($Ø_{Diode}$= 2 mm und mittige Anordnung) erarbeitet, um beide Prozesse, YAG und Diode + YAG, miteinander zu vergleichen. Dabei wurde der Diodenlaser mit einer Ausgangsleistung von 100 W genutzt. Das Prozessfenster sieht vor, dass für eine konstante Schweißgeschwindigkeit bei konstanter Pulsüberdeckung die notwendige Pulsenergie ermittelt wird, um ein 0,5 mm dickes EN-AW-5754-Aluminiumblech vollständig durchzuschweißen. Es wurden die Pulsspitzenleistung und die Pulsdauer variiert. Eine Schweißnaht wurde als Durchschweißung bewertet, wenn eine vollständige Nahtwurzel ohne Unterbrechung vorlag.

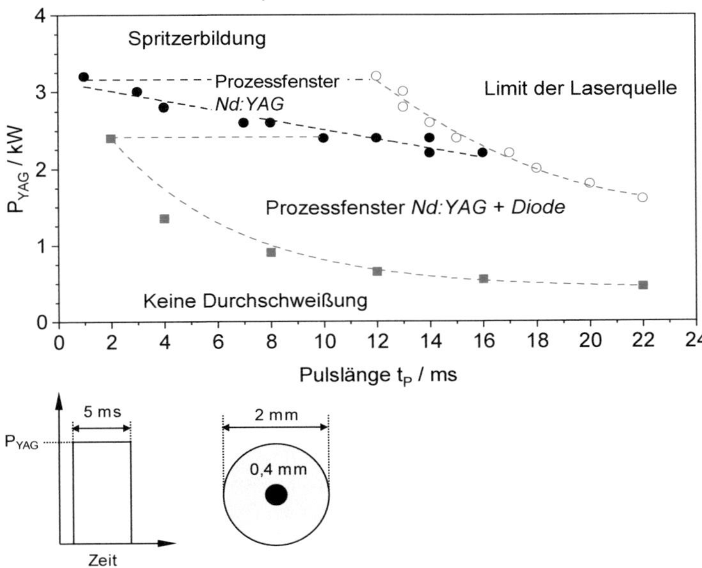

Abbildung 5.78: Prozessfenster für vollständiges Durchschweißen

Abbildung 5.78 stellt die Prozessfenster mit und ohne Überlagerung der Diodenlaserstrahlung gegenüber. Unterhalb der Prozessfenster (ausgefüllte Punkte) erfolgt keine vollständige Durchschweißung. Hohe Pulsspitzenleistungen führen hingegen zu einer Verschlechterung der Nahtqualität in Form von Schweißspritzern. Die unausgefüllten Punkte markieren die Leistungsgrenze des Nd:YAG-Lasers, wenn die Obergrenze der mittleren Leistung von 220 W erreicht wird. Durch die Überlagerung der Diodenlaserstrahlung mit 100 W Laserleistung vergrößert sich das Prozessfenster um den Faktor 6. Beispielhaft für t_p = 8 ms sinkt notwendige Pulsspitzenleistung des Nd:YAG-Lasers zum Durchschweißen eines 0,5 mm dicken Bleches von 2.600 W auf 900 W, wenn mit P_{Diode} = 100 W überlagert wird. Folglich kann die eingesparte mittlere Leistung in eine höhere Repetitionsrate konvertiert werden und es lassen sich dementsprechend höhere Schweißgeschwindigkeiten erzielen.

5.9 Ergebnistransfer auf ein industrielles Demonstratorbauteil

Die im Rahmen der Untersuchung gewonnenen Ergebnisse werden weiterführend an einem Demonstratorbauteil aus Aluminium referenziert. Hierdurch werden die gewonnenen Erkenntnisse mit dem aktuellen industriellen Stand verglichen und die Möglichkeiten eines Ergebnistransfers vom Labor auf praxisrelevante Anwendungen aufgezeigt.

In diesem Zusammenhang wurde eine Gehäusedichtschweißung ausgeführt (Werkstoff EN AW 6082-T6, t = 0,5 mm). Dabei können die an der Blindnaht gewonnenen Erkenntnisse auf eine industrierelevante Stoßkonfiguration überführt werden. Typisch für die Dichtschweißung eines Gehäuses bildet die I-Naht am Eckstoß den Schwerpunkt.

Zur Umsetzung der Dichtschweißung am Gehäuse wurden die an Blindnahtschweißungen entwickelten Parameter aus dem zuvor erarbeiteten Prozessfenster zum rissfreien Durchschweißen der 0,5 mm dicken Aluminiumbleche angewendet. Für die Experimente wurde ein Spannkonzept entwickelt, das die Aluminiumbleche geometrisch fixiert. Der Diodenlaserstrahl wurde punktförmig ($\varnothing_{Diode}$ = 2 mm) abgebildet und dem Nd:YAG-Laserstrahl konzentrisch überlagert. Um I-Nähte zu schweißen, wurden Parameter eingesetzt, die gemäß den vorherigen Ergebnissen die Heißrissbildung unterdrücken. Dabei hat sich herausgestellt, dass die Parameter aus den Blindschweißexperimenten direkt übertragen werden können. Exemplarisch ist in Abbildung 5.79 das geschweißte Gehäuse und eine Schweißnahtdraufsicht dargestellt. Das Gehäuse wurde mit P_{YAG} = 2,0 kW und P_{Diode} = 150 W geschweißt. An der Nahtoberfläche ließen sich keine Heißrisse identifizieren. Um auch die Dichtigkeit der Schweißnähte nachzuweisen, wurde das geschweißte Gehäuse mit Druckluft (2 bar) beaufschlagt; es wies keine Undichtigkeit auf.

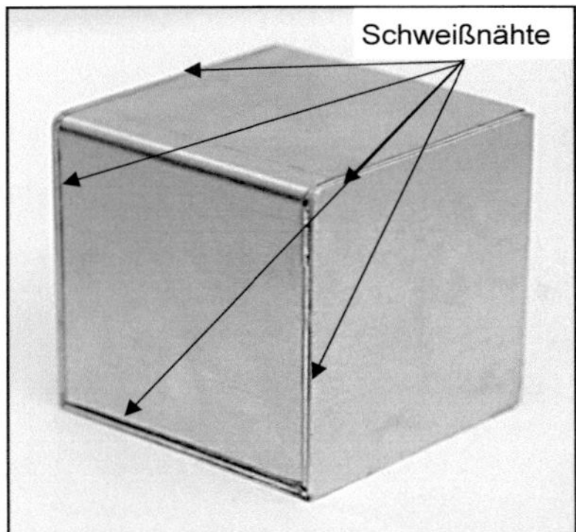

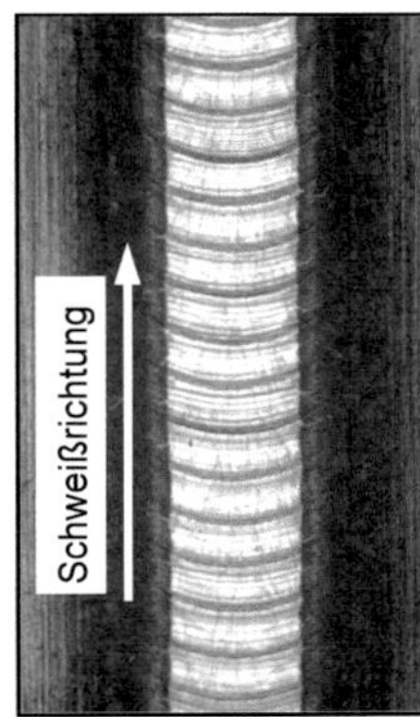

Abbildung 5.79: Geschweißtes Demonstratorbauteil und Nahtdraufsicht

Das dichtgeschweißte Demonstratorbauteil belegt damit das große Potential des kombinierten Laserstrahlschweißprozesses für die industrielle Anwendung.

6 Zusammenfassung und Ausblick

Die Heißrissentstehung beim gepulsten Laserstrahlschweißen von aushärtbaren Aluminiumlegierungen ist eine industriell und wissenschaftlich noch nicht vollständig gelöste Herausforderung. Der bisherige Stand der Forschung ist dieser Herausforderung bislang hauptsächlich durch experimentelle Untersuchungen begegnet, in denen die Heißrissanfälligkeit lediglich metallographisch anhand von Risslänge bzw. Rissanzahl analysiert wurde. Ausgehend vom aktuellen Wissensstand zu diesem Phänomen war es das Ziel dieser Arbeit, die Heißrissbildung beim gepulsten Laserstrahlschweißen vollumfänglich zu beschreiben, insbesondere im Hinblick auf die Ursachen und Wirkzusammenhänge der für die Heißrissentstehung verantwortlichen Einflussfaktoren. Aus den gewonnenen Erkenntnissen wurden gezielt potentielle Strategien und geeignete Erweiterungen der gegebenen Prozessgrenzen abgeleitet und umgesetzt.

Für die Klärung der Mechanismen wurden die experimentellen Untersuchungen von modellbasierten Untersuchungen begleitet. Dafür wurde im Rahmen dieser Arbeit ein numerisches FEM-Modell entwickelt, aufgebaut und experimentell validiert. Das valide Modell ermöglicht die zeit- und ortsaufgelöste Erfassung des gesamten Temperatur-, Spannungs- und Dehnungsfeldes, sodass die physikalischen und metallurgischen Vorgänge während der Schmelzbaderstarrung im Einzelnen, aber auch in ihrer wechselseitigen Beeinflussung betrachtet werden können.

Die experimentellen Untersuchungen erfolgten repräsentativ an der industriell etablierten, aber heißrissanfälligen Legierung EN AW 6082-T6. Die grundlegenden experimentellen Untersuchungen wurden zunächst an modellhaften Einzelpunktschweißungen ausgeführt, da hier im Gegensatz zu Nahtschweißungen keine Bereiche wieder umgeschmolzen werden und somit zu Pulsbeginn stets konstante Randbedingungen vorliegen, aber auch die Erstarrungsmorphologie vollständig beurteilt werden kann. Anhand der Schweißexperimente ließen sich die Bedingungen, die zur Bildung von Heißrissen führen, identifizieren. So wurde die Entstehung von Heißrissen beobachtet, wenn mit Rechteckpulsen bzw. Rampdownpulsen mit kurzen Abkühlflanken geschweißt wurde (Regime I). Bei mittleren Leistungsabfallraten erstarrte der Schweißpunkt ohne Heißrisse (Regime II). Eine wiederkehrende Heißrissbildung war zu beobachten, wenn die Abkühlflanken weiter verlängert wurden (Regime III). Die Ursache für dieses Verhalten liegt in der Überlagerung verschiedener Einflussgrößen während der Erstarrung, die mithilfe des FEM-Modells identifiziert werden konnten.

Im experimentell identifizierten Regime I führt das Schweißen mit Rechteckpulsen sowie mit Rampdownpulsen mit kurzen Abkühldauern zu höheren Erstarrungsgeschwindigkeiten der Schmelze. Daraus resultieren hohe Dehnraten, und es bildet sich ein zellular-dendritisches Gefüge mit einer geringen Permeabilität der Restschmelze. Im Regime II werden die im Regime I dominierenden Mechanismen, die dort zur Entstehung eines Heißrisses führen, durch die verringerte Erstarrungsgeschwindigkeit beseitigt. Bei abnehmender Erstarrungsgeschwindigkeit reduzieren sich die Dehnrate und die Länge des kritischen Temperaturintervalls, und es entsteht eine sukzessiv vergröberte Mikrostruktur mit größeren primären Dendritenarmabständen, sodass bei zugleich verlängerter Nachspeisezeit eine verbesserte Permeabilität der innerdendritischen Schmelze im Gefüge vorliegt. Im Regime III nimmt die Erstarrungsgeschwindigkeit signifikanten Einfluss auf die Entmischungsvorgänge unmittelbar an der Erstarrungsfront. Durch die langen Abkühlzeiten ($t_{RD} > 17{,}5$ ms) kristallisiert das Schmelzbad mit sehr geringen Erstarrungsgeschwindigkeiten von $R < 0{,}01$ m s^{-1}, sodass die Seigerung niedrigschmelzender Eutektika an der fortschreitenden Phasengrenze zunimmt. Dies wurde durch lokale EDX-Messungen im Zentrum der Schweißpunktoberfläche nachgewiesen. Die seigernden Elemente führen unmittelbar an der Erstarrungsfront zu einer Herabsenkung der Solidustemperatur und somit zu einer Vergrößerung des Erstarrungsgebietes, woraus ein Anstieg der Heißrissanfälligkeit resultiert. Weiterhin wurde nachgewiesen, dass die Heißrissbildung unabhängig von der Erstarrungsgeschwindigkeit auch im Regime II auftreten kann, wenn mit Pulsspitzenleistungen > 2,0 kW geschweißt wird. Ursächlich hierfür ist eine Zunahme des Schweißpunktvolumens, woraus während der Erstarrung höhere Schrumpfspannungen resultieren, die ab einem gewissen Niveau auch durch eine verlängerte Nachspeisedauer, eine verringerte Dehnrate bzw. eine verkürzte Nachspeisedistanz nicht mehr kompensiert werden können. Dies haben die strukturmechanischen Berechnungen nachgewiesen.

In punktüberlappenden Nahtschweißungen wurden zwei Regime II identifiziert. Hier entstehen Heißrisse nur bei hohen Erstarrungsgeschwindigkeiten. Durch Überlappung der individuellen Schweißpunkte und der damit verbundenen Ausheilung der Risse durch Umschmelzen im Zuge des Folgepulses wird die wiederkehrende Heißrissentstehung unterbunden. In den Punkt- und Nahtschweißungen konnte ein rissfreies Schweißen lediglich bis Einschweißtiefen von 250 µm und bei begrenzten Schweißgeschwindigkeiten bis 40 mm min^{-1} erreicht werden.

Auf der Grundlage dieser Ergebnisse wurde eine neue Prozessstrategie entwickelt, um die rissfreie Schmelzbaderstarrung auch beim Schweißen mit konventionellen Rechteckpulsformen zu erreichen. Hierfür wurde das gepulste Laserstrahlschweißen mit räumlich überlagerter cw-Diodenlaserstrahlung im niedrigen Leistungsbereich untersucht. In den Experimenten wurde das Schmelzbad durch einen Rechteckpuls des Nd:YAG-Lasers erzeugt, während der Diodenlaserstrahl lediglich eine lokale Erwärmung der Metalloberfläche bewirkte. Die Überlagerung mit einem zusätzlichen Diodenlaserstrahl eröffnet neue Freiräume, indem sowohl das Temperaturfeld als auch die Spannungssituation zeitlich, aber auch örtlich, in Abhängigkeit von der geometrischen Formung des Diodenlaserstrahls angepasst werden kann. Einerseits wird durch die Erwärmung mit einem cw-Diodenlaserstrahl im Aluminiumblech eine Grundtemperatur eingehalten, die es erlaubt, im Schweißprozess angepasste Abkühlraten zu erzielen. Aus der Bestrahlung mit dem Diodenlaser resultiert ein angepasstes Temperatur-Zeit-Regime, das die Abkühlgeschwindigkeit des Schmelzbades reduziert und auf diese Weise eine Mikrostruktur mit verbesserter Permeabilität der Restschmelze erzeugt. Dadurch kann die Anfälligkeit zur Heißrissbildung reduziert werden. Anderseits wird durch die Erwärmung mit einem cw-Diodenlaserstrahl das Spannungsverhältnis bei der Abkühlung so eingestellt, dass den Zugspannungen, die beim Erstarren auf das Schmelzbad wirken, mit Druckspannungen begegnet wird. Durch die Fokussierung der überlagernden Strahlung des Diodenlasers auf einen größeren Brennfleck wird das den Schweißpunkt umgebende Grundmaterial bestrahlt. Daraus resultiert eine Temperaturerhöhung, die zu einer linearen thermischen Ausdehnung führt. Das wiederum wirkt der Schrumpfung des erstarrenden Schweißpunktes und der thermischen Kontraktion des bereits erstarrten Materials beim Abkühlen entgegen.

Mit dem entwickelten Prozessansatz können heißrissfreie Schweißnähte auch mit konventionellen Rechteckpulsen erzeugt werden. Darüber hinaus wird einerseits die Einschweißtiefe signifikant gesteigert. Anderseits wird durch die geringe Leistungszugabe des Diodenlasers die Schweißgeschwindigkeit um den Faktor 4 gegenüber dem derzeitigen Stand der Technik erhöht. Über angepasste Strahlformungselemente, aber auch über die Strahlanordnung zueinander kann die Heißrissbildung bezogen auf die Ausgangsleistung des Diodenlasers effektiver unterdrückt werden. Abschließend wurden die Erkenntnisse der Arbeit auf ein Demonstratorbauteil aus der Gehäusetechnik angewandt. Dies erlaubte den Nachweis, dass die industriellen Anforderungen im Hinblick auf Rissfreiheit und Dichtigkeit erfüllt werden können.

Mit den erzielten Ergebnissen, Zusammenhängen und abgeleiteten Strategien ist es möglich, ausscheidungshärtende Aluminiumlegierungen ohne Bildung von Heißrissen in einem großen Prozessbereich einzusetzen. Darüber hinaus haben die Ergebnisse dazu beigetragen, das grundlegende Prozessverständnis der Heißrissentstehung zu erweitern.

Ausgehend von dieser Arbeit ergeben sich Fragestellungen für nachfolgende Untersuchungen, um das Prozessverständnis mit Blick auf die industrielle Anwendung weiterzuentwickeln:

- Für eine vollumfänglich industrielle Etablierung des kombinierten Laserstrahlschweißprozesses sollten die im Rahmen dieser Arbeit gewonnenen Erkenntnisse auf weitere Werkstoffsysteme (2xxx, 5xxx) übertragen werden, um den Einfluss der Legierungszusammensetzung auf die Heißrissentstehung infolge der Bildung von Seigerungen zu ermitteln (Regime III).
- Zudem sollten die gewonnenen Erkenntnisse auf weitere industrierelevante Stoßkonfigurationen (bspw. I-Naht am Stumpfstoß, bzw. I-Naht am Überlappstoß) angewandt und somit erweitert und differenziert werden.
- Sowohl die Strahlformung des Diodenlasers als auch die zeitliche Formung des Laserpulses sollten Optimierungsgegenstand weiterer Arbeiten sein, um den Schweißprozess hinsichtlich Heißrissbildung, Schweißgeschwindigkeit und Einschweißtiefe zu verbessern.

Literaturverzeichnis

[Alu06] International Alloy Designations and Chemical Composition Limits for Wrought Aluminum and Wrought Aluminum Alloys (Teal Sheets), Aluminum Association, Washington, D.C., 2006.

[Ama17] http://www.amadamiyachi.com/servlet/servlet.FileDownload?retURL=%2Fapex%2Feducationalresources_articles&file=01580000001Jz8A. (abgerufen am 21.04.2017).

[And09] Anderson, T.: Aluminum's Role in Welded Fabrications, Welding Journal, vol. 88 (10), pp. 26-28, 2009.

[Ara74] Arata, Y.; Matsuda, F.; Saruwatari, S.: Varestraint test for solidification crack susceptibility in weld metal of austenitic stainless steels.Transactions of JWRI, Vol 3, No 1, pp. 79-88. 1974

[Avi12] Avilov VV, Gumenyuk A, Lammers M, Rethmeier M (2012) PA position full penetration high power laser beam welding of up to 30 mm thick AlMg3 plates using electromagnetic weld pool support. Sci Technol Weld Join 17(2):128–133.

[Bac14] Bachmann, M.: Numerische Modellierung einer elektromagnetischen Schmelzbadkontrolle beim Laserstrahlschweißen von nicht-ferromagnetischen Werkstoffen. Dissertation Berlin. 2014.

[Bac14] Bachmann, M.: Numerische Modellierung einer elektromagnetischen Schmelzbadkontrolle beim Laserstrahlschweißen von nicht-ferromagnetischen Werkstoffen. Diss. Berlin: Technische Universität Berlin, 2014.

[Bar08] Bargel, H.-J.; Schulze, G.: Werkstoffkunde: Berlin: Springer-Verlag, 2008.

[Ber07] Bergmann, J.P.; Holtz, R.; Wilden, J.; Dolles, M.; Richter, K.: Stand und Perspektiven beim Laserstrahlschweißen mit gepulsten modulierbaren Nd:YAG Quellen. Vortragsband 7, Internationale Konferenz Strahltechnik, Halle, (2007), 58-61

[Ber11] Bertrand, C.; Poulon-Quintin, A.: Effect of temporal pulse shaping on the reduction of laser weld defects in a Pd–Ag–Sn dental alloy. In dental materials 27 (2011). e43–e50

[Ber13] Bergmann, J. P.; Bielenin, M.; Stambke, M.; Feustel, T.; Witzendorff, P.; Hermsdorf, J.: Effects of Diode Laser Superposition on Pulsed Laser Welding of Aluminum, Physics Procedia, Vol. 41, 2013, 180 – 189.

[Ber14] Bergmann, J. P.: Erweiterung der Anwendungsgrenzen beim Fügen mittels puls-modulierbarer Strahlquellen durch den synergetischen Einsatz eines zeitlich vorgelagerten Plasmalichtbogens, In: Schlussbericht des AIF: IGF-Vorhaben IGF 16.260 N, 2014.

[Ber15] Bergmann, J. P.; Bielenin, M.; Feustel.: Aluminum welding by combining a diode laser with a pulsed Nd:YAG laser, In: Welding in the World, Vol. 59 (2), 307-315, 2015

[Bes93] Beske, E. U.; Schuhmacher, J.; Kreutzburg, K.: Joining of Sheet Metals With Poor Weldability Using kW Nd:YAG Lasers. In ICALEO (1993), 682-691, 1993.

[Bie15] Bielenin, M.; Sieber, P.; Bergmann, J.P.: Neuer Ansatz für die Reparatur von Ni-Basisbauteilen mit gepulstem Laserstrahl und drahtförmigen Zusatzwerkstoffen. DVS Congress 2015. DVS-Berichte 315, Band 221; 381-386; 2015

[Bie17] Bielenin, M.; Bergmann, J. P.: Numerical and Experimental Analysis of Solidification Cracking in Pulsed Laser Welds of Al 6082, International Congress on the Applications of Lasers and Electro-Optics (ICALEO 2017), 22.-26. Oktober, Atlanta,

[Bli13] Bliedtner, J.;Müller, H.; Barz, A.: Lasermaterialbearbeitung – Grundlagen, Verfahren, Anwendungen, Beispiele, Carl Hanser Verlag, München, 2013.

[Bor60] Borland, J C.: Generalized Theory of Super-Solidus Cracking in Welds (and
Castings). British Welding Journal, 8 (1960), 508-512, 1960.

[Bra94] Bransch, H. N.; Weckman, D. C.; Kerr, H. W; 1994. Effects of pulse shaping on Nd:YAG spot welds in austenitic stainless steel.Welding Journal 73(3): 141-s to 151-s.

[Cam91] Campbell, J.: Castings, Butterworth-Heinemann Oxford (1991).

[Cha10] Chang, C. C.; Chou, , C .P.; Hsu, S. N.; Hsiung, G. Y.; Chen, J. R.: Effect of Laser Welding on Properties of Dissimilar Joint of Al-Mg-Si and Al-Mn Aluminum Alloys. In Journal of Materials Science and Technology. 2010, 26 (3), 276-282

[Che07] Chen, W.; Molian, P.: Dual-beam laser welding of ultra-thin AA 5052-H19 aluminium. Springer Verlag, London, (2007)

[Cic05] Cicala, E.; Duffet, G.; Andrzejewskib, H.; Greveyb, D.; Ignata, S.: Hot cracking in Al–Mg–Si alloy laser welding – operating parameters and their effects. Material Science and Engineering, Volume A 395, (2005)

(Cie88] Cieslak, M. J.; Fuerschbach, P.W.: On the Weldability, Composition, and Hardness of Pulsed and Continuous Nd:YAG Laser Welds in Aluminum

Alloys 6061,5456, and 5086, Metallurgical and Materials Transactions B, Vol. 19, 319 - 329, 1988.

[Con13] Coniglio, N.; Cross, C. E.: Initiation and growth mechanisms for weld solidification cracking, In: International Materials Reviews, Vol. 58 (7), 375-397, 2013.

[Cro03] Cross, C. E.; Olson, D. L.; Liu, S.: Aluminum Welding, in Handbook of Aluminum, Vol. 1 Physical Metallurgy and Processes, ed.: G.E. Totten and D.S. MacKenzie, Marcel Dekker Inc., New York, pp. 481-532, 2003.

[Cro05] Cross, C.E.: On the origin of weld solidification cracking, In: Hot cracking phenomena in welds. Springer-Verlag, Berlin Heidelberg, ISBN 3–18, 2005.

[Cro08] Cross, C.E.; Coniglio, N.: Weld Solidification Cracking: Critical Conditions for Crack Initiation and Growth. In: Böllinghaus, T. el al. (Hrsg.): Hot Cracking Phenomena in Welds II. Berlin: Springer 2008, S.39-58.

[Cro90] Cross, C. E.; Kramer, L. S.; Tack, W. T.; Loechel, L. W.: Aluminum weldability and hot tearing theory. Welding of Materials. ASM Int: 275–282. 1990.

[Dav93] Davis, J. R.: ASM specialty handbook: aluminum and aluminum alloys, 1st edition, ASM International, Materials Park, 378; 1993.

[Dil05] Dilthey, U.: Schweißtechnische Fertigungsverfahren 2 – Verhalten der Werkstoffe beim Schweißen, Springer Verlag, Berlin; Heidelberg, 2005.

[Dil11] Dilba, D.: Alu statt Kupfer. http://www.heise.de/tr/artikel/Alu-statt-Kupfer-1211414.html, Aufruf 20.03.2015

[Dor98] Dorn, L.: Schweißverhalten von Aluminium und seinen Legierungen. Mat.-wiss. u. Werkstofftech. 29, Wiley Verlag, Weinheim, (1998)

[Dow52] Dowd, J. D.: Weld cracking of 98luminium alloys, Welding Journal, vol. 31 (10), pp. 448-s-456-s, 1952.

[Due03] Duerr, U.; Holtz, R.; Westphäling; T.: Materialspezifische Pulsleistungsmodulation beim Laserstrahl-Schweißen; LEF, Laser in der Elektronikproduktion & Feinwerktechnik; Erlanger Seminar 6; Seite 87-97; 2003

[Dvo89] Dvornak, M. J.; Frost, R. H.; Olson, D. L.: “The Weldability and Grain Refinement
of Al-2.2Li-2.7Cu”, Welding Journal, vol. 68 (8), pp. 327-s-335-s, 1989.

[DVS96] Merkblatt 1004-1: Heißrissprüfverfahren - Grundlagen. DVS Verlag, Düsseldorf 1996.

[Dwo13] Dworak, J.: The effect of laser beam pulse shape on the process of pulsed YAG laser welding, In: Welding International, 2013.

[Eas12] Easton, M.A., Wang, H., Grandfield, J. et al. Metall and Mat Trans A (2012) 43: 3227. https://doi.org/10.1007/s11661-012-1132-6

[Enz12] Enz, J.: Laserstrahlschweißen von hochfesten Aluminium-Lithium Legierungen. HZG Report 2012-2, 2012

[ESI09] ESI Group. Material Database. 2009

[Esk06] Eskin, D. G.; Katgerman, L.: Thermal Contraction during Solidification of Aluminium Alloys. In Materials Science Forum Vols. 519-521 (2006) pp 1681-1686

[Esk07] Eskin, D. G.; Katgerman, L.: A Quest for a New Hot Tearing Criterion, In: Metallurgical and Materials Transactions A, VOL. 38A, 1511-1519, 2007.

[Fen93] Feng, Z.: A Methodology for Quantifying the Thermal and Mechanical Conditions for Weld Metal Solidification, Dissertation, Ohio State University, USA, 1993.

[Feu77] Feurer, U: Influence of alloy composition and solidification conditions on dendrite arm spacing, feeding and hot tearing properties of aluminium alloys, In: Proceedings International Symposium on Engineering Alloys, Delft, The Netherlands, 131 – 145, 1977.

[Fre99] Frewin, M. R.; Scott, D. A.: Finite Element Model of Pulsed Laser Welding. In: Welding Journal, Vol. 87, 15–22, 1999.

[Gda17] Gesamtverband der Aluminiumindustrie e.V. ALU-GETRÄNKEDOSE – BEREITS KULT. 2017

[Ged00] Gedopt, J.; Delarbre, E.: Pulsed Nd:YAG laser welding of titanium ear implants; In: Proceedings of the SOIE – The International Society for Optical Engineering; Band 4088; seite 264-267; 2000

[Gem18] https://www.gemmel-metalle.de/downloads/Legierungsbeschreibung_AlMgSi1_F30.pdf

[Ger88] Geridönmez, Ö.: Schweißen von Aluminium – anders, aber nicht schwieriger. Praktiker 40. Nr. 8, S. 411–413. 1988

[Gou12] Gould, J. E.: Joining Aluminum Sheet in the Automotive Industry – A 30 Year History. In: Welding Journal, Vol. 91, 23– 34, 2012.

[Gre01] Gregori, A.; Bonollo, F.; Tiziani, A,; Villoresi, P.; Trevisanato, A: Pulsed Nd:YAG-welding of gold alloys; EUROMAT European Conference on Advanced Materials and Processes 7; Seite 1-9; 2001

[Gru08] Gruss, H.: Schweißgerechte Struktur- und Prozessstrategien im Flugzeugbau.
Otto-von-Guericke-Universität, Magdeburg, 2008.

[Hem69] Hemsworth W, Boniszewski T, Eaton NF (1969) Classification and definition of high temperature welding cracks in alloys. Metal Construction and British Welding, 1, 5-15, 1969.

[Hes08] Hesse, W.: Aluminium-Schlüssel, 2nd edition (in German), Aluminium-Verlag,
Düsseldorf, 2008.

[Hil01] Hilbinger, R. M.: Heißrissbildung beim Schweißen von Aluminium in Blechrandlage. Herbert Utz Verlag GmbH, München, 2001.

[Hir02] Hiraga, H.; Fukatsu, K.; Ogawa, K.; Nakayama, M.; Muto, Y.: Nd:YAG laser welding of pure titanium to stainless steel; welding International Band 16 Heft 8; Seite 623-531; 2002

[Hug15] Hugger, F.; Hofmann. K.; Kohl, S.; Dobler, M.; Schmidt, M.: Spatter formation in laser beam welding using laser beam oscillation. In: Welding in the World, Vol. 59 (2), 165-
172, 2015

[Jen48] Jennings P.H.; Singer A.R.E., Pumphrey W.I.: Hot-shortness of some high-purity alloys in the systems aluminiumcopper-silicon and aluminium-magnesium-silicon, Journal of The Institute of Metals 74, 1948, pp. 227-248.

[Kah12] Kah, P.; Jibril, A.; Martikainen, J.; Suoranta, R.: Process possibility of welding thin aluminum alloys. Int J Mech Mater Eng (IJMME). 7(3):232–242. 2012.

[Kan06] Kannengiesser, Th.; Cross, C. E.: Effect of tack placement on local weld displacement and solidification cracking during arc welding of aluminium alloy 6083. 1st South-east Asia International Institute of Welding Congress "Welding in South-East-Asia: A Challenge for the Future". Bangkok, Thailand, Nov. 2006, S. 480–491.

[Kan07] Kannengiesser, Th.; Kromm, A.: „Design-specific influences on local weld displacement and hot cracking“. II. International Conference on Welding and Joining of Materials (ICWJM 2007). Cusco, Peru, Apr. 2007.

[Kar03] Karagiannis, S.; Chryssolouris, G.: Nd:YAG laser welding: an overview; Proceedings of the SPIE- The International Society for Optical Engineering; Band 5131; Seite 260-264; 2003

[Kat01] Katayama, S.: Solidification phenomena of weld metals. Solidification cracking
Mechanism and cracking susceptibility (3rd report), In: Welding International, Vol.
15 (8), 627-636, 2001.

[Kat97] Katayama, S.; Mizutani, M.; Matsunawa, A.: Modelling of melting and solidification behaviour during laser spot welding, In: Science and Technology of Welding and Joining, Vol. 2(1), 1-9, 1997.

[Kau88] Kaufman, J.G.: Introduction to Aluminum Alloys and Tempers, ASM International,
Materials Park, 2000.

[Kle05] Kleine, K. F.; Fox, W. J.; Watkins, K. G.: Micro welding with pulsed fibre single mode lasers; ICALEO Laser Materials Processing Conference 23; 2004

[Klo77] Klock, H.; Schoer, H.: Schweissen und Löten von Aluminiumwerkstoffen. Düsseldorf. DVS-Verlag. 1977.

[Kot08] Kotalik, P.; Boeck, T.: Modelling of heat transfer and fluid flow in laser welding, In: Proceedings in Applied Mathematics and Mechanics, Vol. 8, 10623-10624, 2008.

[Kot08] Kotalik, P.; Boeck, T.: Modelling of heat transfer and fluid flow in laser welding, In: Proceedings in Applied Mathematics and Mechanics, Vol. 8, 10623-10624, 2008.

[Kou03] Kou. S.: Welding Metallurgy, 2. Auflage, John Wiley & Sons, Hoboken, 2003.

[Kou85] Kou, S.; Le, Y.: "Grain structure and Solidification Cracking in Oscillated Arc Welds of 5052 Aluminium Alloy", Metallurgical Transactions A, vol. 16, pp. 1345-1352, 1985.

[Kre07] Kreimeyer, M.: Verfahrenstechnische Voraussetzungen zur Integration von Al-Stahl-Mischbauweisen in den Kraftfahrzeugbau. Diss., Univ. Bremen, (2007)

[Lid88] Lida, T.; Gutherie, R. I. L.: The Physical Properties of Liquid Metals. Clarendon Press. Oxford. 1988

[Lip94] Lippold, J. C.: (1994) Solidification behavior and cracking susceptibility of pulsed−laser welds in austenitic stainless steels. Welding Journal 73(6):129s−139s.

[Liu14] Liu, J.; Rao, Z.; Liao, S.; Wang P.-C.: Modeling of transport phenomena and solidification cracking in laser spot bead-on-plate welding of AA6063-T6 alloy. Part II - simulation results and experimental validation, In: The International Journal of Advanced Manufacturing Technology, Vol. 74 (1-4), 285-296, 2014.

[Liu96] Liu, W.; Tian, X.; Zhang, X.: Preventing Weld Hot Cracking by Synchronous Rolling during Welding. Welding Research Supplement (September 1996), 297-303, 1996.

[Mag01] Magnusson, T.; Arnberg, L.: Density and Solidification Shrinkage of Hypoeutectic Aluminum-Silicon Alloys. Met. Mat. Trans. 32A (10): 2605-2613. 2001

[Mat02] Mathers, G.: The welding of aluminium and its alloys, Woodhead Publishing, Cambridge, 2002.

[Mat99] Matsunawa, A.; Katayama, S.; Fujita, Y.: Laser welding of aluminum alloys – Defect formation and their suppression methods, In: Proc. 7th Conf. Joints in Aluminium – Inalco 98, Woodhead Publishing Ltd., Cambridge, UK, 65–76, 1999.

[Mer03] Merkel, M.; Thomas, K-H.: Taschenbuch der Werkstoffe, 6. Auflage, Carl Hanser Verlag, München, 2003.

/Mic96] Michaud, E. J.; Kerr, H. W.; Weckman D. C.: Temporal pulse shaping and solidification cracking in laser welded Al-Cu alloys, In: Proc. 4th In. Conf. Trends in Welding Research, Tennessee, USA, 153-58, 1996.

[Mil93] Milewski, J. O.; Lewis, G. K.; Wittig, J. E.: Microstructural Evaluation of Low and High
Duty Cycle Nd:YAG Laser Beam Welds in 2024-T3 Aluminum. Welding Journal, 72, (7), 341-346.

[Miu10] Miura, K.; Okamoto, Y.; Sakagawa, T.; Uno, Y.; Nakashiba, S.: Effects of Superposed Coninuous Diode Laser on Welding Characteristics for Aluminium Alloy in Pulsed Nd:YAG Laser Welding, Okayama, (2010)

[Mon76] Mondolfo, L. F. 1976. Aluminum Alloys: Structure and Properties. London, UK.: Butterworth
& Co. Ltd. pp. 759–805.

[Mou99] Mousavi, M. G.; Cross C. E.; Grong, Ø.: “Effect of scandium and titanium-boron on grain refinement and hot cracking of aluminium alloy 7108”, Science and Technology of Welding and Joining, vol. 4 (6), pp. 381-388, 1999.

[Mül02] Müller, G. M.: Prozessüberwachung beim Laserstrahlschweißen durch Auswertung
der reflektierten Leistung. Dissertation, Stuttgart, 2002.

[Mül17] Müller, M.: „Fine Welding with Lasers". http://engineers.org.il/_Uploads/10355RofinFineWeldingwithLaser.pdf (abgerufen am 21.04.2017).

[Mur02] Murty, B. S.; Kori, S. A.; Chakraborty, M.: “Grain refinement of aluminium and its alloys by heterogeneous nucleation and alloying”, International Materials Reviews, vol. 47 (1), pp. 3-29, 2002.

[Nak11] Nakashiba, S.; Okamoto, Y.; Sakagawa, T.; Miura, K.; Okada, A.; Uno, Y.: Welding characteristics of aluminum alloy by pulsed Nd:Yag laser with pre- and post-irradiation of superposed continuous diode laser, In: Proc. Int. Congress on Applications of Lasers & Electro Optics, Orlando, USA, 23 – 27, 2011.

[Neu12] Neudel, C.: Widerstandspunktschweißen von Aluminium mit Stahlblech. Widerstand-sschweißen und alternative Verfahren (S. 29-33). Halle (Saale): DVS-Verlag. 2012.

[Neu13] Neudel, C.: Mikrostrukturelle und mechanisch-technologische Eigenschaften widerstandspunktgeschweißter Aluminium- Stahl-Verbindungen für den Fahrzeugbau. Erlangen: Meisenbach GmbH Verlag. 2013

[New86] Newman, S. Z.: FEM Model of 3D transient Temperatur and Stress Fields in welded Plates. Carnegie-Mellon University, Pittsburgh, Pennsylvania, 1986.

[Niy77] Niyama, E.: Some considerations on internal cracks in continuously cast steel, Proceedings of the Japan-US Joint Seminar on Solidification of Metals and Alloys, Hrsg.: Japan Society for Promotion of Science. Tokyo (1977) 271 – 282.

[Oga04] Ogata, Y.; Takatuga, M.; Uenishi, K.; Kobayashi; E.; Kobayashi, K.F.: Nd-YAG laser micro welding of Ti-Ni type shape memory alloy wire and it's corrosion resistance; JASM International Conference on Joining of Advanced and Specialty Materials 7; Seite 56-61; 2004

[Omr12] Omranian, P.; Shahverdi, H. R.; Torkamany, M. J.; Vaziri, S. A.: The Effects of Nd:YAG Laser Surface Melting Parameters on the Solidification Behavior of Aluminium Surface, In: Materials Focus, Vol. 1, 1–6, 2012.

[Pal06] Palm, F.: "Fügetechnik im Airbus A380", in DVS-Berichte, vol. 240 (in German), DVS-Verlag, Düsseldorf, pp. 260-265, 2006.

[Pam16] Pamin, S.; Chorlton, E.; Hermsdorf, J.; Kaierle. S.: Joining of Aluminum Waveguides using Pulsed Laser Radiation. Conference: 2015 Asia-Pacific Microwave Conference (APMC)

[Pel52] Pellini, W. S.: Strain theory of hot tearing, Foundry, Vol. 80, 125–133, 1952.

[Pin10] Pinto, L. A.; Quintino, L.; Miranda, R. M.; Carr, P.: Laser Welding of Dissimilar Aluminium Alloys with Filler Materials, In: Welding in the World, Vol. 54 (11-12), 333-341, 2010.

[Ple12] Pleterski, M., Muhič, T., Klobčar, D., Kosec, L. (2012). Microstructural evolution of a cold work tool steel after pulsed laser remelting. Metalurgija, 51(1), 13-16. Preuzeto s https://hrcak.srce.hr/71163

[Plo04] Ploshikhin, V.; Prikhodovsky, A.; Zoch, H.-W.: Technologische Maßnahmen zur Vermeidung der Heißrissbildung beim Schweißen von Al-Legierungen. In Internationales Symposium - Schweißen und Löten im Luft- und Raumfahrzeugbau, ILA Berlin, 2004.

[Plo06] Ploshikhin, V.; Prikhodovsky, A.; Ilin, A.; Makhutin, M.; Heimerdringer, C.; Palm, F.: Influence of the weld metal chemical composition on the solidification cracking susceptibility of AA6056-T4 alloy. Welding in the World, 50, 46-50, 2006.

[Pro62] Prokhorov, N. N.: The Technological Strength of Metals while Crystalising during Welding. Svar. Proiz., 4 (1962), 1-4, 1962.

[Pro68] Prokhorov, N. N.; Jakuschin, B. F.; Prochorow, N. N.: Theorie und Verfahren
zum Bestimmen der technologischen Festigkeit von Metallen während des Kristallisationsprozesses beim Schweißen, In: Schweißtechnik, Vol. 18, 8 – 11, 1968.

[Pum48] Pumphrey W.I. , Lyons J.V.: Cracking during the casting and welding of the more common binary aluminium alloys, Journal Of The Institute of Metals, 1948, 74, pp. 439-455.

[Rad88] Radaj, D.: Wärmewirkungen des Schweißens Temperaturfeld, Eigenspannungen, Verzug. Springer-Verl. , Berlin; 1988

[Rad98] Radaj, D.; Häuser, H.; Braun, S.: Numerische Simulation von Eigenspannungen und Verzug bei Schweißverbindungen aus AlMgSi-Legierungen, in Konstruktion; 50, 7/8; 31-38; Konstruktion: 1998

[Ram00] Ram, G. D. J.; Mitra, T. K.; Raju, M. K.;Sundaresan, S.: "Use of inoculants to refine weld solidification structure and improve weldability in type 2090 Al-Li alloy", Materials Science and Engineering A, vol. 276 (1-2), pp. 48-57, 2000.

[Roo02] Roos, E.; Maile, K.: Werkstoffkunde für Ingenieure, 1st edition (in German), Springer, Berlin, 2002.

[Sah99] Sahm, P. R.; Egry, I.; Volkmann, T.: Schmelze, Erstarrung, Grenzflachen. Braun schweig: Vieweg Verlag, 1999.

[Sak11] Sakagawa, T.; Nakashiba, S.; Hiejima, H.: Laser Micro Welding System and ist Application to Seam Welding of Rechargeable Battery. Elsevier Ltd., (2011)

[Sch02] Schoer, H.: Schweißen und Hartloten von Aluminiumwerkstoffen. Düsseldorf: DVS- Verlag, 2002.

[Sch04] Schuster, J.: Heißrisse in Schweißverbindungen. Verlag für Schweißen und verwandte Verfahren DVS-Verlag GmbH, Düsseldorf, 2004.

[Sch07] Schwenk, C.: „FE–Simulation des Schweißverzugs laserstrahlgeschweißter dünner Bleche“. Diss. Berlin: Technische Universität Berlin, 2007.

[Sch10] Schulze, G.: Die Metallurgie des Schweißens. Heidelberg: Springer Verlag, 2010.

[Sch12] Schempp, P.; Cross, C. E.; Schwenk, C.; Rethmeier, M.: Influence of Ti and
B additions on grain size and weldability of aluminium alloy 6082,
Welding in the world 56, 9 - 10 (2012) 95 – 104.

[Sch13] Schweier, M.; Heins, J. F.; Haubold, M. W; Zaeh; M. F. Spatter formation in laser welding with beam oscillation. In: LiM – Lasers in Manufacturing 2013: Elsevier Science; 2013, pp. 20 – 30. 2013

[Sen71] Senda, T.; Matsuda, F.; Takano, G.; Watanabe, K.; Kobayashi, T.; Matsuzaka, T.: Experimental Investigations on Solidification Crack Susceptibility for Weld Metals with Trans-Varestraint Test, In: Trans. Japan Welding Society Vol. 2 (2), 141-162, 1971.

[She09] Sheikhi, M.; Malek Ghaini, F.; Torkamany, M. J.; Sabbaghzadeh, J.: Characterisation of solidification cracking in pulsed Nd:YAG laser welding of 2024 aluminium alloy, In: Science and Technology of Welding and Joining, Vol. 14 (2), 161-165, 2009.

[She14] Sheikhi, M.; Malek Ghaini, F.; Assadi, H.: Solidification crack initiation and propagation in pulsed laser welding of wrought heat treatable aluminium alloy, In: Science and Technology of Welding and Joining, Vol. 19 (3), 250-255, 2014.

[She15] Sheikhi, M.; Malek Ghaini, F.; Assadi, H.: Prediction of solidification cracking in pulsed laser welding of 2024 aluminum alloy, In: Acta Materialia, Vol. 82, 491- 502, 2015.

[Sin46] Singer A.R.E., Jennings P.H.: Hot-shortness of the aluminium-silicon alloys of commercial purity, Journal of The Institute of Metals 73, 1946, pp. 197-212.

[Sin47] Singer A.R.E., Jennings P.H.: Hot-Shortness of some aluminium-iran-silicon alloys of high purity, Journal of The Institute of Metals 73, 1947, pp. 273-284.

[Spi83] Spittle, J. A.; Cushway, A. A.: “Influences of superheat and grain structure on hot-tearing susceptibilities of Al-Cu alloy castings”, Metals Technology, vol. 10 (1), pp. 6-13, 1983.

[Sta09] Staubach, M.: Eigenschaften schweißgelöteter Stahl-Aluminium-Mischverbindungen unter Verwendung wärmearmer MSG-Prozesse. Dresden. 2009.

[Sta12] Staggl, S.; Borzorgi, S.; Pabel, T.; Faerber, K.; Kneißel, C.; Schuhmacher, P.: Untersuchungsmethoden zur Charakterisierung der Heißrissempfindlichkeit von Aluminium-Gusslegierungen, Gießerei-Rundschau 59 (2012) S. 138 – 125.

[Sto05] Stötzel, J.: Ermittlung von Materialermüdungsfestigkeitskurven im Kurz-, Zeit und Dauerfestigkeitsbereich von einseitigen Schweißverbindungen zweier Aluminiumlegierungen. RWTH Aachen, Dissertation, 2005.

[Str16] Stritt, P.: Prozessstrategien zur Vermeidung von Heißrissen beim Remote-Laserstrahl-schweißen von AlMgSi 6016 (Dissertation), Herbert Utz Verlag, München, 2016.

[Sül11] Süleymanov, N.: Untersuchung an lasergeschweißten Mischverbindungen aus unlegiertem Stahl mit legierten Werkzeugstählen. Verlag-Haus Mainz, 2011

[Sut10] Suttmann, O.; Moalem, A.; Kling, R.; Ostendorf, A.: Drilling, Cutting, Marking and Microforming, In: Laser Precision Microfabrication, Hrsg.: K. Sugioka, M. Meunier, A. Piqué, Springer-Verlag, 311-334, 2010.

[Tan14] Tang, Z.: Heißrissvermeidung beim Schweißen von Aluminiumlegierungen mit einem Scheibenlaser (Dissertation), In: Strahltechnik Band 53, F. Vollertsen (Hrsg.), R. Bergmann (Hrsg.), BIAS Verlag, Bremen, 2014.

[Thi73] Their, H.: Ursache der Porenbildung beim Schutzgasschweißen von Aluminum und Aluminiumlegierungen. Schweißen und Schneiden 25 (1973) Nr. 11, 5, 491-494.

[Töl11] Tölle, F.; Gumenyuk, A.; Rethmeier, M.; Backhaus, A.; Olschok, S.; Reisgen, U.: Eigenspannungsreduzierung in Elektronen- und Laserstrahlschweißnähten mittels nachlaufender Wärmefelder durch schnelle Strahldefokussierung und –ablenkung. DVS-Berichtsband 275, (2011), 465-471

[Tot03] Totten, G. E.; MacKenzie D. S.: Handbook of Aluminum, 1. Edition, Vol. 1, Marcel Dekker, New York, 56, 2003.

[Tze00] Tzeng, Y. F.: Process Characterisation of Pulsed Nd:YAG Laser Seam Welding, In: International Journal of Advanced Manufacturing Technology; Vol. 16, 10–18, 2000.

[Tze71] Tseng, C. G.; Savage, W. F.: “The Effect of Arc Oscillation”, Welding Journal, vol. 50 (11), pp. 777-786, 1971.

[Wee87] Weedon, T. M. Nd:YAG lasers with controlled pulse shape. Proc. LAMP 87. (1987).

[Wei07] Weißbach W.: Werkstoffkunde - Strukturen, Eigenschaften, Prüfung, Auflage 16, Vieweg & Sohn Verlag, Wiesbaden, 2007.

[Wel13] Weller, D.; Bezençon, C.; Stritt, P.; Weber, R.; Graf, T.: Remote laser welding of multi-alloy aluminum at close-edge position, In: Physics Procedia, Vol. 41,164 – 168, 2013.

[Wel96] W.R. Oates: Welding Handbook – Materials and Applications – Part 1, 8th edition, vol. 3, AWS, Miami, 1996.

[Wil07] Wilden, J.; Bergmann, J.P.; Holtz, R.; Richter, K.; Le Guin, A.: Einsatz von gepulsten Nd:YAG-Lasern für das Fügen von Werkstoffen und Werkstoffkombinationen mit anspruchsvollen Eigenschaften. DVS-Berichte Band 244 (2007), 13-18

[Wil09] Wilden, J.; Jahn, S.; Kotalik, P.; Neumann, T. P.; Holtz. R.: Effects of pulse shape modulation in Nd:YAG Laser beam welding on the weld pool flow solidification. In: Proceedings of the ASME 2009 International Manufacturing Science and Engineering Conference, West Lafayette, USA, 799-805, 2009.

[Wil10] Wilden, J.; Jahn, S.; Neumann, T.; Kaya, B.; Theis, J.: Synergie von Laserprozesstechnik und Metallurgie, In: DVS-Berichte Bd. 271, 7. Jenaer Lasertagung, DVSVerlag, Düsseldorf, 2010.

[Yan11] Yang, Y. P.; Babu, S. S.; Kikel, J. M.; Brust, F. W.: Investigation of Weld Crack Mitigation Techniques with Advanced Numerical Modeling and Experiment - Summary. In Lippold, J. et al., eds., Hot Cracking Phenomena in Welds 3. Springer-Verlag Berlin Heidelberg, 2011.

[Zac93] Zacharia, T.; Aramayo, G. A.: Modeling of Thermal Stresses in Welds. In International Conference on Modeling and Control of Joining Processes, Orlando, Florida, 1993.

[Zac94] Zacharia, T.: Dynamic Stresses in Weld Metal Hot Crackin;, In: Welding Journal, Vol. 73, 164 – 173, 1994.

[Zha08] Zhang, J.; Weckmann, D. C.; Zhou, Y.: Effects of Temporal Pulse Shaping on Cracking Susceptibility of 6061-T6 Aluminum Nd:YAG Laser Welds, In: Welding Journal, Vol. 87, 18– 30, 2008.

Abbildungsverzeichnis

Tabellenverzeichnis

Abkürzungsverzeichnis

Abkürzung	Bezeichnung
Al	Aluminum
Al_20_3	Aluminiumoxid
Cu	Kupfer
cw	Continuous wave
DDC	Ductility dip cracks
EDX	Energiedispersive Röntgenspektroskopie.
EMW	Elektromagnetische Verträglichkeit
FEM	Finite Elemente Methode
fps	Frames per second – bilder pro Sekunde
HV	Hochgeschwindigkeits-Videografie
L	Liquidus bzw, Schmelze
Mg	Magnesium
MIG	Metal-Inertgasschweißen
Mn	Mangan
O	Sauerstoff
pw	Pulsed wave
S	Solidus bzw. Festkörper
Si	Silizium
TIS	Temperaturintervall der Sprödigkeit
WEZ	Wärmeeinflusszone
WIG	Wolfram-Inertgasschweißen
Zn	Zink

Formelzeichenverzeichnis

Formel-zeichen	Bezeichnung	Einheit
$\varnothing$	Durchmesser	mm
$\varnothing_{Diode}$	Durchmesser des Diodenlaserstrahls im Fokus	mm
$\varnothing_{Schmelzbad}$	Durchmesser des Schmelzbades	µm
$\dot{q}_{YAG}$	Wärmestromdichte des Nd:YAG-Lasers	$W \cdot mm^{-2}$
$\dot{Q}$	Wärmestrom	W
$\dot{q}$	Wärmestromdichte	$W \cdot mm^{-2}$
$\dot{\varepsilon}$	Dehnrate	s^{-1}
ε_{th}	Thermische Volumenänderung	1
ΔT	Temperaturintervall	K
Δx	Distanz zwischen T_L und T_S	m
$\in$	Emmisionsgrad	1
$\sum_{Li}$	Aufsummierte Risslängen in Nahtschweißungen	µm
$\sum_{Riss}$	Kumulierte Risslänge	µm
A	Absorptionsgrad	1
c_0	Anfangskonzentration des Legierungselements	$mL \cdot 100g^{-1}$
c_L	Konzentration des Legierungselements in der flüssigen Phase	$mL \cdot 100g^{-1}$
c_p	spezifische Wärmekapazität	$J \cdot (kg \cdot K)^{-1}$
c_S	Konzentration des Legierungselements in der festen Phase	$mL \cdot 100g^{-1}$
E_{YAG}	Pulsenergie des Nd:YAG-Lasers	J
f	Frequenz	Hz
f_{Rep}	Pulsrepetionsrate bzw. Pulsfrequenz	Hz
G	Temperaturgradient	$K \cdot m^{-1}$
h	Wärmeübergangskoeffizient	$W\ m^{-2} \cdot K^{-1}$
k	Verteilungskoeffizient für die Entmischung an der Phasengrenze bei Gleichgewichtserstarrung	1
K	Materialkonstante (EN AW 6082-T6)	$K \cdot s^{-1}$
a	Temperaturleitfähigkeit	$m^2 \cdot s^{-1}$
L	Länge	mm
l_c	Länge der Zellen	µm
n	Stichprobenumfang	1

P	Leistung	W
P_{ave}	Durchschnittliche Pulsleistung	W
P_{Diode}	Diodenlaserleistung	W
P_{max}	Maximale Pulsleistung	W
P_{YAG}	Pulsspitzenleistung des Nd:YAG-Lasers	W
R	Erstarrungsgeschwindigkeit	$m \cdot s^{-1}$
R%	Rissindex	1
R_{max}	Maximale Erstarrungsgeschwindigkeit	$m \cdot s^{-1}$
r_{Riss}	Rissradius	µm
t	Zeit	s
$T(x)$	Temperatur ortsabhängig an der Grenzfläche	°C
T^*	Temperatur an der Dendritenspitze	°C
$t_{Erstarrung}$	Zeit zwischen maximaler Schmelzbadgröße und vollständig erstarrtem Schmelzbad	ms
T_L	Liquidustemperatur	°C
$T_L(c0)$	Liquidustemperatur in Abhängigkeit der Konzentration des Legierungselements	°C
$T_L(x)$	Liquidustemperatur ortsabhängig an der Grenzfläche	°C
T_{max}	Maximaltemperatur	°C
t_P	Pulsdauer	ms
t_{RD}	Laserpulsabkühldauer, in welcher die Leistung linear heruntergefahren wird	ms
T_S	Solidustemperatur	°C
$T_S(c0)$	Solidustemperatur in Abhängigkeit der Konzentration des Legierungselements	°C
T_W	Temperatur an der Dendritenwurzel	°C
v_s	Schweißgeschwindigkeit	$mm \cdot min^{-1}$
v	Verschiebung	Mm
vs	Schweißgeschwindigkeit	$mm \cdot min^{-1}$
α	Wärmeausdehnungkoeffizient	K^{-1}
α_{Al}	Mischkristall Aluminium	1
β	Abkühlrate	$K \cdot s^{-1}$
$\Delta\varepsilon_r$	Dehnungsänderung in radialer Richtung	1
$\Delta\psi$	Länge des Erstarrungsgebietes	µm
ε	Dehnung	1
λ	Wärmeleitfähigkeit	$W \cdot (m\ K)^{-1}$
λ_1	Dendritenarmabstand	µm
λ_{axial}	Wärmeleitfähigkeit in axialer Richtung (Blechtiefe)	$W \cdot (m\ K)^{-1}$

λ_{radial}	Wärmeleitfähigkeit in radialer Richtung (Blechebene)	W · (m K)$^{-1}$
ρ	Dichte	kg · m^{-3}
σ	Stefan-Boltzmann-Konstante	W · m^{-2} · K^{-4}
σ_R	Spannungskomponente in radialer Richtung	N · mm^{-2}
σ_Z	Spannungskomponente in axialer Richtung	N · mm^{-2}
υ	Querkontraktionszahl	1
ψ	Erstarrungsintervall	1
ψ_{max}	Maximale Länge des Erstarrungsgebietes	µm

Menachem Amitai

"Ich nehme es Ihnen nicht übel, dass Sie Jude sind."

Ein jüdischer Psychoanalytiker in Deutschland

Herausgegeben von Erhard Roy Wiehn

Hartung-Gorre Verlag Konstanz

Umschlag-Titelseite u. Rückseite: Menachem Amitai 2005 (vorn) u. 2007:
Herstellung: Libri Plureos GmbH, Hamburg.

1944–2024
Im Frühjahr 1944 Beginn der Ermordung von ca. 565.000 ungarischen Juden; am 6. Juni 1944 landen alliierte Truppen in der Normandie und leiten damit das letzte Kapitel der Befreiung Europas von der deutschen NS-Herrschaft ein.

24. Februar 2022 brutaler Überfall der russischen Armee auf die Ukraine

7. Oktober 2023 barbarischer Hamas-Angriff auf Israel mit Geiselnahme

Bibliografische Information der Deutschen Nationalbibliothek
Die Deutsche Nationalbibliothek verzeichnet diese Publikation in der Deutschen Nationalbibliografie; detaillierte bibliografische Daten sind im Internet über **https://dnb.dnb.de** abrufbar.

2. korrigiete Auflage 2024
Hartung-Gorre Verlag Konstanz Germany
ISBN 978-86628-819-5 und 3-86628-819-0

Meiner Frau,

meinen Kindern

und Enkelkindern

gewidmet

Inhalt

Statt eines Vorwortes: Das achtzehnte Kamel

Ein arabischer Vater stirbt und hinterlässt seinen drei Söhnen siebzehn Kamele. Der älteste Sohn soll die Hälfte der Kamele bekommen, der zweite ein Drittel, der Jüngste ein Neuntel. Nun kann man bekanntlich siebzehn weder in Hälfte, noch Drittel, noch Neuntel teilen. Die Söhne sind ratlos.

Ein kluger Nachbar hat eine Idee: Er bringt sein Kamel hinzu, so dass es sich nun um achtzehn Kamele handelt. Nun bekommt der älteste Sohn neun Kamele, der zweite sechs, der dritte zwei. Macht zusammen siebzehn.

Ein Kamel bleibt übrig – das des Nachbarn. Der Nachbar nimmt nun sein Kamel wieder, und die Sache ist erledigt.

Das achtzehnte Kamel bin ich.

Im Nachhinein habe ich verstanden, dass mein Weg zur Psychoanalyse vorgezeichnet war. Ich wurde als Menachem (auf Hebräisch "Tröster") Rechtman, später Amitai (Hebräisch "wahrhaftig") im Freud-Krankenhaus in Tel Aviv, Jehuda Halevy Str. 9, geboren. Als gerechten, wahrhaftigen Tröster sah ich mich eigentlich lange nicht, und natürlich wusste ich nicht, wer Freud war.

In der Realität war der Weg natürlich sehr viel länger und komplizierter. Ich wurde am 10.01.1938 als drittes Kind und zweiter Sohn meiner Eltern geboren. Das Besondere daran war, dass ich nicht nur der zweite Sohn war, sondern auch der Zweite von Zwillingen: mein Zwillingsbruder war angeblich 8 Minuten älter als ich, aber die Tatsache, dass er schon immer vor mir da war, spielte eine große Rolle in meinem Leben.

Mein Geburtskrankenhaus war eine Privatklinik, die von 1928 bis 1955 existierte. Der Besitzer Dr. Yitzchak Freud war ein russischer Chirurg, der mit Sigmund Freud sicherlich nichts zu tun hatte. Nach 1949 diente die Klinik als Erholungsheim für Verletzte des Unabhängigkeitskrieges 1948-1949.

April 2024

Die jüdische Besiedlung Palästinas-Israel

Die jüdische Anwesenheit in Palästina vor 1880 bestand aus ca. 26.000 Juden, die aus religiösen Motiven meist nach Jerusalem – später auch Jaffa - emigrierten, nämlich um dort Thora zu lernen. Sie wurden durch Spenden jüdischer Gemeinden in Europa (genannt Haluka = "Verteilung") finanziert und lebten im Wesentlichen friedlich mit ihren arabischen Nachbarn.

Ab 1880 kam es zu massiven Einwanderungen von Juden nach Palästina, meist infolge antisemitischer Ausschreitungen in Russland und Polen, später auch im Jemen. Für die Zeit bis zur Staatsgründung Israels 1948 werden allgemein fünf Einwanderungswellen (Alija, Plural Alijot) unterschieden.

Die bedeutendsten Alijot waren die erste und zweite.

Die erste Alija zwischen 1882 und 1903 umfasste etwa 25.000 hauptsächlich russische und rumänische Juden und war nicht zuletzt eine Reaktion auf eine Reihe von antisemitischen Pogromen in Südrussland und Osteuropa. Dies führte zu ersten größeren Ortschaften und landwirtschaftlichen Betrieben in einem Gebiet, das bis dato relativ dünn besiedelt und wirtschaftlich schwach entwickelt war.

Zwischen 1904 und 1914 – die 2. Alija - kamen weitere 40.000 Juden nach Palästina, vorwiegend Angehörige der "zionistischen Arbeiterschaft" in Russland, aber auch aus Polen, Ukraine sowie Jemen und Irak.

Das Ziel, als Bauer und Arbeiter im Gelobten Land zu leben, war nicht zuletzt eine Reaktion auf das Verbot, dass Juden eigene Landwirtschaft in den Diaspora Ländern betreiben.

In 1896 hat der jüdische Schriftsteller, Publizist und Journalist Theodor Herzl unter dem Eindruck der Dreyfus-Affäre sein Buch "Der Judenstaat" veröffentlicht und 1897 einen jüdischen Kongress in Basel veranstaltet, bei dem er einen Staat für die Juden forderte. Das Buch und der Kongress verstärkte die Motivation der Juden, nach Palästina einzuwandern.

Die anfängliche Begeisterung der Juden hielt nicht lange an: Das ungewöhnlich heiße Klima, die Arbeitslosigkeit, Geldmangel, Krankheiten und nicht zuletzt die Unterdrückung seitens des Osmanischen (Türkischen) Imperiums verursachten das Auswandern von ca. 70% der Einwanderer.

Mein Urgrossvater, Abraham Winkler, der Großvater meiner Mutter, (geb. 1850 in Hiatyn, Ukraine), kam als Jugendlicher mit seinem Vater Alter Baruch Michael Winkler nach Palästina. Er ließ sich 1879 am Yarkon River, nördlich vom heutigen Tel Aviv, mit 40 Freunden nieder. Zu dieser Zeit lebten in Palästina ca. 26.000 Juden, vorwiegend in Jerusalem und Jaffa – später auch in Petach Tikva, die erste, von jüdischem Einwanderer gebauter Siedlung, ca. 20 km nördlich von Jaffa. Eine dritte Gemeinde im nördlichen Teil des Izreel-Tals ("Emek Izreel") war ein Dorf von arabischen und drusischen Juden, die seit Jahrtausenden kontinuierlich in dem Dorf "Peki'in" lebten. (Dieses Dorf war und ist dem Staat Israel wichtig als Beweis, dass es kontinuierlich jüdische Siedlung auf dem Territorium des heutigen Staates Israel gab (siehe dazu auch Peki'in, Google/Wikipedia)

Das Leben der Siedler am Jarkon-River war sehr schwer, denn es fehlten Infrastruktur, Arbeits- und Verdienstmöglichkeiten, vor allem aber wegen Plagen wie Malaria und Bilharziose, die die Anzahl der Siedler massiv dezimierten.

Einige Siedler kehrten zurück nach Jerusalem oder Jaffa, andere verließen Palästina,

"In seinem Buch "**Zwei Minuten mit der Vergangenheit**", schreibt der Autor Isaac Ziv-Av: "die Einzigen, die in Petach Tikva blieben trotz des Massen-Verlassens, waren 28 Familien, mit Reb Alter Winkler und sein Sohn Abraham".

Die 28 Familien, die am Jarkon River blieben, erhielten dann verstärkte finanzielle Hilfe vom Baron Edmund de Rothschild. Er hat auch Felder bei arabischen Großgrundbesitzern im Dorf Melabes (spätere Petach Tikva) gekauft, die er später den Siedlern, die in Palästina blieben, überlassen hat.

Abraham Winkler kaufte mehrere brachliegende Grundstücke, die zu der Zeit als unfruchtbar und krankmachend galten. Er produzierte Baumaterialien, vor allem Kalk aber auch andere Baustoffe, die er an seine Mitstreiter verkaufte. Er pflanzte Orangen, als Grundstock für spätere, sog. Jaffa Orangen, die einen großen Teil der israelischen Exporte in den sechziger Jahren ausmachten.

Diese Grundstücke haben Jahre später ein Vielfaches an Wert gewonnen. Seine Kinder verloren das Vermögen aber wieder - durch ewigen Streit um das Erbe.

Mein Großvater Ephraim Halperin, der Vater meiner Mutter, geboren in Odessa 1883, als Sohn von Josef Halperin, der ein Lehrer und Kornhändler war.

Er studierte in "Cheder" (religiöse Schule) und wanderte 1897 mit 14 Jahren nach Palästina aus, zusammen mit seinen zwei Brüdern Liv und Zvi. Diese verließen kurz danach das Land, da sie keine finanziellen Überlebens-Möglichkeiten hatten, und zogen zurück nach Europa. Ephraim blieb in Petach Tikva, arbeitete in dem Orangenhain von Abraham Winkler. Er heiratete 1902 dessen Tochter Bathsheva, meine Großmutter.

Er erhielt die Erlaubnis für Kutschendienste zwischen Jaffa und Petach Tikva. Sein Kutschendienst vergrößerte sich parallel zur Entwicklung der jüdischen Siedlung in Tel Aviv. Er investierte das Geld in Verkehrsunternehmen: Zuerst waren es Diligence (Pferdekutschen), später kaufte er Autobusse in Ägypten und gründete Busunternehmen, die bis heute hunderte Busfahrer beschäftigen.

Während des Ersten Weltkrieges hat er viel unternommen, um Juden zu helfen, die ohne Erlaubnis der türkischen Regierung nach Palästina emigrierten und nun vertrieben werden sollten. Er transportierte sie von einem Ort zum anderen – meist in Samaria oder Galiläa - wo sie von der türkischen Polizei nicht mehr gesucht wurden (Eine Reise von Jaffa nach Galiläa, die heute 2 Stunden dauert, dauerte damals 2-3 Tage!).

Sowohl mein Urgroßvater mütterlicherseits als auch mein Großvater (dito) spielten wesentliche Rollen in der jüdischen Besiedlung Israels/-Palästinas. Es ist an sich kein Wunder: Israel war damals (19. und Anfang des 20. Jahrhunderts) nicht der Staat von heute, sondern eine kaum besiedelte Landstrecke, mit Wüste im Süden und Sümpfen im Norden.

Es gab keine Infrastruktur, keine Arbeitsstellen. Nur eine feindliche türkische Regierung sowie arabische Nachbarn und Überfälle auf die jüdische Bevölkerung. Die alte jüdische Bevölkerung in Jerusalem war zwar hilfswillig, hatte aber auch keine finanziellen Mittel. Erst später wurde ihnen vom Baron Edmund de Rothschild finanziell geholfen, der Boden von arabischen Effendis kaufte und den Siedlern zukommen ließ, u.a. meinem Urgroßvater Abraham.

Bei dieser kleinen Bevölkerungszahl war es kein Wunder, dass Menschen mit Intelligenz und Tatkraft Führungspositionen bekommen haben, das galt für meinen Ur-Urgrossvater Alter, Urgroßvater Abraham und Großvater Ephraim.

Ephraim war ein Lebemann und verspielte sein Geld und seine Gesundheit mit Glücksspielen und gewissen Etablissements in Beirut – damals "das Paris des mittleren Ostens". Dort infizierte er sich mit Syphilis. Zu dieser Zeit gab es noch keine Antibiotika, und Syphilis wurde mit einem quecksilberhaltigen Medikament namens Salvarsan behandelt, was vermutlich nicht viel geholfen hat, aber schlimme Nebenwirkungen hatte: Meine Mutter – seine Tochter, die eine Krankenschwester gewesen ist - musste ihn mit diesem Medikament behandeln. Sie erzählte uns später, wie sehr sie von dieser Erkrankung und Behandlung angewidert war. (Es ist wahrscheinlich, dass meine Mutter deswegen erst mit 29 Jahren geheiratet hat – für die damalige Vorstellung viel zu alt).

Er starb 1940 mit 57 Jahren an einer Progressiven Paralyse. Ich war damals 2 Jahre alt. Die Familienlegende erzählt, dass er mich besonders geliebt habe und mich "beauftragte", Hitler zu töten. Diese Aufgabe konnte ich nicht erfüllen. Stattdessen durchkreuzte ich mit meinem Leben in Deutschland Hitlers Traum vom judenfreien Deutschland und Europa.

Außer diesen recht liebevollen Erinnerungen an meinen Großvater haben seine Lebensweise, Krankheit und Tod Spuren in meiner Erziehung hinterlassen: Wir Kinder durften nie mit Karten spielen, und bei uns zu Hause wurde nie über Sexualität gesprochen. Ich weiß noch bis heute, wie sehr ich mich schämte ob meiner Neugier und meinem Interesse gerade auf diesem Gebiet: Als ich mit einem – recht harmlosen – Aufklärungsbuch in der Volksschulklasse erwischt worden war, musste ich nach Schulschluss dort warten, meine Eltern holten mich später und straften mich mit Klagen – welche Schande ich über sie gebracht hätte…

Meine Großmutter Batsheva, Ephraims Frau, war eine liebe Frau, aber nicht sonderlich intelligent: Sie konnte keine Sprache fehlerfrei sprechen – weder Jiddisch noch Hebräisch. Sie konnte auch nicht fehlerfrei schreiben. Ich konnte mir nie vorstellen, wie sie mit ihrem Mann Ephraim leben konnte oder, genauer gesagt: was er an ihr schätzte. Ich vermute: eine gute Partie. Damals hatte dies natürlich für mich keine Bedeutung: Sie war, wie alle Großmütter sein sollten, lieb, anhänglich, brachte uns immer Süßigkeiten und war stolz auf uns.

Das zählte für mich damals am meisten, weil ich in meiner Kindheit – eigentlich bis zu meinem 19. Lebensjahr - nie wirklich das Gefühl hatte, dass meine Eltern je stolz auf mich waren.

Die Gründe dafür waren sehr klar – und nah: Mein Zwillingsbruder war das Objekt des Stolzes meiner Eltern. Er war ein sehr guter Schüler, höflich und pflegeleicht. Ich war zwar auch ein guter Schüler, dafür aber nicht pflegeleicht: Ich hatte viel Unsinn im Sinn, war ungestüm und das war "wild". Mein Bruder war das, was man ein "Beispielkind" nannte. Es hieß für mich immer: "Nimm Dir ein Beispiel an Deinem Bruder!" Wenn es eine Rauferei oder Streit gab, wenn etwas nicht so funktionierte, wie meine Eltern es wollten, wenn etwas verloren ging oder zerbrach, war klar, dass es an mir liegen musste. Trotz allem war unsere Beziehung zueinander gut: In der Schule verteidigte ich ihn bei Streitigkeiten, da ich körperlich stärker war. Zu Hause wurde ich dafür nicht etwa gelobt, sondern beschuldigt, dass ich den Streit verursacht hätte (was manchmal sogar stimmte).

Wie wir auf den Namen Amitai kamen

Die europäischen Juden hatten bis ins 17 Jahrhundert keine Familiennamen getragen. Stattdessen trug man/n als Zweitnamen den Namen der Ehefrau. So wäre mein Vater einfach "Moshe-Hannah's" gewesen. Nach einem Dekret im 17 Jahrhundert. mussten die Juden sich Familiennamen auswählen. Sie nannten sich z.B. nach dem Wohnort (z.B. Dessau – Dessauer, statt Heilbronn - Halperin), nach Beruf (z.B. Goldschmied) oder nach deren religiösen Ämtern in deren Gemeinden (Cohen = Priester, Chasan = Vorbeter), etc. Interessanterweise trugen sehr viele Juden in Osteuropa – später in England und USA - *deutsche* Namen.

Als mein Vater 1932 nach Palästina emigrierte, hieß er Moshe *Rechtman.* (Ich weiß nicht, was der Ursprung dieses Namens war, denn mir ist nicht bekannt, dass wir jemals einen Juristen in der Familie hatten. Andererseits bedeutete das Richtungswort "recht" = die rechte, bevorzugte Seite).

Nach Ausrufen des Staats Israel haben viele Israeli ihre deutschen Namen "hebraisiert", d.h., sie haben sie gegen ähnlich klingende oder inhaltsgleiche Namen umgetauscht: (So nannte sich David Grün nunmehr Ben Gurion, Golda Mayerson nahm nun den Namen Meir an, Shimon Persky nannte sich nun Shimon Peres, etc.)

Diese Namensänderung gab meinem Bruder und mir die Chance der Lösung eines langjährigen Problems:

In der Grundschule wurden wir Schüler jedes Jahr gegen Typhus und Paratyphus geimpft, und zwar in alphabetischer Reihenfolge: Die Schüler mit Anfangsbuchstaben A oder B wurden als Erste geimpft, die Schüler mit T (welches der letzte Buchstabe im hebräischen Alphabet ist) als Letzte und das bedeutete, sie mussten nicht nur länger warten, sondern auch diese Spritzprozedur längere Zeit mit ansehen und die Angst vor der Spritze wuchs bis ins Unerträgliche.

Nun ist die Buchstabe "R" der drittletzte im hebräischen Alphabet. Wir mussten also immer warten und Angst haben, bis wir - spät – drankamen.

Eine Namensänderung wäre für uns die Chance, diesen Missstand zu ändern. Wir – d.h. mein Bruder und ich - suchten also nach Namen, die mit A oder B anfingen, aber inhaltlich eine Ähnlichkeit mit dem "Recht" zu tun hätte. Aber alle hebräischen Namen, die wir kannten und die inhaltlich etwas mit Recht zu tun hatten (ob Recht im Sinne von Rechthaberei oder im Sinne der Richtung rechts) gefielen uns nicht. Am Ende hat mein Bruder den Namen Amitai – der Wahrhaftige – vorgeschlagen: Wir zogen also die Wahrheit dem Recht vor und nannten uns fortan Amitai. Unsere Eltern waren auch mit dem Namen Amitai einverstanden.

Meine Mutter war der Inbegriff einer jüdischen Mutter: Eine Mischung aus Schutzengel und Wachhund. Ihre Angst um uns vereitelte uns viele Möglichkeiten, mit gleichaltrigen Freunden zu spielen.

Sie wurde 1903 als einzige Tochter von Batsheva und Ephraim Halperin geboren.

Ich weiß merkwürdigerweise sehr wenig über ihren Werdegang, außer, dass sie nach dem Abitur die Ausbildung als Krankenschwester beendete und mit 29 Jahren (für die damalige Zeit sehr spät) meinen Vater heiratete, den sie als Fahrer im Verkehrsunternehmen ihres Vaters Ephraim kennengelernt hatte.

Mein Vater Mosche, wurde 1902 in Lomjamki, einem Vorort von Warschau/Polen geboren. Nach Beendigung einer Jüdischen Schule wurde er in die polnische Armee eingezogen. Er nahm am polnisch-russischen Krieg 1919-1921 teil und fühlte sich als gleichberechtigter Pole.

Ein Besuch in der Metropole Warschau 1929 änderte dieses jedoch. Als er mit polnischen Kollegen ein Restaurant besuchen wollte, wurde ihm der Eintritt verwehrt mit einem Schild "Eintritt für Juden und Hunde nicht gestattet".

Er erzählte uns später, dass ihm damit klar wurde, dass er in Polen nicht mehr leben konnte, und er bereitete sich darauf vor nach Palästina umzusiedeln. Offensichtlich fiel ihm die Entscheidung, Polen, genauer gesagt sein Elternhaus in Lomjanki zu verlassen, sehr schwer, es dauerte fast vier Jahre, bis er seinen Traum verwirklichen konnte. Er arbeitete zeitweise als Schuster, intensivierte seine Thora-Studien und lernte Hebräisch. 1932 übersiedelte er nach Palästina. Das war sein Glück. Nach der deutschen Besetzung wurden fünf seiner Geschwister nach Auschwitz deportiert und umgebracht.

Im gleichen Jahr lernte er meine Mutter Hannah, Tochter seines Chefs, kennen und heiratete sie.

Er war an sich ein liebevoller Mensch und Vater, der aber an einen biblischen Satz glaubte: "Derjenige, der an seinem Stock spart, hasst seinen Sohn." Folglich wurde ich einige Male mit diesem "Zeichen seiner Liebe" bestraft, bis ich mit 13 Jahren zurückgeschlagen habe. Das hat ihn tief getroffen, und unsere Beziehung war ab dann sehr unterkühlt.

Von allen Prügeln, die ich von meinem Vater erhielt, blieb mir eine besonders schmerzhaft in Erinnerung.

Ich war ca. sechs Jahre alt, und spielte an diesem Tag mit Freunden in einer Parallelstraße zu der Allee, in der wir wohnten. Es war Nachmittag, und ich vergaß die Zeit und blieb länger draußen, als ich offenbar sollte. Ich hatte keine Armbanduhr und konnte so nicht die Zeit kontrollieren. Als ich endlich zurück nach Hause ging, war es spät. Vor dem Haus traf ich auf meinen Vater, und er schien erleichtert, mich zu sehen. Er sagte: "Deine Mutter macht sich Sorgen." Das war alles, was er sagte.

Aber als wir in die Wohnung kamen, zog er seinen Gürtel aus und verprügelte mich damit. Ich schrie wie am Spieß, aber er hörte trotzdem nicht auf.

Meine Mutter intervenierte nicht. Das heißt, sie versuchte nicht einmal, mich zu verteidigen. Ich vermutete sogar, dass sie ihn dazu angestiftet hat, aber diese Vermutung musste ich sofort verdrängen, weil ich das nicht hätte ertragen können.

Als mein Vater endlich von mir abließ und aus dem Zimmer ging, blieb ich verletzt und erniedrigt zurück. Mein Hinterteil hatte rote Striemen und niemand redete mit mir, außer meiner Schwester, die versuchte, mit einem feuchten, kühlen Handtuch die Schmerzen zu lindern.

Diese Tracht Prügel schmerzte zwar, aber hat mich nicht so sehr gekränkt wie der Verrat meines Vaters, der mich eben nicht spontan, sondern kalkuliert verprügelte. Auch meine Mutter hatte mich verraten, indem sie mich nicht verteidigte.

Am nächsten Tag packte ich eine Tasche zusammen, verließ das Haus und fuhr mit dem Bus zu meiner Großmutter, in der Hoffnung, dass sie mich schützt. Das konnte sie aber natürlich nicht und hat mich postwendend zurück ins Elternhaus gebracht.

Später habe ich einsehen müssen, dass meine Großmutter nicht anders handeln konnte. Ich fühlte mich aber von ihr betrogen und hatte danach kein Vertrauen mehr zu ihr.

Meine Eltern haben nie ein Wort über die Züchtigung oder meinen Fluchtversuch verloren.

Ich habe beide Erlebnisse zu verleugnen versucht, weil ich mich damals – wie die meisten Kinder - als den Schuldigen gesehen habe.

Ich habe mir damals geschworen, wenn ich einmal selbst Vater wäre, nie ein Kind zu verprügeln, ohne wenn und aber.

Mein Bruder Iossi links, ich rechts (alle Fotos Sammlung Menachem Amitai)

Meine Schwester Nechama war 3½ Jahre alt, als mein Bruder und ich geboren wurden. Sie war zwar darauf vorbereitet worden, "ein Geschwisterchen" zu bekommen, von zwei Geschwistern war allerdings nie die Rede gewesen. Sie wurde von dieser Tatsache überrollt.

Die Familienlegende besagt, dass sie von meinen Eltern forderte, meinen Bruder zurückzugeben und damit drohte, ihn "aus dem Fenster zu werfen" (2. Stock!).

Natürlich konnte ich den Wahrheitsgehalt dieser Legende nie verifizieren. Es war mir aber egal, denn ich wusste immer, dass sie zu mir hielt, und das hat mir viel bedeutet.

Ihre Beziehung zu mir war näher, offener und wärmer als die zu meinem Bruder. So hatte sie ja als einzige nach der zuvor erwähnten Tracht Prügel meines Vaters versucht meine Schmerzen – und meine Kränkung - zu lindern. Das habe ich ihr nie vergessen.

Nach Erhalt des Reifezeugnisses studierte sie Pädagogik und arbeitete als Lehrerin. Sie war populär, bei Schülern und Kollegen beliebt. Sie hat 1955 (mit 21 Jahren) geheiratet und ihre Tochter Orna (geb. 1957) war – und ist – meine Ziehtochter.

Am 26.07.1995 ist meine Schwester mit dem Bus Nr. 28 nach Tel-Aviv gefahren, um an einem Englisch-Auffrischungs-Kurs teilzunehmen, als sich ein Suizid-Attentäter mit dem Bus in die Luft sprengte. Sechs Frauen, darunter meine Schwester – wurden dabei getötet.

Ich hörte die Nachricht über das Attentat im Autoradio auf meinem Weg in die Klinik Reinerzau, wo ich als Supervisor arbeitete. Ich versuchte meine Schwester telefonisch zu erreichen, es meldete sich nur die Mailbox. Erst am Nachmittag erhärtete sich die traurige Wahrheit.

Dieser Mord erschütterte mich zutiefst. Monatelang träumte ich von ihr, ähnlich, wie in meinen Angstträumen nach dem Suez-Krieg 1956. Ich versuchte diesen sinnlosen Mord zu verdrängen, wachte aber jeden Morgen auf mit der bitteren Gewissheit: es stimmt, sie ist tot.

Meine Schwester Nechama mit Sohn Jizchak

Mein Bruder - Obwohl wir keine eineiigen Zwillinge waren, war unsere Beziehung doch eine andere als bei Einlingen: Ich glaube, der Kampf um Autonomie, zwischen Distanz und Nähe, war sehr viel stärker als bei "normalen" Geschwistern.

Als wir ca. 15 Jahre alt waren, passierte Folgendes: Wie an jeden Schabbat fuhren wir ans Mittelmeer, mit Tausenden Badenden am Strand von Herzliya. Ich lag am Strand und sonnte mich, als ich plötzlich, ohne zu wissen warum, ins Wasser gehen musste. Dann hatte ich das Gefühl, ich muss dort meinen Bruder finden. Eine unmögliche Aufgabe, ohne jegliche Information, wo er sein könnte. Ich schwamm weiter, tiefer hinein und fand meinen Bruder tatsächlich: Er hatte einen Muskelkrampf am Bein und drohte zu ertrinken. Obwohl ich kein besonders guter Schwimmer war, konnte ich ihn an den Strand ziehen. Da lag ich dann und war völlig entkräftet, aber natürlich stolz. Wir erzählten unseren Eltern diese Episode nicht, um sie nicht zu erschrecken. Auch befürchteten wir – zu Recht - dass unsere Mutter uns verbieten würde, wieder ans Meer zu fahren.

Unsere Beziehung war – solange wir die Grundschule (Volksschule) besuchten - recht gut: Wir konnten miteinander offen sein und schützen einander bei Streitigkeiten in der Schule. Sie wurde erst dann kompliziert, als wir in Gymnasium waren, nicht zuletzt, weil wir in dieselben Klasse gehen sollten und einige Lehrer uns miteinander vergleichen mussten.

Mit 14 Jahren kamen wir ins Gymnasium, und zwar wie immer in dieselbe Klasse. Hier musste ich immer wieder erleben, dass ich keine Chance gegen meinem "Beispiel-Bruder" hatte. Da er als Schreibtalent anerkannt war, wurde mir von unserem Hebräisch-Lehrer vorgehalten, ich hätte einen eigenen – guten – Aufsatz von ihm kopiert. Das stimmte nicht, aber das konnte ich nicht beweisen. Nur eine Mitschülerin wagte es damals, diesem Lehrer Ungerechtigkeit vorzuhalten – und zwar vor versammelter Klasse. Ich habe es ihr nie vergessen, und wir waren bis zu ihrem Tod, noch sehr befreundet. Sie konnte aber nicht wirklich helfen: Ich konnte nirgends von dieser Ungerechtigkeit erzählen, meine Eltern konnten mich auch nicht schützen.

Als ich noch eine ungenügende Note im Fach Englisch bekam, reichte es mir. Unsere Englischlehrerin erklärte, dass ich kein Sprachgefühl hätte und nie eine Fremdsprache lernen könnte. Ich finde diese Aussage bis heute nicht nur dumm (ich spreche heute vier Sprachen fließend und mit zwei weiteren Sprachen kann ich einigermaßen durchkommen, und als Analytiker muss man ja ein feines Sprachgefühl haben), sondern auch extrem destruktiv: als Schüler hatte man damals gegen die Autorität der Lehrer keine Chance. Das beschleunigte meine Entscheidung, dieses Gymnasium – und meinen Bruder – zu verlassen. Das war mein erster Schulabbruch.

Im Jahre 1952 hatte ich das Gymnasium in Tel-Aviv verlassen und fing an der Landwirtschafts-Oberschule in der Negev Wüste an. Damit gingen mein Bruder und ich getrennte Wege. Er machte sein Abitur ohne Schwierigkeiten mit besten Noten. Ich hingegen hatte mehrere Abbrüche und Schwierigkeiten. Als ich 1955 zum Militärdienst berufen wurde, hatte er seine militärische Grundausbildung beendet und war mit den "Nahal" – einer landwirtschaftlich tätigen Einheit – in einen Kibbuz gezogen. Er wurde sehr schnell Mitglied in einer linksorientierten Partei ("Mapam"). Im Laufe der Zeit wurde er als Kandidat der Partei zum Parlament ("Knesset") vorgeschlagen, hatte auch einen guten Platz, d.h. seine Chancen gewählt zu werden, waren ganz gut. Nach zwei Jahren verzichtete er aber auf seine parlamentarische Kariere. Er sagte mir später, dass es unmöglich wäre, eine politische Kariere zu machen, ohne korrupt zu werden. Ich respektiere diesen Standpunkt bis heute.

Als ich nach Deutschland zum Studium ging, studierte er in Jerusalem Orientalistik. Er machte eine wissenschaftliche Karriere als Orientalist und wurde nach dem Friedensabkommen mit Ägypten 1978 zum Chef des israelischen Kulturzentrums in Kairo ernannt. Diese Funktion übte er fünf Jahre lang aus, in dieser Zeit war unsere Beziehung gut.

Jahre später, als ich meine Familie in Deutschland gründete, besuchten wir häufig seine Familie im Kibbuz, nicht zuletzt, weil der Kibbuz ein idealer Ort für Ferien mit Kindern war und ist: einen kleinen Kinderzoo, Haus- und Grosstiere, kaum Autoverkehr.

Als aber meine Kinder flügge wurden und ihre Ferien ohne uns verbringen wollten, wurde die Verbindung zwischen meinem Bruder und mir weniger intensiv. Wir besuchten dann eher Freunde und Familienangehörige in Tel Aviv und Nahariya. Meinen Bruder sahen wir bei Familienereignissen (Hochzeiten, Bar Mitzvas und Beerdigungen).

Menachem und Bruder Iossi (rechts)

In den 70er Jahren traf er einige palästinensische Politiker in Paris und Genf, und bei dieser Gelegenheit besuchte er uns in Freiburg. Einer dieser Politiker war Issam Sirtawy, damals ein in Nahost bekannter Politiker. Das Treffen war geheim, denn es war verboten, Palästinenser außerhalb Israels zu treffen. Die Übertretung dieses Gesetzes war allerdings nicht sehr bedrohlich, denn mein Bruder wurde weder geahndet noch bestraft. Sirtawy jedoch wurde von Palästinensern in Europa im April 1983 erschossen.

Wenn mein Bruder uns besuchte, saßen wir stundenlang zusammen, und nach einer jüdischen Tradition erzählten wir uns stundenlang Witze. Später bestand die Verbindung zwischen uns mehr und mehr aus E-mails, meist weitergeleiteten Witzen. Diese alte Familientradition ist uns geblieben. Das ist natürlich wenig, verglichen mit den

Abenden, die wir in den Jahren davor zusammen verbracht hatten. Unsere Beziehung wurde recht oberflächlich, keineswegs das, was man bei Zwillingen vermuten würde. Ich bedauerte es ein wenig, aber es war so wie es war, und ich dachte, ich hätte meinen Frieden damit gemacht und es akzeptiert.

Im Jahre 2015 schrieb mein Bruder uns, dass man bei ihm einen Tumor hinter seinem Ohr entdeckt habe. Dieser wurde als malignes Melanom diagnostiziert.

Rasch wurde eine Operation angesetzt mit dem erfreulichen Ergebnis, dass der Tumor sehr klein und noch im Anfangsstadium gewesen war und eine Nachbehandlung (Chemo, Bestrahlung) nicht notwendig wäre. Diese Ergebnisse wurden wurde sowohl von meiner Nichte Orna (jetzt Dermatologin) als auch von ihrer Chefin, ebenfalls Dermatologin, Professorin der Medizin, bestätigt.

Trotz dieser beruhigenden Nachrichten war ich alarmiert, weil ich/wir die Erfahrung gemacht hatten, dass, wenn einer von uns erkrankte, der andere über kurz oder lang dieselbe Krankheit bekam. Das ist das Schicksal der Zwillinge.

Da ich vor Melanomen panische Angst habe (zwei nahe Freunde und ein Patient sind qualvoll daran verstorben), ließ ich sofort meine Haut screenen und bekam die beruhigende Auskunft, dass ich keine bösartige Entwicklung habe.

Viel bedeutender aber war meine Erkenntnis, dass alles Leben, ja, sogar das eigene, einmal ein Ende hat – auch unseres. Damit wuchs das Bedürfnis, die Beziehung zu meinem Bruder zu verbessern.

Genau zu diesem Zeitpunkt (eigentlich selbstverständlich) überraschte uns mein Bruder mit dem Wunsch, mit seiner Frau uns zum jüdischen Neujahrsfest zu besuchen und mit uns eine Woche verbringen.

Diese Woche war sehr schön. Wir verbrachten viel Zeit miteinander und beschlossen, die gegenseitigen Besuche und Korrespondenz zu intensivieren.

Wir hatten keine "klärenden Gespräche", denn diese waren nicht notwendig.

Diese Wendung in der Beziehung hat mich sehr gefreut, denn Ich konnte zugeben, wie sehr ich eine intensive, enge brüderliche Beziehung zu meinem Bruder vermisst hatte, was ich jahrelang zu verleugnen versuchte. Zum Glück ohne Erfolg.

Die landwirtschaftliche Oberschule

Ab September 1952 setzte ich meine Ausbildung in einer landwirtschaftlichen Oberschule im Negev fort. Diese Schule hatte einige Vorteile für mich. Sie war neu eröffnet, und wir waren damals nur 10 Schüler. Wir lernten, arbeiteten und wohnten nahe bei Beer Scheva, in der Negev-Wüste, d.h. weit weg von Tel Aviv und von meinem Bruder. Der Lernstoff war nicht gerade anspruchsvoll, und da ich eigentlich damit eine Klasse wiederholte, war die Konkurrenz mit den anderen Schülern ein Kinderspiel für mich. Ich war von vorne herein der "Primus". Das galt aber nur für den theoretischen Stoff. Was die landwirtschaftliche Arbeit auf den Feldern anbelangte, war ich nicht gerade ein Star – zumal ich lieber mit Kühen oder Geflügel gearbeitet hätte als Unkraut zu jäten.

Anfangs störte es mich nicht: Ich genoss meine Freiheit. Wir Schüler wurden als Pioniere gefeiert und kamen uns recht wichtig vor. Leider hielt diese Euphorie nicht allzu lang vor. Der Alltag im "Internat" – es waren vier oder fünf recht primitive, ärmliche Hütten – war ziemlich langweilig. Beer Sheva, der nächste Ort, war zu dieser Zeit eine kleine, langweilige, verstaubte Stadt mitten in der Wüste. Zudem gab es nur wenige Busverbindungen, sodass wir nicht einmal dorthin ins Kino fahren konnten.

Ohnehin waren die Kosten dieser Schule – einschließlich Internat – für meine Eltern zu hoch, und sie suchten eine andere Lösung für mich.

Als meine Eltern vorschlugen, dass ich an die landwirtschaftliche Oberschule "Hakfar Hayarok" ("Das Grüne Dorf") wechseln sollte, die sehr nah bei unserem Haus lag, war ich einverstanden.

Das Jahr in der neuen Schule fing ebenfalls gut an und endete wieder mit einem Abbruch: Ich war zwar sehr gut in der Schule, aber ich weigerte mich, nur als Unkrautjäter auf den Feldern der Schule zu arbeiten - mit dem Erfolg, dass ich nach einem Jahr auch aus dieser Schule rausflog.

Nachdem ich die Hakfar-Hayarok Landwirtschaftsschule verlassen musste, wusste ich nicht so recht, was ich mit mir anfangen sollte: meine Schulkarriere war beendet, der Arbeitsmarkt in Israel damals

(1954/1955) war sehr schwach, und ich bekam nur eine Arbeit als Laufjunge in einer Wirtschaftskammer als Ferienvertretung. Diese Arbeit war also zeitlich begrenzt.

Mein Vater wollte für mich Arbeit in seiner Bus-Genossenschaft finden, was ich aber ablehnte (weil ich *ihn* ablehnte).

Mein Versuch per Externkurse das Abitur doch noch zu machen waren halbherzig und deshalb zum Scheitern verurteilt.

Beim Militär

Anfang 1956 wurde ich zum Militär einberufen. In Israel sagte man damals

"Die Armee wird einen Mann aus ihm machen!"
Das mag für viele stimmen.
Mich hat die Militärzeit völlig kaputt gemacht.

Als ich Ende des Jahres nochmals versuchte, mein Abitur über externe Kurse doch zu absolvieren, kam mein Musterungsbefehl, und ich wurde zum Militärdienst einberufen.

Die Israel Defence Forces (IDF) sind in Israel sehr beliebt und geschätzt, weil Israel über Jahrtausende immer in Gefahr war, ausgelöscht zu werden. Mit der Gründung des Staates konnten die Juden endlich sich selbst verteidigen und eine eigene Armee gründen.

Ich aber hasste meine Zeit in der Armee und erlebte sie als unfrei, unterdrückend, als Zwang. Mein Befinden besserte sich ein wenig, als ich an einer sechswöchigen Sanitäter-Ausbildung teilnehmen konnte. Ich entdeckte meine Neigung, mit Menschen medizinisch zu arbeiten und begann von einem Medizinstudium zu träumen – was angesichts meiner bisherigen Schulkarriere nur ein Traum bleiben konnte. Nach sechs Wochen musste ich zurück in die von mir gehasste Einheit, als sogenannter Feldsanitäter. Ich sollte Verwundete pflegen. Meine Einheit gehörte zu den Engineering Forces, und es war unsere Aufgabe, Feld- und Tretminen zu entsorgen, die von Palästinensern aus Gaza in den Feldern der Kibbuzim im Negev eingegraben worden waren. Wenn ein Soldat mit dem Wagen auf eine Tretmine fuhr, hatte er noch Chancen zu überleben. Wenn er zu Fuß auf einer Tretmine stolperte, konnten wir nur seine Leiche wegräumen. Es war eine schlimme Zeit.

Ich hatte aber nicht viel Zeit, meine negativen Gefühle zu pflegen, denn im Oktober 1956 begann der Suez-Krieg. Unsere Einheit war an der Front, allerdings nahmen wir wenig an Kämpfen teil: Wir mussten im Sinai ebenso wie im Negev Minen räumen und Verletzte pflegen. An den drei Kriegstagen gerieten wir unter Beschuss durch drei ägyptische Flugzeuge. In der Wüste hatten wir keine Möglichkeit, uns zu verstecken, und so lag ich da und hoffte, dass mir nichts passiert. Aber die Salven schlugen immer näher ein. Meine Pfleger-Tasche – 30 cm entfernt von mir – war zerfetzt. Ich war überzeugt, dass ich sterben müsse. Da hörte ich plötzlich die Stimme eines Verletzten, der um Hilfe rief. Ich lief sofort zu ihm hin, einige Sekunden bevor die Stelle getroffen wurde, wo ich vorher gelegen hatte. Er war in seiner Kniekehle getroffen und blutete heftig. Ich hatte kein Verbandszeug mehr bei mir, also band ich seine Beinarterie mit meinem Hemd ab, so dass die Blutung aufhörte. Daraufhin war ich nun überzeugt, dass nur wenn ich anderen helfe, ich diesen Krieg doch überlebe, weil mein Leben damit doch einen Sinn hat.

Wir blieben noch drei Monate nach Beendigung der Kampfhandlungen in der Wüste Sinai. Erst Anfang 1957 kehrten wir nach Israel zurück. Mir ging es immer schlechter. Ich hatte weder Lust etwas zu unternehmen, noch eine Vorstellung, was ich tun sollte. Ich wusste, dass ich das Ende der Militärzeit abwarten musste, aber sie schien endlos zu dauern.

Es war Anfang 1957 und meine reguläre Armeezeit sollte bis Mitte 1958 dauern, also noch ein ganzes Jahr. Diese Zeitspanne erschien mir unendlich. Ich beschloss also eine psychische Störung (nämlich Depression) zu simulieren, in der Hoffnung als "depressiv gestört" entlassen zu werden.

Dies schien ein schier aussichtsloses Unternehmen zu sein, nicht zuletzt, weil ich keine Ahnung hatte, wie eine Depression aussehen sollte. Auch war mir klar, dass ich von erfahreneren Psychiatern befragt und beurteilt werden würde. Zudem befürchtete ich, dass ich mich strafbar machen könnte, wenn meine Vortäuschung entdeckt wurde. Ich war aber so verzweifelt, dass ich nur das eine wollte: weg!

Ich meldete mich also beim Arzt und wurde tatsächlich in eine Klinik überwiesen, wo man mich untersuchte.

Da ich, wie gesagt, keine Ahnung hatte, wie eine Depression aussehen sollte, nahm ich mir vor, möglichst wenig zu sprechen, die Interviewfragen möglichst verlangsamt und leise zu beantworten und unterwürfig zu erscheinen.

Ich musste zwischenzeitlich stundenlang warten und, da ich annahm, dass ich dabei beobachtet wurde, harrte ich reglos (und schweigend) über Stunden aus.

Suezkrieg, Oktober 1956

Das hat offensichtlich funktioniert, denn am selben Abend durfte ich zu meiner Einheit zurückkehren, wo man mir mitteilte, dass ich innerhalb von drei Wochen aus der Armee entlassen werde.
Meine Gefühle zu dieser Entscheidung kann ich heute schwer beschreiben.

Einerseits war ich natürlich erleichtert, dass ich das erreicht hatte, was ich wollte. Andererseits schämte ich mich vor mir selbst, kam mir wie ein Deserteur und ein Verräter vor. Hinzu kam, dass in meiner Militärdienst-Beurteilung folgender Satz stand:

"...entlassen laut Paragraph XY." Es wurde gemunkelt, dass ein solcher Satz eine Hürde für die spätere Karriere bzw. den Studienplatz werden könnte.

Der neue Kommandant, der menschlicher als sein Vorgänger war, versuchte mir zu helfen, indem er für mich die frühere Entlassung aus der Armee erleichterte, weil er mich nicht als Deserteur behandelte.

Ende Januar 1957 war ich frei.

Beim Theater

Ich wusste nicht wirklich, warum ich Theaterschauspieler werden wollte. Ich hatte damals – als neunzehnjähriger - mehrere, hochtrabende Erklärungen im Sinn gehabt, die nur teilweise stimmten. Heute glaube ich, dass ich mich damals als nicht liebenswert empfand und hoffte – bewusst oder unbewusst – dass ich in der Rolle eines anderen Menschen, also auf der Theaterbühne, eher geliebt werden könnte.

Ich war sicher nicht ganz talentfrei, aber kein großes Licht. Ich war daher überrascht, wie leicht ich die Aufnahmeprüfung für die Schauspielschule des israelischen Nationaltheaters "Habima" bestand. Ich war aber noch in Uniform, kurz nach dem Krieg, trug ein furchtbar schwülstiges Gedicht ("Massada, von Jitzchak Lamdan) vor, und die damalige Grande Dame des Israelischen Theaters, Hanna Rovina, muss mich gut gefunden haben und ihre Meinung hatte damals großes Gewicht.

Leider (oder zum Glück) dauerte auch meine Schauspielschul-Karriere nur kurz. Ich muss eine Lehrerin der Theaterschule, Fanja Luwitsch, zur Weißglut gebracht haben, als ich erklärte, dass ich bei einer Übung "nach Stanislavsky" gar nichts spürte. Stanislavsky war – und ist – eine Theaterlegende, seine "Methode" war ein Muss, von Moskau damals bis zum Actors Studio in New York heute. Nach seiner Methode nichts zu spüren, war ein Sakrileg (ich bin sicher, die

Hälfte der Mitschüler spürte ebenfalls nichts, hat es aber nicht gesagt). Nach drei Monaten war ich wieder da raus, wieder ein Versager.

Aber nicht ganz: Ein anderes Theater, nicht so berühmt wie die "Habima", bereitete "Candida", von George Bernard Shaw vor und wollte mich überraschenderweise, für eine wichtige Rolle (die des Marchbanks) haben.

"Candida" ist eine romantische Komödie mit recht ödipalem Inhalt: Eugene Marchbanks ist ein 19-jähriger Poet, der im Haus von Candida und ihrem Mann, dem Pfarrer Morrel lebt. Er ist in Candida verliebt und fleht sie an, ihren Mann zu verlassen. Wie es nicht anders zu erwarten war, entscheidet sie sich für Morell, denn er wäre der schwächere, der sie nicht mehr bräuchte.

Diese Komödie muss zu Shaw's Zeiten sehr gewagt gewirkt haben. Heute kann man den Marchbanks nur als Naivling, mit viel Humor, spielen. Das konnte ich damals nicht, weil ich nur liebenswert sein wollte, und schon gar nicht in der Lage war über mich selbst zu lachen. Ich wollte den jugendlichen Liebhaber spielen, ohne zu wissen, was das heißt. Kurzum, die Vorstellung war ein Fiasko und wurde in kürzester Zeit abgesetzt. Es war mir danach klar, dass es sinnlos war, weiter zu versuchen, in einem Theater unterzukommen. Dieser Traum war ausgeträumt, und ich habe darauf verzichtet, allerdings nicht so leicht, wie ich hoffte.

Somit hat das israelische Theater mit mir den schlechtesten Schauspieler seiner Geschichte verloren

Theater Nachspiel (fünf Jahre danach)

Nach den Zwischenprüfungen in Medizin (Physikum) und Psychologie (Vordiplom) sollte ich ein medizinisches Praktikum in einer Klinik absolvieren (Famulatur).

Für dieses Praktikum wählte ich die "Open psychiatric Unit" (Tagesklinik) Schalvata, in Israel, 30 km nördlich von Tel Aviv. Dort wurden damals ca. 20 Patienten behandelt. Ich absolvierte dort ein dreiwöchiges Praktikum, Sommerferien 1962.

Meine Aufgaben im Praktikum waren recht leicht. Ich sollte einige Patienten begleiten, mit ihnen sprechen, Bezugsperson sein.

Unter den Patienten war auch Jona Glazer, die ich aus meiner Theaterzeit kannte. Damals war sie eine gefeierte Schauspielerin, vor allem wegen ihrer großen Rolle der bösen Stiefmutter in dem erfolgreichen Jiddish-Musical "die Kischuf-Macherin" (= die Hexe) von Abraham Goldfaden. Fünf Jahre danach (mit 50) erhielt sie kaum noch Rollenangebote, bestenfalls kleine Nebenrollen und wurde depressiv.

Jona erkannte mich wieder. Das hat mich sehr gefreut. Und sie freute sich, ein bekanntes Gesicht in der Klinik zu sehen.

Gegen Ende meines Aufenthaltes sagte sie mir: "Weißt Du, ich habe dir in Gedanken gratuliert, dass du nichts mehr mit Theater zu tun hast. Ich habe mir in Jiddisch gedacht: "Liber Jingele, farvus sollst Du sich mutschen und die Anderen solln hoben hanoe? Sej solln sich mutschen und Du sollst hoben hanoe!"

(Jiddish: "Lieber Junge, warum sollst Du Dich plagen und die Anderen sollen Spaß haben? Sie sollen sich plagen und du sollst Spaß haben!")
Einverstanden!

Theater Nachspiel (1957)

Nach der Theater-Episode 1957 folgten mehrere Wochen, in denen ich gar nichts machen wollte. Ich hatte keine Arbeit gefunden. Ich war auch nicht wirklich motiviert zu arbeiten. Ich hatte keine Zukunftsvisionen, alles schien sinnlos zu sein.
Allerdings hatte meine Theater-Episode doch etwas bewirkt, was für mein Leben größte Bedeutung hatte: Ein Mitbewerber hatte mir etwas von einer Behandlungsmethode namens Psychoanalyse erzählt. Ich hatte natürlich keine Ahnung, was diese Methode sein sollte, phantasierte etwas wie Hypnose. Als es mir aber immer schlechter ging, beschloss ich, diese Hilfe in Anspruch zu nehmen.

Meine erste Psychoanalyse bei Dr. Gerda Barag

Gerda Barag war eine kleine, unscheinbare Frau. Ich konnte nicht glauben, dass sie eine Ärztin war. Eigentlich wurde ich zu ihrem Mann, Gershon Barag, überwiesen, der aber keine freien Behandlungsvakanzen hatte und mir daher seine Frau empfahl. Ich war verwirrt und fragte sie, ob sie eigentlich eine Psychoanalytikerin sei oder bloß seine Ehefrau. Daraufhin musste sie furchtbar lachen, und so begann unser Erstinterview mit lautem Lachen. Daran erinnere kann ich mich noch heute gern.

Ein wichtiges Thema – vor Beginn der Analyse - war natürlich die Frage, wie ich sie bezahlen könnte – da sie Riesensumme von 8 Israeli Pounds (ca. 10 Euro) für die Stunde kosten sollte. Die Krankenkasse "Kupat Cholim" hätte 15 Sitzungen übernommen, aber mein Vater weigerte sich, einen Antrag zu stellen, weil er sich schämte, dass sein Sohn eine Psychotherapie bräuchte. Er war bereit, diese Stunden für mich zu zahlen. Ich war dagegen bereit, endlich seinen Vorschlag anzunehmen und mir eine Arbeit in seiner Bus-Genossenschaft zu suchen. Also fing ich an, als Busschaffner zu arbeiten, um endlich Geld zu verdienen – damit ich die Analyse bezahlen könnte.

Wenn ich versuche, mich zu erinnern, was in der Analyse von besonderer Bedeutung für mich war, fällt mir die dritte Sitzung ein: Ich fing wieder an, von meinem Bruder zu erzählen, aber Gerda Barag sagte mir: "Du, dein Bruder interessiert mich nicht!"

Das hatte gesessen! Zum ersten Mal seit 19 Jahren hatte mir jemand gesagt, dass er sich nicht für meinen Bruder, sondern nur für mich interessierte. Ich kann heute sagen, dass dies ein Meilenstein in meinem Leben war.

Es folgte eine schwere Zeit, in der ich allnächtlich immer wieder von Flugzeug-Beschuss albträumte und schweißgebadet aufwachte. Es war mir klar, was die Ursache war, obwohl wir damals diesen Begriff "Trauma" nicht kannten. Es hieß damals "Helem" (Hebräisch: Schock). Es gab auch keine speziellen Behandlungsmethoden dafür, wie wir sie heute haben. Es ging aber auch ohne sie. Nach drei Monaten hörten diese Albträume auf.

Meine Idealisierung von Gerda Barag war daraufhin riesengroß. Ich fand alles, was sie sagte, bedeutungsvoll und hatte die Vorstellung, dass ich am liebsten ihr Sohn gewesen wäre. Heute weiß ich natürlich, dass ich eine heftige positive Übertragung entwickelt hatte. Aber damals kannte ich nicht mal den Begriff. Heute, 65 Jahre danach, kann ich mich nicht erinnern, welche Deutungen sie gab und welche für mich von Bedeutung gewesen sind. Viel mehr kann ich mich an Interventionen erinnern, die man in der analytischen Ausbildung hier zu Lande als "unanalytisch" bezeichnet: Ich meine, einige Ratschläge (selten) oder Kritik über Äußerungen von mir, die bloß eitel und angeberisch waren. Sie nannte es "intellektuellen Schlamm", und ich akzeptierte, weil es stimmte.

Als ich ihr erzählte, dass meine Mutter Briefe öffnete und las, die an mich adressiert waren, wurde sie richtig böse. Sie konnte nicht glauben, dass ich es nicht abstellen könnte. Aber es war wirklich so. Es half keine Deutung. Schließlich sagte sie mir: "Sag deiner Mutter, dass, wenn sie noch einmal einen Brief an Dich öffnet, du eine Vase oder ein Bild zerschlägst!" Ich hatte drei Bilder im Visier, die wir von einer Freundin meiner Mutter geschenkt bekommen hatten, und die ich scheußlich fand – meine Mutter fand sie toll. Also warnte ich meine Mutter, dass ich bei jedem Brief an mich, den sie unberechtigt öffnen sollte, ein Bild zerschmettern würde – was sie anfangs nicht glauben wollte. Auf dieser Weise sind zwei Bilder zu Bruch gegangen. Leider hörte sie dann auf, meine Briefe zu lesen, und das dritte Bild existiert heute noch…[1]

Ich entwickelte nun das Gefühl, viel mehr erreichen zu können, als ich bis jetzt geglaubt hatte. Ich lernte die Traumdeutung kennen, verstand sie und assoziierte, es ging mir immer besser. Ich kam sehr gerne zur Analyse – natürlich 4-mal wöchentlich und immer um 15.00 h. Gerda Barag war dann vom Mittagsschlaf aufgewacht, kam in den Behandlungsraum mit einer Tasse Kaffee und einer Zigarette. Auch ich rauchte während der Stunde. Es gab mir das Gefühl von Intimität und Gleichberechtigung.

---

[1] Gerda Barag hatte eine besondere Beziehung zum Briefgeheimnis: Der Name Barag – eigentlich B.R.G. - bedeutet: Bnei Rabbi Gershon. Rabbi Gershon war derjenige, der das Briefgeheimnis im Judentum eingeführt hatte.

Ca. drei Monate nach Beginn meiner Analyse erzählte ich ihr von meinem Vorhaben, ebenfalls Analytiker zu werden. Ich erwartete eine ablehnende Deutung (Übertragung, Idealisierung, Identifizierung oder was auch immer), aber zu meinem großen Erstaunen sagte sie kurz:" Das glaube ich auch!"

Ich war so überrascht, dass ich mich umdrehte und fragte: "Meinen Sie das wirklich ernst?" Und sie sagte: "Warum nicht? Du kannst, wenn du willst."

Ich fing an, Pläne zu schmieden. Zuerst musste ich mein Abitur schaffen. Das war leichter gesagt als getan: Ich meldete mich zu Abendkursen an. Dafür musste ich eine andere Arbeit finden, da ich als Schaffner Schichtdienst und somit keine konstant freien Abende hatte. Die Leitung der Bus-Kooperative schlug mir vor, Nachtdienste zu übernehmen, das bedeutete, die Reisebusse zu reinigen, Kraftstoff nachzufüllen und evtl. als Nachtbusfahrer für erkrankte Kollegen einzuspringen. Ich nahm diesen Job an. Mein Tag sah so aus: um 15 Uhr Analyse, 17 – 22 Uhr Schule, 22 bis 5.30 Uhr Arbeit. Es war nicht leicht, mich auf diesen Rhythmus einzustellen, aber es war machbar. Ich kann im Nachhinein sagen, das war mein schönstes Jahr bis dato.

Ende Dezember 1959 bestand ich die Abiturprüfungen. Das war für mich ein Meilenstein, den ich nicht geglaubt hatte zu schaffen. Ich musste mich nun entscheiden, ob und wo ich Medizin studieren wollte. Ich konnte nicht in Tel Aviv bleiben, weil es damals keine medizinische Fakultät an der Tel Aviver Uni gab. Deshalb müsste ich an einer anderen Universität studieren und das hieß, meine Analyse beenden.

Der Abschied von der Analyse – und Gerda Barag - fiel mir schwer. Ich träumte viel und hatte nun keinen Zuhörer mehr, dem ich die Träume erzählen könnte. Im letzten Traum dieser Analyse träumte ich, dass alle Patienten von Gerda Barag (die ich natürlich in der Realität nicht kannte) und ich uns vor ihrem Balkon sammelten und ihr die "Kleine Nachtmusik" gespielt oder gesungen haben…

Ich wusste, dass ich viel in der Analyse erreicht hatte, und obwohl ich sehr unsicher war, wusste ich, dass sie sich gelohnt hatte.

Was aber von besonderer Bedeutung für mich war, ist die Tatsache, dass ich den Weg zu meinem Vater gefunden hatte, und wir Vertrauen zueinander fassten, was sehr lange nicht der Fall gewesen war. Er sagte mir – zum ersten Mal in meinem Leben: "Wenn du das Abitur so geschafft hast, kannst du alles schaffen!" Das waren keine leeren Worte.

Nach Deutschland 1959

Die Ziele aber, die ich mir nach den Abi-Prüfungen setzte, waren für mich noch unerreichbar. Ich konnte nicht hoffen, einen Studienplatz für Medizin in Israel zu bekommen. Die Uni in Tel Aviv hatte damals keine medizinische Fakultät. Es herrschte ein sehr strenger Numerus clausus für Medizinstudenten an der Universität von Jerusalem: es gab jährlich 50 Studienplätze für Medizin, wovon 10 für ausländische Studenten im Rahmen der Entwicklungshilfe reserviert waren, und es gab jährlich 400 Kandidaten, die sich um diese Studienplätze bewarben. Es gab zusätzlich Prüfungen und Interviews. Ich fand, dass ich – mit meiner neurotischen Armeevergangenheit – keine Chance hatte, einen Studienplatz zu erhalten.

Ich informierte mich über Studienmöglichkeiten in England – wofür ich aber zusätzliche Prüfungen (London Matriculation) bräuchte, die ich nicht glaubte schaffen zu können. Ein anderes Problem war, wie ich überhaupt im Ausland studieren könnte: Das Israelische Geld hatte damals außerhalb Israels keinen Wert, man konnte zwar auf dem Schwarzmarkt Dollars kaufen, das war jedoch strafbar und im übrigen teuer, und mein Vater konnte es sich - als Chauffeur - nicht leisten.

Im Mai 1958 kam Onkel Abraham, ein Cousin meines Vaters aus München zu Besuch. Mein Vater erzählte ihm von meinem Dilemma, woraufhin Onkel Abraham großmäulig erklärte: "Der Junge soll zu uns nach München kommen. Er kann bei uns wie ein Prinz leben - und studieren."

Ich hatte kein gutes Gefühl bezüglich dieser Einladung, ich hatte keine Ahnung warum, sah aber keine Alternative.

Am 19.01.1959 flog ich nach München. Es war ein stürmischer Flug – und es folgte eine stürmische Zeit.

Mein Onkel Abraham hatte sich vorgenommen, mich umzuerziehen. aus mir "einen Europäer" zu machen, oder was er sich darunter vorstellte. Mein Vorname war für ihn "zu jüdisch", also nannte er mich Melvin – was für mich gar keinen Sinn machte.

Dann erklärte er mir, er erwarte absoluten Gehorsam von mir, zur Not könnte er mich mit Prügel bestrafen. Daraufhin antwortete ich, das könne er schnellstens vergessen, ich ließe das nicht mit mir machen.

Er hatte einen Stoffladen im Zentrum von München und erwartete von mir, dass ich im Laden arbeite. Das tat ich auch gerne. Die Arbeit bestand aus dem Schleppen von Stoffballen von einer Seite des Ladens zur anderen. Da nur wenig Kunden den Laden frequentierten, war die Arbeit recht langweilig, ich schuldete ihm aber Dank, dass er mich aufgenommen hatte, also tat ich meine Pflicht. Schlimmer war die Tatsache, dass ich kein Geld hatte, da ich kein Geld für meine Arbeit erhielt – außer natürlich Kost und Logis. Deshalb konnte ich nie ausgehen, es sei denn mit meinem Onkel und seiner Frau. Am schlimmsten aber war die Tatsache, dass ich nicht zur Uni kam, wo ich Deutsch lernen wollte, da ich nicht einmal die Straßenbahn bezahlen konnte. Mein Onkel war ohnehin der Meinung, dass ich im Laden und bei ihm meine Deutschkenntnisse erweitern könnte. Meine Unzufriedenheit wurde mir als Undankbarkeit vorgehalten.

Rosa, die Frau meines Onkels hatte offensichtlich Angst, dass ich ein Konkurrent für ihren Sohn Milan aus erster Ehe sein könnte, zumal Milan kein Jude war. Sie rückte mich ganz geschickt in ein schlechtes Licht. Heute nennt man das Mobbing, damals habe ich nicht wirklich verstanden, was sie vorhatte: So kam sie z.B. zu Terminen, die sie mit mir wegen der Arbeit vereinbart hatte, zu früh und ging wieder, bevor ich – pünktlich – eintraf, um mir dann mitzuteilen, wie unpünktlich, unzuverlässig und faul ich wäre. Ich verstand das damals nicht, und warf mir diese "Missverständnisse" selbst als eigenes Versagen vor.

Da ich kein Taschengeld hatte, musste ich meine Post an meine Eltern oder Freunde über sein Geschäft senden. Anrufen konnte ich nicht – das wäre zu teuer gewesen.

München

Nach drei Monaten kam mein Onkel David – Vaters jüngster Bruder – aus Melbourne zu Besuch und war betroffen zu sehen, wie schlecht es mir ging. Er fragte, ob er mir helfen könnte. Ich sagte ihm, dass ich ihm schreiben würde, da wir in Abrahams Haus darüber nicht ungestört sprechen konnten. Ich teilte ihm dann brieflich mit, dass ich unglücklich sei, nicht studieren und mich kaum frei bewegen könne. Außerdem bat ich ihn, mir mit 30 Dollar monatlich zu helfen, damit ich ausziehen und in München studieren könnte.

Was ich nicht wusste: Abraham ließ meine Briefe öffnen und übersetzen, sodass er mich nach der Lektüre auch dieses Briefes als undankbar und als Lügner beschimpfte und zurück nach Israel schickte. Das war aber noch nicht alles: Mein Onkel David lehnte meine Bitte entschieden ab. Er wollte mir nicht helfen, er meinte, mir wäre nicht zu helfen. "Wenn Du bei Onkel Abraham nicht studieren konntest, wirst du nie ein Arzt!"

Damit war ich wieder am Punkt Null gelangt: Abgebrochenes Studium, ohne Mittel, ohne Geld, ohne Chancen – dachte ich.

Dann meldete sich mein Vater: "Ich glaube an dich! Ich weiß nicht, wie wir es schaffen, aber wir werden es zusammen schaffen. Und ich hoffe, dass du eines Tages deinem Onkel David sagen kannst, er wäre ein Lügner."

Ende März 1959 fuhr ich zurück nach München, diesmal mit Schiff und Bahn, was damals billiger als ein Flug war. Ich kann mich noch an die Nachtreise von Venedig nach München erinnern: In meinem Abteil saß ein junges Mädchen, das sich offensichtlich von ihrem italienischen Freund trennte. Sie heulte stundenlang und sang zwischendurch immer wieder "Ciao, ciao Bambina" – damals ein Weltschlager von Domenico Modugno. Seither kann ich dieses Lied nicht mehr hören…

Ich weiß nicht, ob ich diese Reise heute noch einmal so unternehmen würde. Ohne Bekannte, ohne Wohngelegenheit und mit nur 100 US Dollar in der Tasche – wovon ich meine Immatrikulation an der Münchner Uni und meine Bleibe bezahlen sollte, sowie die Universitätsgebühren und, vor allem, Essen. Ich musste über lange Strecken wirklich hungern, was ich bisher so nicht kannte. Es könnte besonders

Analytiker interessieren, dass ich sehr häufig von Wienerwald-Hähnchen träumte. ("Wienerwald" war in den 50er- und 60er-Jahren eine Restaurantkette, die gegrillte Hähnchen verkaufte, für billiges Geld – das ich aber nicht hatte). Meine Versuche, Arbeit über die jüdische Gemeinde in München zu finden, scheiterten daran, dass mein Onkel mich als "gefährlichen Verbrecher (!)" darstellte – um zu erklären, warum er mich vertrieben hatte. Ein einziges Mitglied der jüdischen Gemeinde spendete aber anonym 100 DM für mich. Ich weiß nicht, ob die Anonymität dazu da war, mich nicht zu beschämen oder um nicht mit meinem Onkel in offenen Streit zu geraten. Aber ich war diesem anonymen Spender sehr dankbar.
Ich kann mich an die Vorlesungen in den Hörsälen an der Uni erinnern. Es gab damals keinen Numerus Clausus, so dass hunderte von Studenten im Hörsaal saßen – oder standen. Danach fuhren wir zu den anderen Hörsälen mit der Straßenbahn (wenn man kein Fahrrad oder Auto hatte), da die verschiedenen Hörsäle in verschiedenen Stadtteilen Münchens lagen. So kam ich immer zu spät zur Vorlesung. Ich musste nicht nur Deutsch, sondern auch Latein lernen (für das Kleine Latinum), das in Israel nicht gefordert wurde. Alles in allem: Ich weiß heute nicht mehr, wie ich damals alles geschafft habe – aber ich schaffte es.

Zu Beginn der Sommerferien bekam ich das Angebot, mit einer Schülergruppe aus Bad Salzdetfurth in Norddeutschland, als Sanitäter für drei Wochen mit nach Mallorca zu fahren. Ich bekam dafür nichts bezahlt, aber konnte ohne Bezahlung wohnen und essen – also die Ferien überleben. Zum ersten Mal brauchte ich mir keine Sorgen machen, was ich am nächsten Tag zu essen hätte. Ich genoss diese Zeit in Cala Santany, Malorca, sehr – bis der nächste Schlag kam:

Eines Tages brachte der Postbote einen Brief an mich, in welchem die Universität mir mitteilte, dass ich bis Ende August mein Abiturzeugnis vorlegen sollte, andernfalls würde ich exmatrikuliert. Zu meinem Entsetzen erfuhr ich, dass meine Zeugnisse zurückgehalten wurden, da der Mathematiklehrer der Extern-Kurse beschuldigt worden war, Prüfungsvorlagen zu entwenden und vor der schriftlichen Prüfung zu verkaufen. Ich sollte schnellsten in einem israelischen Konsulat an Eides Statt erklären, dass ich von diesem Diebstahl weder Ahnung noch Nutzen hatte. Aber, wo befand sich das nächste israelische Konsulat? Mallorca gehörte zu Spanien, aber Spanien hatte

1959 keine diplomatischen Beziehungen mit Israel. Ich überlegte, per Anhalter nach Paris zu fahren, zur dortigen Israelischen Botschaft, was aber sinnlos gewesen wäre: Ich wäre in Paris am Samstag angekommen, aber die Botschaft war doch Samstag und Sonntag geschlossen. Ich gab die Idee auf, noch etwas vor August zu erreichen, fuhr nach Deutschland (Bad Salzdetfurth) zurück mit "meiner" Schulklasse. Von dort bin ich per Anhalter nach Bonn gefahren, wo sich zu dieser Zeit die konsularische Vertretung Israels befand. Ich leistete meinen Eid, erhielt die Bescheinigung, sandte sie per Eilpost nach Israel, und tatsächlich konnte mein Vater mein Abiturzeugnis – noch rechtzeitig – nach München senden.

Bad Salzdetfurth ist ein kleines Städtchen nahe Hildesheim, das von einer Kali-Mine lebte. Ich bekam durch den Leiter der Schülergruppe einen Job in dieser Mine, musste unter Tage Säcke schleppen und leeren, die wohl mit Kali oder gemischten Metallen gefüllt waren. Die Säcke wurden auf kleine Zugwagen entladen und weitergeleitet.

Es war keine sehr interessante Arbeit, aber es war eine bezahlte Arbeit: Ich konnte Geld verdienen und hatte keine Sorgen, was ich morgen zu essen bekäme und wo ich schlafen konnte.

Im Übrigen verbesserten sich in dieser Zeit meine Deutschkenntnisse. Ich fing an, deutsche Literatur zu lesen: Mein erstes Buch war "Felix Krull" von Thomas Mann. Zugegebenerweise kein sehr leicht zu lesendes Buch für einen Ausländer. Nebenbei las ich eine deutsche Übersetzung von Tennessee Williams' "A Streetcar named Desire", das ich im von der Theaterzeit schon - im Original - kannte. Die deutsche Übersetzung hieß "Endstation Sehnsucht", und die Lektüre half mir, neue, unbekannte Worte dadurch zu verstehen, da ich ja den Inhalt des Stücks schon kannte (ich hatte den legendären Film 1952 mehrmals gesehen) also konnte ich mir deren Bedeutung dem Sinn nach kombinieren.

Ich wohnte bei einer Pfarrers-Witwe mit ihren Eltern und mit ihrem Sohn, die sehr nett zu mir waren. Es ging mir dort gut, und ich denke bis heute gerne an diese Zeit. Es waren kaum zwei Monate, aber sie hatten eine große Bedeutung für meinen weiteren Weg. Ich hatte genug Zeit, um mir zu überlegen, was ich nach Ende der Semesterferien machen wollte und konnte. Eines war aber sicher: Ich wollte nicht zurück nach München. Meine bisherigen Erfahrungen dort waren schlecht, und wenn man kaum Geld hat, lebt man besser in einer kleineren Stadt.

Tübingen

Ich suchte also nach einer kleinen Universitätsstadt und beschloss, nach Tübingen zu gehen (ich hatte damals keine Ahnung, was und wo Tübingen war, ich bezog meine Informationen aus Touristik-Büchern, denn Internet gab es damals noch nicht).

Zum Wintersemester 1960/61 ging ich also nach Tübingen. Heute weiß ich, dass diese Entscheidung die Richtige war. Damals war ich nicht so sicher, denn das neue Kapitel in meinem Leben stellte mich vor neue Probleme und Fragen.

Die Jahre in Tübingen bewahre ich als sehr gut in meiner Erinnerung. Ich hatte das Gefühl, endlich meinen Platz gefunden zu haben und erreichte in den sieben Semestern dort Einiges. Natürlich war nicht alles leicht und problemlos. Aber das Wesentliche war vorhanden: Ich bekam Hilfe von der Deutsch-Israelischen-Studentengruppe, fand eine Studentenbude in Reutlingen bei netten Wirtsleuten, die freundlich und fürsorgend waren. Ich blieb ein Jahr bei ihnen, bis ich ein Zimmer in Tübingen fand. Der Abschied von meinen Wirtsleuten fiel mir schwer.

Zu meiner Überraschung waren die medizinischen Studienpläne in Bayern damals anders als in der übrigen Republik: Das, was man in München im Sommersemester studieren konnte, studierte man an den anderen deutschen Universitäten im Winter. Um alle Scheine zu erhalten, die man für die Prüfungen brauchte, hätte ich nun ein Semester wiederholen müssen. Mit anderrn Worten: "Sitzenbleiben". Diese Erfahrung hatte ich ja schon einmal gemacht – in Israel 1952 -, und ich beschloss, stattdessen das zusätzliche Semester zu benutzen und parallel zur Medizin Psychologie zu studieren. Also schrieb ich mich ein für Psychologie, was ohne weiteres ging. Diese Entscheidung erwies sich später als goldrichtig. Gleichzeitig suchte ich nach einer Möglichkeit, Geld zu verdienen, denn es waren keine Unsummen, die ich in Bad Salzdetfurth verdient hatte, und das Ersparte schmolz relativ schnell dahin. Ich hatte wieder Glück, bekam eine Hilfsstelle als Pfleger in der psychiatrischen Klinik. Diese Stelle war eine "Springer"-Stelle – das bedeutete, dass ich angerufen wurde, wenn ein Pfleger krank war und/oder nicht arbeiten konnte, aber das kam mir sehr entgegen: Vor allem mochte ich die Nachtdienste, denn ich konnte – wenn keine Notfälle kamen – lernen und lesen.

Von größter Bedeutung für mich war die Tatsache, dass ich nun in einer kleinen Universitätsstadt studierte. Ich war nicht länger auf die Straßenbahn angewiesen und konnte von einem Institut zum anderen in kürzester Zeit zu Fuß gehen, so dass ich an allen Seminaren teilnehmen konnte.

Vorbereitung aufs Physikum 1962

Tübingen war damals eine typische Universitätsstadt. Ich hatte den Eindruck, dass eine Hälfte der Einwohner Studenten waren und die andere Hälfte von der Universität lebte. z. B. an Studenten Zimmer vermieteten. Studenten und Einwohner hatten eine spezielle Beziehung zueinander: Die Studenten wurden als "feine Herrele" tituliert, die urschwäbischen Vermieter als "Gôgen"*. Ich weiß bis heute nicht genau, was dieser Name bedeutet.

Als ich ein Zimmer im Studentenhaus beziehen konnte, machte mir der Hausverwalter folgendes Angebot: Ich könnte in der Zeit vor den Prüfungen gegen eine kleine Bezahlung mit seiner Familie zu Mittag essen, so dass ich keine Zeit aufs Kochen verschwenden müsste (das

* Schwäbisch-mundartliche Bezeichnung für Weingärtner in der Tübinger Unterstadt (https://de.wikipedia.org/wiki/Gôg)

Essen in der Mensa in Tübingen war damals nicht gerade sehr schmackhaft: es hieß: "Kartoffelsuppe - Man nehme 2 Kilogramm Salz und eine Prise Kartoffel"... - wir versuchten deswegen anderswo zu essen oder selbst zu kochen). Dieses Angebot nahm ich dankbar an. denn mit dem Doppelstudium waren die Termine für Prüfungen, Seminare, Übungen und Testate recht dicht: Nach zwei Semestern kam das Vor-Physikum (Chemie, Physik, Zoologie und Botanik) eineinhalb Jahre später das Physikum, ein Semester später das psychologische Vordiplom.

Feier nach bestandenem Physikum

Ich möchte hier einen Rückblick auf meinen Abiturkurs in Israel einschalten. Unser damaliger Chemie-Lehrer in der Abendschule war sehr zwanghaft, rigide und extrem langweilig. Die Folge davon war, dass wir eigentlich nur Formeln auswendig lernten. Ich war aber der Meinung, dass Chemie interessant sein könnte, wenn man verstünde, dass es sich hier um bestimmte Vorgänge handelte, die einer dynamischen Gesetzmäßigkeit unterliegen. Mit einem solchen Verständnis bräuchte ich nicht alles stur auswendig lernen. Daraufhin hatte ich Nachhilfestunden bei einem Chemiestudenten genommen, der in der

Lage war, mir seine Begeisterung für die Chemie zu vermitteln. Diese Investition erwies sich als richtig und lohnend: Ich hatte in meinem Medizinstudium sowohl in Chemie als auch später in Biochemie und Pharmakologie keine besonderen Schwierigkeiten beim Lernen, im Gegenteil: Ich hatte viel Freude – und gute Noten. Dadurch wurde ich für die Examensgruppen recht begehrt

Freundschaften allgemein

Während meiner Studienjahre in Deutschland traf ich auf viele Menschen, die mir auf verschiedene Art und Weisen geholfen haben. Ohne ihre Hilfe hätte ich mein Studium kaum bewältigen können.

Es waren jüdische und nichtjüdische Deutsche und Israelis.

Vor allem die Deutschen waren es, die mir halfen Vorurteile und verallgemeinernde Ängste abzubauen.

Ich kam 1959 nach Deutschland, kaum 14 Jahre nach Ende des Zweiten Weltkriegs, voller Ängste und Ungewissheit über Deutschland und die Deutschen, die ich kaum verdrängen konnte. Meine Erfahrung mit Onkel Abraham – und mit den darauffolgenden Hungerphasen – waren da nicht sehr hilfreich.

Aber dann erwies sich die Einladung einer Schule in Bad Salzdetfurth, sie als Pfleger auf eine Fahrt nach Mallorca zu begleiten als ein kleines Wunder.

Wie schon vorher erwähnt organisierten Lehrer Beske und Theologin Knopf für mich eine Arbeitsstelle in der Kali-Mine Bad Salzdetfurth, ebenso wie die Möglichkeit die Reise nach Bonn anzutreten, um in der israelischen Vertretung dort die eidesstattliche Erklärung zu leisten, damit ich mein Abiturzeugnis erhalten könnte. Ich wohnte ca. zwei Monate bei Frau Knopf, ihrem Sohn und ihren alten Eltern, bis ich nach Tübingen ging. Wir blieben jedoch lange in Kontakt und ich besuchte sie später auf meinen Reisen nach Dänemark.

Es waren Theologiestudenten, die mir in Tübingen durch die Immatrikulation halfen und den Kontakt zu Familie Schäfer herstellten.

Prof. Schäfer war Parteisekretär der SPD. Ich wusste damals nicht, welche Rolle er im Parteiapparat seinerzeit innehatte. Als ich später Stipendiat der Friedrich Ebert Stiftung wurde, war Prof. Schäfer unser Vertrauensdozent. Wir (d.h. drei israelische Studenten) wurden von ihm und vor allem von seiner Frau betreut.

Einer dieser Studenten war Alex, ein schwer traumatisierter junger Mann, der seine Familie während der Nazi-Zeit verloren hatte. Er war sehr empfindlich, misstrauisch und - plötzlich und aus unverständlichen Gründen - aggressiv.

Frau Schäfer hat ihn quasi adoptiert. Ich habe ihre Geduld und ihren Optimismus bewundert, denn Alex war, verständlicherweise, nicht ganz pflegeleicht.

Er erkrankte später an Knochen-TBC und musste in eine Klinik in der Ostschwäbischen Provinz, die wegen ihres häufig kalten Wetters auch "Schwäbisch Sibirien" genannt wurde.

Frau S. besuchte ihn häufig und ich durfte sie mit der Isetta ihres Sohnes zur Klinik fahren, sodass wir längere Gespräche miteinander führen konnten. Ich war von ihrem Engagement für Alex sehr berührt.

Dr. Lehmann war Lungenfacharzt, seine Frau war Polin. Sie heirateten 1936 in Polen und erlebten deswegen viele Schwierigkeiten und Anfeindungen. Frau Lehmann wurde in Polen diffamiert, weil sie einen Deutschen geheiratet hat, während des Krieges wurde sie als Polin verfolgt. In der BRD, nach dem Krieg, fühlte sie sich - als Polin - wie eine Fremde behandelt.

Sie freute sich zu hören, dass mein Vater aus Polen stammte und bestand darauf, mit ihm auf Polnisch zu korrespondieren.

Bis heute erinnere ich mich an den Satz, mit dem sie ihren ersten Brief an meinen Vater eröffnete: "Zwei Berge können einander nicht treffen. Zwei Menschen können es!"

Als ich von Tübingen nach Gießen umzog, habe ich den Kontakt zu Familie Lehmann verloren – was schade ist.

Weitere Begegnungen

München war die erste ausländische Stadt, die ich erlebte, als ich 1959 Israel das erste Mal verließ.

Eine Reise aus Israel war damals teuer und kompliziert; Da Israel von feindlichen Nachbarstaaten umgeben war, war eine Ausreise nur möglich per Flugzeug oder Schiff, Beides war damals sehr teuer. Hinzu kamen Ausreisesteuer sowie ein langatmiges Antragsverfahren.

In München habe ich kaum Kontakt mit Gleichaltrigen schließen können. Ich war nicht in der Lage mich mit gleichaltrigen Studenten zu treffen, da ich kein Geld hatte, um mit ihnen auszugehen. Erst nach 1960, als ich in den Kaliminen von Bad Salzdetfurth arbeitete, konnte ich auf diese Weise einige Leute kennen lernen.

Später, in Tübingen und dann in Gießen, wohnte ich meist in Studentenwohnheimen und lernte dort viele Kommilitonen kennen. Ich hatte an sich keinerlei Schwierigkeiten mich mit gleichaltrigen Deutschen zu befreunden, obwohl sie anfänglich noch Fremde für mich waren.

Viel spannender waren für mich die Begegnungen mit arabischen Studenten, die mich unisono boykottierten noch vor dem 6-Tage-Krieg 1967.

Auffallend aggressiv und laut war ein ägyptischer Student namens Morry. Umso verblüffter war ich, als er eines Tages auf mich zu kam und erklärte, wir hätten eigentlich keinen Grund einander feindlich gesonnen zu sein. Ich weiss bis heute nicht, was diese Änderung seiner Haltung verursacht hat, aber ich habe mich darüber gefreut. Wir schlossen eine Freundschaft, die bis zum Ende des Studiums anhielt.
Auch mit anderen ausländischen Studierenden konnte ich Kontakte schließen, wodurch sich mein Horizont erweiterte. Später, als ich im Studentenheim wohnte, wurde da von den Bewohnern, die aus diversen Ländern kamen, gekocht, sodass wir Gerichte aus verschiedenen Ländern essen konnten, als Alternative zum Mensa-Einerlei. (Siehe auch: "2 Kilogramm Salz und eine Prise Kartoffeln", S. 38).

Größere Probleme hatte ich mit Menschen, die damals über 45-50 Jahren alt waren, da ich mir immer wieder die Frage stellte, wie haben sie sich während des Dritten Reiches verhalten? Ich weiß, dass die meisten israelischen und jüdischen Studenten in Deutschland sich damals diese Frage stellten.

Später begegneten mir häufiger Männern um die 50, die sich in den Kneipen laut und schwärmerisch Kriegsgeschichten erzählten. Das konnte ich anfangs überhaupt nicht verstehen. Denn Ich versuchte meine Armee- und Kriegserlebnisse zu vergessen, und hier traf ich auf Leute, die älter waren als ich, die mit ihren Kriegserlebnissen, mehr als 20 Jahren danach, immer wieder angegeben haben (meist leicht alkoholisiert).

Erst später verstand ich, dass diese Generation ihre besten Jahre (oder die Jugendjahre, welche die Besten hätten sein sollen) im Krieg durchlebten und nun - 20 Jahre danach - als positiv in Erinnerung behalten mussten. Das machte sie mir nicht wirklich sympathischer, aber ich konnte aufhören, sie automatisch zu verurteilen. Zumal ich natürlich nicht wusste, ob sie tatsächlich "nur" Parteimitglieder oder gar in der SA oder SS gewesen waren.

So eine Begegnung mit der Vergangenheit hatte für mich eine andere Bedeutung, wenn ich wusste, dass mein Gegenüber Parteimitglied gewesen war, wie z. B. Prof. G. Pfahler in Tübingen. Dann versuchte ich auf Distanz zu gehen und ihm so wenig wie möglich zu begegnen.

Ich hatte aber auch andere Erfahrungen mit Bekannten, Dozenten und Lehrern und deren Rolle bzw. Erfahrungen in der Dritte-Reich-Zeit.

Carl Müller-Braunschweig war vor 1933 ein Vorstandsmitglied der Deutschen Psychoanalytischen Gesellschaft (DPG). Während der Nazi-Zeit versuchte er die Psychoanalyse über diese Zeit zu retten, indem er in Artikeln (z.B. "Reichswart", 1934) den Versuch einer Vereinbarkeit zwischen DPG (Deutsche Psychoanalytische Gesellschaft) und NS-Regime herstellte, was natürlich nicht gelang.

Nach dem Ende des Zweiten Weltkriegs hat sich eine neue psychoanalytische Gesellschaft in Deutschland organisiert, die sich nun Deutsche Psychoanalytische Vereinigung (DPV) nannte.

In den 70iger und 80iger Jahren haben junge, psychoanalytische Kollegen Aufklärung der Vergangenheit des DPV gefordert. Diese Forderung war berechtigt und notwendig.

Leider wurde Carl Müller-Braunschweig post mortem von dieser Gruppe das Hauptziel einer massiven und verletzenden Verurteilung. Seine damaligen Versuche, die Psychoanalyse in Deutschland über die Nazizeit zu retten, wurden ihm 1980/82 als Mitlaufen und Verrat vorgeworfen.

Ich habe daraufhin Gerda Barag, die ja bis 1936 in Berlin gelebt hatte, nach ihrer Meinung hierzu gefragt.

Sie antwortete mir, dass sie die Psychoanalytiker Carl und Ada Müller-Braunschweig persönlich kannte. Sie seien hoch anständig und menschlich gewesen. Sie schrieb auch, dass Carl Müller-Braunschweig dadurch, dass er in Berlin Kinder hatte, von den Nazis besonders erpressbar gewesen sei.

Es war mir wichtig, diese Sichtweise zu verstehen, um Carl Müller-Braunschweig (und andere) nicht automatisch zu verurteilen. Ich musste mich selbst zu fragen, wie ich mich unter diesen Umständen verhalten hätte.

Hinzu kam die Bekanntschaft mit Hans Müller-Braunschweig, einem Psychoanalytiker, Kollegen und Freund in Giessen, Sohn von Carl und Ada Müller-Braunschweig, der 1968 meine ersten psychoanalytischen Behandlungen supervisionierte. Ich wusste, dass er unter den Vorwürfen gegenüber seinem Vater sehr gelitten hat und wollte ihm beweisen, dass ich mich nicht mit diesen Vorwürfen identifiziere. Das war für ihn von Bedeutung, nicht zuletzt weil ich Jude war/bin.

Gerhart Scheunert (1906 – 1994) war Arzt und Psychiater, welcher den Wiederaufbau der DPV nach dem zweiten Weltkrieg maßgeblich beeinflusste. Er war auch Mitbegründer und von 1956 bis 1964 Vorsitzender der DPV.

Anders als viele andere Deutsche machte er nie einen Hehl daraus, dass er als junger Mann 1933 in die NSDAP eingetreten sei. Er nannte dies den größten Fehler seines Lebens, den er mit seinem Engagement für die DPV ein wenig korrigieren wollte.

1993 geriet er ins Visier der Vergangenheitsaufarbeitung und wurde öffentlich diffamiert. Er versuchte aber nicht sich reinzuwaschen, gab seine Tätigkeit in der Partei zu. Seine Erklärung war: "...kein Mensch musste in die Partei eintreten. Es sei denn, er wollte Karriere unter dem NS-Regime machen. Das war mein größter Fehler. Allerdings war es unmöglich, sogar lebensgefährlich, aus der Partei auszutreten..."

Gerhart Scheunert bereute seinen Eintritt in die NSDAP und widmete sein weiteres Leben (nach 1945) für die Neuorganisation der DPV, deren Leiter er 1956 – 1964 wurde.

In der Folge der Nachforschungen in der Vergangenheit der DPV geriet auch Gerhart Scheunert in den Fokus ihrer Vorwürfe. Zu dieser Zeit war er bereits sehr alt, fast blind und (wie ich sich später erfahren habe) an Lungenkrebs erkrankt.

Ich interessierte mich natürlich besonders für den "Fall" G. Scheunert, nicht zuletzt auch deswegen, weil er der Lehranalytiker meines Lehranalytikers Richter war – und somit mein "analytischer Großvater".

"(Ein wesentlicher Teil der Ausbildung eines Psychoanalytikes ist die eigene Psychoanalytische Erfahrung bei einem erfahrenem Psychoanalytiker = Lehranalytiker).

Ich habe Informationen gesammelt, Briefe gelesen (u.a. einen Brief von Scheunert an den Vorstand der DPV, 1993) und beschloss, ihn persönlich kennenzulernen.

Scheunert wohnte 1993 in einer Senioren-Residenz in Bad Kissingen. Wir haben ein Treffen an einem Sonntag vereinbart.

In 1993 fand eine Gründungssitzung einer Gruppe jüdischer Analytiker ebenfalls in Bad Kissingen statt, an der ich ebenfalls teilgenommen habe.

Diese Sitzung fand am selben Sonntag, als ich Scheunert treffen sollte.

Das Treffen mit Scheunert war sehr eindrucksvoll. Er erzählte von seiner Nazi- und Kriegsvergangenheit, ließ keine Frage unbeantwortet. Es war für ihn genauso wichtig, mit mir über seine Vergangenheit zu sprechen, wie für mich, von ihm selbst über seine Partei-Zugehörigkeit und die Zeit danach zu hören. Er war der erste ältere Deutsche, der mit mir offen und ehrlich über seine Fehler in dieser Zeit gesprochen hat.

Ich kehrte sehr beeindruckt zurück zu dem Hotel, wo die Sitzung der jüdischen Analytiker stattfand.

Ich erzählte sofort, dass ich mich soeben mit Scheunert getroffen hatte. Es herrschte daraufhin betretenes Schweigen. Als ich später gefragt wurde, warum ich es getan hatte, erklärte ich meinen Standpunkt, dass es mir sehr wichtig war, zum ersten Mal einen ehemaligen Parteigenossen getroffen zu haben, der seine Mitgliedschaft offen und ehrlich zugegeben hatte.

Ich glaube nicht, dass ich alle meine neuen jüdischen Freunde überzeugen konnte – was ja auch nicht meine Absicht war. Aber meine

Sichtweise wurde jedoch respektiert, was mir wichtig war, bevor ich beschließen konnte, in diese Gruppe einzutreten.

Nach dem Bestehen der medizinischen Vorexamen in Tübingen konzentrierte ich mich auf die kommenden Vorprüfungen in Psychologie.

Das Studium der Psychologie war eigentlich ereignisarm und viel leichter als das Studium der Medizin, aber auch für die damalige Zeit (1960-62) ziemlich veraltet. Das lag wohl daran, dass in der Nazi-Zeit kaum eine Verbindung zu ausländischen Wissenschaftlern möglich war, zumal viele von ihnen Juden waren. Man legte deswegen in Tübingen großen Wert auf die Typologie nach Kretschmer, nicht zuletzt, weil Kretschmer ein Tübinger war.

Seine Bücher waren natürlich Pflichtliteratur für uns, und ich erinnere mich, wie ich eines Tages, als ich am schwarzen Brett die Liste der empfohlenen Bücher gesehen, laut ausrief: "Das ist aber die Höhe!" - "Was ist die Höhe?", fragte mich ein Kommilitone. "Schau mal, was da steht: "Bitte stehend lesen!"

"Nein", sagte er, hier steht: "Bitte stehen lassen!" Freud ließ grüßen. Kretschmer war für die deutsche Psychotherapie, besonders in Tübingen, so etwas wie ein Ersatz-Freud bzw. Ersatz für andere Psychologie-Grössen, die aus Deutschland rausgeekelt worden waren. Er war auch kein Nazi, und deswegen durfte man mit ihm angeben.

In den über 60 Jahren in Deutschland habe ich natürlich mehrere Begegnungen gehabt, die für mein weiteres Leben eine Bedeutung hatten, sowohl positiv als auch negativ.

In Tübingen begegnete ich aber auch zum ersten Male der braunen Vergangenheit Deutschlands persönlich. Ein älterer Professor, **G. Pfahler** (1897-1976), war während der Nazi-Zeit Ordinarius in Gießen, war in der Partei und in der SA. Er war 1945 von der französischen Besatzung entlassen worden, hatte aber seit 1952 wieder eine Lehrfunktion in Tübingen erhalten. So kam es, dass wir in Tübingen 1960 noch Rassenlehre zu studieren hatten, als Examensfach für die Vordiplom-Prüfung. (!) Auch ich musste eine meiner Vordiplom-Prüfungen bei ihm ablegen. Freundlicherweise wurde ich von ihm nicht über Rassenlehre befragt. Ich versuchte damals mit Herrn Prof. Pfahler so wenig wie möglich Kontakt zu haben. Das gelang nicht immer:

Nach den Vordiplom-Prüfungen 1963 feierten die frischgebackenen Kandidaten der Psychologie die bestandene Prüfung. Hierzu waren auch die Lehrkörper eingeladen, somit auch Herr Prof. Pfahler. Im Verlauf des Abends kam Pfahler auf mich zu, leicht angetrunken und sprach mich an: "Herr Amitai, ich nehme es Ihnen nicht übel, dass Sie Jude sind!"

Nach einer sehr kurzen Pause antwortete ich: "Herr Professor, da fällt mir aber ein Stein vom Herzen!"

Ich weiß nicht, ob er den Sarkasmus in meiner Antwort bemerkte. Er war, wie gesagt, angetrunken.

Heute nach gut 60 Jahren kann ich ehrlich sagen, dass es mir einfach nur egal ist.

Ich hatte aber auch gegensätzliche, positive Erfahrungen: Von einem anderen Dozenten der Psychologie, Professor Witte, erhielt ich den Rat, mich um ein Stipendium zu bemühen. Er besorgte mir einige Adressen, und tatsächlich schaffte ich es, ab 1962 ein Stipendium bei der Friedrich-Ebert-Stiftung zu erhalten. Somit war mein Studium finanziell gesichert, und ich brauchte keine Existenzängste mehr zu haben, konnte dadurch meine Eltern beruhigen, die sich noch immer Sorgen um mich machten. Diese Stiftung finanzierte dann mein Studium bis zu den Staatsexamina, veranstaltete Seminare, Reisen, Tagungen. Jede Universität hatte einen Vertrauensdozenten, zu dem man gehen konnte, wenn man Probleme hatte. Ich bin der Friedrich Ebert Stiftung sehr zu Dank verpflichtet.

Schalvata (1962)

"Shalvata" (= Ruhe) war eine halboffene psychiatrische Klinik, nördlich von Tel Aviv gelegen, damals von Frau Dr. Ruth Jaffe, eine langjährige Freundin von Frau Dr. Barag. geführt. Ich durfte dort drei Wochen psychologisches Praktikum absolvieren.

Das Praktikum in Shalvata ähnelte die Ausbildung der Psychotherapeuten in Deutschland, d.h. neben Gespräche mit den Patienten werden diese von ärztlichen Psychiatern supervisioniert (damals wurden nur Mediziner als Kandidaten in die Ausbildung aufgenommen!).

Es war 1962, erst 14 Jahre nach Ausrufung Israels als freier Staat. In dieser Zeit hat der Staat doppelt so viele Einwanderer aufgenommen, als er Einwohner hatte, und dies unter erschwerten Bedingungen von ständigen kriegerischen Auseinandersetzungen an den Grenzen.

Der größte Anteil der Patienten in Schalvata waren sowohl Überlebende aus den KZ ("survivors") als auch Flüchtlinge aus arabischen Ländern. Beide Gruppen konnten mit den Traumata ihrer Vergangenheit nicht zurechtkommen.

Einer dieser Patienten, Herr A., war ein Survivor, ein Überlebender des Holocaust. Ein ca. 60-jähriger Mann, groß und stattlich. Er wirkte - vordergründig – recht stabil, aber ziemlich verschlossen.

Er wurde in die Tagesklinik Schalvata überwiesen, wegen Epilepsie-ähnlicher Anfälle, die neurologisch nicht erklärbar und psychotherapeutisch unergiebig waren. Offensichtlich war seine Angst und demgemäß auch seine Abwehr viel zu stark, um sich zu öffnen, obwohl er in der Beziehung zu mir recht anhänglich zu sein schien.

Deswegen hat man versucht, seine Abwehr mit der damals neuartigen Scopolamin-gestützten Hypnotherapie zu durchbrechen.

Scopolamin ist ein Beruhigungsmittel, das in niedriger Dosierung beruhigend ist, bei höherer Dosierung einen Rauschzustand bewirkt, in welchem die psychischen Abwehrfunktionen schwächer werden. Dieser hypnotische Dämmerzustand wurde für diagnostische Zwecke benutzt. Für eine längere Behandlung eignet das Mittel sich nicht, da seine therapeutische Breite (= der Abstand zwischen therapeutischer Wirkung und Vergiftung) sehr klein war.

Eines Tages saß ich während meiner Mittagspause neben dem Behandlungsraum, als ich aus diesem Raum plötzlich laute Schreie hörte. Es waren Hilfeschreie einer Frau. Ich platzte in den Raum herein und sah, wie Herr A. seine Psychiaterin, Frau Dr. Kott, zu erwürgen versuchte. Frau Dr. Kott war eine deutschstämmige, jüdische Ärztin, die, wie die meisten deutschstämmigen Therapeuten, kaum oder sehr schlechtes Hebräisch, mit schwerem Deutschen Akzent, sprach. Herr A. attackierte sie immer und immer wieder und schrie dabei: "Du Nazi-Schwein, du Kapo-Tier. Du hast meine Frau und Kinder umgebracht! Ich bringe dich um!"

Ich habe versucht, ihn zu beruhigen. aber er verstand mein Hebräisch nicht: Es sah so aus, als wäre er gar nicht mehr im Jetzt, sondern vielleicht in einer vergangenen Zeit bevor er Hebräisch gesprochen hat. Ich versuchte, ihn mit Jiddisch zu erreichen, umarmte ihn und wiederholte in Jiddisch "Hob ka mojre, hob ka mojre, mer sennen hier allen jidden!" ("hab keine Angst, hab keine Angst, wir sind hier alle Ju-den!"). Er begann plötzlich laut zu weinen, eigentlich schreien: "Mein Weib, meine Kinder, sei senen alle tojt!"("meine Frau, meine Kinder sie sind alle tot!").

Es stellte sich heraus, dass er tatsächlich eine Familie in Polen gehabt hatte, die von den Nazis vernichtet worden war. Später, in Israel, hatte er wieder geheiratet, bekam zwei Kinder und versuchte, sein früheres Leben zu vergessen, was ihm offensichtlich bis 1962 halbwegs gelungen war.

Nach dieser traumatischen Episode wurde ich gebeten, mit ihm weiter zu arbeiten, da nun ein vertrauensvoller Kontakt zu mir hergestellt worden war.

In den nächsten 10 Sitzungen bei mir war er weicher und offener, mehr zugänglich.

Ich weiß aber leider nicht, wie seine Geschichte weitergegangen ist. Gerne würde ich erfahren, dass es ihm besser wurde. Aber ich blieb nur noch zwei Wochen in Israel und hatte keine weiteren Kontakte mehr zu meinen damaligen Praktikumspatienten.

Ich hatte den Traum von der Psychoanalyse nicht aufgegeben, wusste aber nicht, wie das zu erreichen war. Unser Dozent für "Tiefenpsychologie" war besagter Pfahler, der natürlich nichts übrig hatte für Psychoanayse (auch wollte ich mit ihm möglichst wenig Kontakt haben). Ich glaube nicht, dass es damals (1960-62) eine psychoanalytische Gesellschaft oder Arbeitsgruppe in Tübingen gab. Ich stellte mich dann bei einem privat praktizierenden Psychiater, Dr. W. Petry, vor und fragte nach seiner Meinung. Er fand, dass Psychoanalyse Unfug wäre, ich solle die Idee aufgeben (und er verschrieb mir Miltown, einen damals recht populären Tranquilizer). Dann fragte ich bei Gerda Barag nach, was sie mir vorschlagen würde. Sie antwortete, dass sie eigentlich niemanden in Deutschland kenne, man hörte aber in Israel Gutes über Alexander Mitscherlich. Ich sollte Kontakt mit ihm aufnehmen. Auf meine Anfrage antwortete Mitscherlich – damals noch in Heidelberg -, dass er zeitlich nicht in der Lage sei, mich zur Ausbildung zu übernehmen, empfahl mir aber Professor Richter in Berlin. Richter antwortete, dass er just in dieser Zeit von Berlin nach Gießen umzöge und schlug vor, dass ich ihn in Gießen treffen sollte.

Gießen

Der Winter 1963 war besonders kalt. Die Temperaturen waren und blieben über Monate unter dem Nullpunkt. Als ich im Frühjahr 1963 nach Gießen fuhr, um Richter zu treffen, lag überall Schnee. In Gießen war der Schnee grau-schwarz, der Weg vom Bahnhof zum Klinikviertel war glatt und schmutzig. Allerdings lag das Klinikviertel recht nah zum Bahnhof, sodass ich mich pünktlich in dem kleinen Haus einfand, das sich großspurig "Psychosomatische Klinik" nannte. Ein junger Mann, der wie ein Student im ersten Semester aussah, öffnete mir die Tür, fragte mich, ob ich der Amitai sei und sagte: "Ich bin Richter." - "Ach was, sag bloß!", sagte ich. Das schien ihm zu gefallen, und er lachte erfreut. Unser Gespräch verlief kurz. Er sagte mir, dass ich noch 2 oder 3 Interviews zu absolvieren hätte und schlug zwei Kolleginnen in Berlin vor. Außerdem wäre es gut, wenn ich mich bei Professor Mitscherlich vorstellen würde, denn das Gießener Institut war noch eine Filiale des Frankfurter Sigmund-Freud-Instituts, dessen Chef Mitscherlich war.

Ich fuhr nach Berlin und traf dort Frau Dräger und Frau Werner, beide Pioniere der Deutschen Psychoanalytischen Vereinigung nach dem zweiten Weltkrieg. Sie waren äußerst liebenswürdig und freundlich zu mir. Das Interview mit Alexander Mitscherlich war nicht ganz einfach. Er stellte mir Fragen, die offensichtlich die Ernsthaftigkeit meiner Wünsche prüfen sollten oder aber auch meine Geistesgegenwart. "Sie sind 26 Jahre alt. In den USA nehmen sie jetzt Kandidaten zur Ausbildung erst nach dem 30. Lebensjahr. Ich weiß nicht, ob Sie schon reif genug sind für die Ausbildung." - "Ich habe einiges auf mich genommen. Ich war im Krieg 1956. Ich habe eine abgeschlossene Psychoanalyse und weiß nun genau, was ich will. Aber wenn ich nicht reif genug bin, werde ich mich gerne in einer Lehranalyse weiterentwickeln." - "Meinen Sie aber nicht, dass eine Analyse in Ihrer Muttersprache besser für Sie wäre"? Auf diese Frage war ich schon vorbereitet: "Ach, wissen Sie, alle Psychoanalytiker in Israel sind Einwanderer aus Deutschland und sprechen sehr schlecht hebräisch. Wenn ich dort in eine Analyse gehe, werde ich sicher Deutsch mit ihnen sprechen".

Mitscherlich schaute mich scharf an, musste dann aber lachen und sagte: "Ich glaube, ich sehe schon, was Sie wollen. Dann o.k. Ich glaube, dass Sie es schaffen".

Das letzte und angenehmste Interview absolvierte ich bei Margarete Mitscherlich. Sie war in den 60-er Jahren nicht so bekannt wie Alexander Mitscherlich, der damals ein Idol für die neue deutsche Jugend gewesen ist. Später wurde sie zur Gallionsfigur für die feministische Frauenbewegung deklariert. Das stimmte so nicht: sicherlich war sie eine Kämpferin für die Gleichberechtigung der Frauen, aber sie hatte nichts gegen Männer. Als ich sie im Interview traf, war sie Mitte 40, eine sehr attraktive, freundliche Frau. Auch dieses Interview verlief sehr positiv für mich. Ich fuhr nach Tübingen zurück, um die letzten Prüfungen des Vordiploms zu absolvieren.

Am 20.05.1963 feierte ich mit meinen Kommilitonen, danach ging es mit dem frühen Zug nach Gießen.

Gießen war damals eine hässliche Stadt. Die Kriegsschäden waren noch sichtbar, neue Siedlungen wurden sehr schnell und offensichtlich planlos gebaut. Die Beziehung der Studenten zur Stadtbevölkerung war anders, als ich es in Tübingen erlebt hatte. Man kam sich wie ein Parasit vor, der sich für was Besseres hielt, weil er studierte. Die Stadt definierte sich nicht als Universitätsstadt wie Tübingen, der Umgang war schroffer. Das Studium der Psychologie in Gießen war mein zweiter Kulturschock. Die Fakultät war – dank Pfahler – Jahrzehnte lang geschlossen, untätig, 1963 war ich einer von den ersten drei Psychologiestudenten in Gießen. Aber ich lernte dort kaum etwas über Psychologie, wie ich sie mir vorstellte: Der Instituts-Chef, Professor Wewetzer, erklärte die Psychoanalyse für unwissenschaftich. Stattdessen lernten vor allem Statistik und Faktorenanalyse. Die Diagnostik sollte wissenschaftlich und objektiv sein, daher waren projektive Tests verpönt, ebenso das Wort Psyche oder gar Seele. Paradoxerweise wurde der "Farbpyramiden-Test" von Lüscher empfohlen (die seelische Situation eines Prüflings würde nach seinem Farbenwahl geprüft), obwohl er noch "unwissenschaftlicher" als andere, projektive Tests ist.

Im November 1964 schaffte ich mein Psychologie-Diplom in Gießen, mit der schlechtest möglichen Note. Daraufhin war ich einige Zeit niedergeschlagen.

Ich beschloss, etwas dagegen zu unternehmen, einige Monate in einer Erziehungsberatungsstelle in Weilburg als Psychologe zu arbeiten, was mir sehr guttat; ich konnte den Erfolg meiner Arbeit sehen, erlebte die Zuneigung meiner jungen Patienten und konnte gestärkt zurück nach Giessen ziehen, und meine Psychotherapie-Ausbildung fortführen.

Die Ausbildung zur Psychotherapie im Rahmen des Medizinstudiums war völlig anders als die Ausbildung in Rahmen des Psychologie-Studiums der Universität Giessen:

Dank des Numerus clausus waren wir nur 20 Medizinstudenten pro Semester, völlig anders als in Tübingen, wo wir 200 (!) Studierende waren. Die Dozenten hier hatten mehr Zeit für jeden Studenten. Das Studium war intensiver als in Tübingen, daher viel interessanter.

Ich hatte es auch finanziell leichter als in Tübingen: Ich bekam ein Zimmer im Studentenhaus für 70 DM monatlich, von der Friedrich-Ebert-Stiftung erhielt ich 200 DM. Man konnte sich zwar nicht gerade Luxus leisten, aber man hungerte nicht.

In den sechziger Jahren herrschten in Israel sehr strenge Devisenbestimmungen. Die Israelische Währung war ausserhalb Israels wertlos, man konnte kaum Dollars oder DM legal kaufen, es sei denn im Schwarzmarkt, was strafbar war. Mein Vater wurde erwischt, als er 250 DM für mich gekauft hat und wurde bestraft, was ihn schwer betroffen hat: Er hatte vorher nie irgendwelche Konflikte mit dem Gesetz und schämte sich nun sehr.

Berlin

Während meiner Tübinger Zeit hatte mir Gerda Barag die Berliner Adresse einer langjährigen Freundin mitgeteilt: Regina Weiss war eine Juristin, die in Berlin die Wiedergutmachungs-Anträge bearbeitete und offensichtlich wohlhabend war. Ich lernte sie kennen, und wir blieben befreundet bis zu ihrem Tod 1981. Sie hat mir regelmäßig Geldbeträge überwiesen, die mein Vater ihrem in Israel lebenden Bruder auszahlte.

Sie wurde 1919 in Berlin geboren und wuchs dort auf. Als der Zweite Weltkrieg ausbrach und die Judenverfolgungen begannen, wurde sie (mit ihrem Ehemann und der 1934 geborenen Tochter Ellen) von ihrer katholischen Nachbarin Frau Maier über Jahre in deren Wohnung versteckt.

Als Ellen wegen Blinddarmentzündung sich zur Behandlung (und später einer Operation) in ein Krankenhaus begeben musste, brachte Frau Maier sie unter dem Namen ihrer eigenen, gleichaltrigen Tochter in die Klinik. Als Ellen Maier wurde sie operiert und als geheilt entlassen.

Reginas Ehemann, konnte das Eingeschlossensein in dem kleinen Zimmer nicht gut ertragen und musste ab und zu nachts in Berlin spazieren gehen, "um Luft zu atmen". 1945 (einige Wochen vor Ende des Krieges) kam er von einem Spaziergang nicht zurück.

Ich kannte diese Geschichte, weil Regina sie mir erzählt hatte. Es war mein erster Kontakt mit nichtjüdischen Deutschen, die während der Nazizeit Juden gerettet haben. (Diese werden in Israel respektvoll 'die Gerechten unter den Völkern' genannt.)

1962 veranstaltete die Friedrich-Ebert-Stiftung (deren Stipendiat ich war) eine Studienfahrt nach Berlin. (Diese sog. Informationsreisen waren nach dem Mauerbau 1961 sehr populär). In Berlin besuchte ich Regina, die mich um meine Hilfe gebeten hat.

Frau Maier, ihre Lebensretterin, musste wegen einer Hauterkrankung mit Cortisonhaltigen Präparaten behandelt werden, welche ausschließlich im Westen erhältlich waren. Sie bat Regina ihr bei der Beschaffung zu helfen. Die wiederum fragte mich, ob ich bereit sei, diese Medikamente (Cremes und Tabletten) nach Ostberlin zu schmuggeln. Mir war klar, dass ich mich damit gefährdete, zumal zu diesem Zeitpunkt keine diplomatischen Beziehungen zwischen Israel und der DDR bestanden.

Ich aber war sofort einverstanden, denn dies war meine Chance, meine Dankbarkeit gegenüber Regina und deren Dankbarkeit gegenüber Frau Maier mit medizinischer Hilfe zu kombinieren. Ich war froh, dass ich diese Möglichkeit bekam.

Am nächsten Tag ging ich über den Grenzübergang "Friedrichstraße" nach Ostberlin. Der Ausländerübergang war als "leichter" bekannt und tatsächlich war die Kontrolle dort schnell und eher oberflächlich.

In Ostberlin rief ich bei Frau Maier an und teilte ihr mit, dass ich in einem Café an der Ostseite der U-Bahn-Station auf sie wartete. Ich trüge einen auffallend grünen Schal. Sie könne mich nicht verfehlen.

Wir trafen uns also in besagtem Café und unterhielten uns intensiv. Ich war zutiefst berührt von ihrem Mut, sie war zutiefst berührt von meiner Bereitschaft, ihr zu helfen.

Nach einer halben Stunde, ging sie zur Toilette und ließ ihre Tragetasche zurück. Ich leerte die Medikamente in ihre Tasche. Damit war meine Mission erledigt.

Frau Maier bestand darauf, den (furchtbaren!) Kaffee zu bezahlen und, als ich meine Jacke anzog, kam die Kellnerin vorbei und sagte: "Junger Mann, nächstes Mal sind Sie bitte vorsichtiger!"

Studium und Prüfungen in Gießen

Professor Richter tat viel für die Psychoanalyse in Deutschland und war auch politisch und sozial sehr engagiert, was wiederum ein Grund für mehrere Stundenausfälle war. Ich hatte damals kein Telefon, und daher konnte er mich nicht über den Ausfall von Terminen informieren und so kam ich zur Sitzung, nur um zu hören, dass die Sitzung ausfallen müsse, da Richter unterwegs wäre. Natürlich war ich frustriert und gekränkt, aber hier half keine psychologische Deutung, da diese Ausfälle real und nicht phantasiert waren und eine Deutung sie nicht ungeschehen machen konnte. Ich versuchte, mit diesen Ausfällen zurecht zu kommen, erlebte mich aber als klein und unbedeutend. Ein bitterer Nachgeschmack blieb zurück. 1965 teilte ich ihm mit, dass ich für eine Woche in die Toskana fahren wollte. Er fragte mich, wie ich die Reise finanzieren wolle – denn er wusste, dass ich nicht gerade viel Geld hatte. Ich sagte ihm, dass ich vorhabe, die Reise mit dem Geld zu finanzieren, das ich durch die ausgefallenen Stunden sparen würde. Ich war auf meine Antwort sehr stolz, da ich wusste, dass er kaum fordern konnte, dass ich die ausgefallenen Stunden bezahlen solle. Leider dauerte meine Schadenfreude nicht lange. Die

Toskana–Reise war sehr schön, allerdings hatte ich fünf Tage lang massive Kopfschmerzen, die medikamentenresistent waren. Natürlich wusste ich ganz genau, dass ich mich wegen meiner "Rebellion" mit Kopfschmerzen bestrafte, aber das Wissen half mir auch nicht.

(**Frieda Fromm-Reichmann** schrieb in ihrem Artikel "Beitrag zur Psychogenese der Migräne", Vortrag Dezember 1935: "sie ist der körperliche Ausdruck unbewusster Feindseligkeit gegen bewusst geliebte Personen").

Erst in den letzten zwei Tagen konnte ich die Reise einigermaßen genießen.

Ich muss allerdings zugeben, dass Richter ansonsten sehr freundlich und entgegenkommend war. Das erschwerte mir, meine gegen ihn gerichteten Aggressionen zu bearbeiten.

Er legte Wert darauf, dass wir Kandidaten unsere Zwischenprüfungen möglichst schnell absolvieren sollten, sodass ich mein Vorkolloquium 1965 bestand, kaum 1½ Jahre nach Beginn meiner psychoanalytischen Ausbildung.

Dänemark

Im Jahre 1963 fuhr ich mit der Friedrich-Ebert-Stiftung nach Skandinavien, mit einer Zwischenstation in Kopenhagen. Ich ging mit zwei dänischen Freunden in den Tivoli, den Vergnügungspark, der mir damals riesig zu sein schien – vor allem deswegen, weil ich dort kaum etwas bezahlen konnte. So bewunderte ich alles nur und nahm mir vor, später zurück zu kommen, wenn ich den Park wirklich – also auch pekuniär - genießen könnte.

1964 begann ich Dänisch zu lernen, was ich bis heute als ein leicht unsinniges Unternehmen betrachte: Denn: wer spricht schon Dänisch außerhalb Dänemarks? Ich sprach sogar mit meiner dänischen Freundin englisch, mein Dänisch reichte für Ausdruck der Gefühle nicht und schon gar nicht für ein Psychotherapie-Praxis in Dänemark. Im Übrigen fand ich die Sprache lustig: Diese Sprache ist eigentlich nicht schwer, wenn man deutsch und englisch spricht. Aber die Aussprache der Dänen ist dermaßen merkwürdig, dass ich tatsächlich sagen kann: "Ich kann Dänisch schreiben, lesen und sprechen, aber ich verstehe das Gesprochene nicht!"

1965 kam ich nach Fredricksvaerk, einen kleinen Ort in Seeland, um im Ortskrankenhaus im Rahmen des Medizinstudiums zu praktizieren. Ich erlebte dort sehr schöne Wochen. Die Kollegen und die Patienten waren sehr freundlich zu mir, zumal es nicht selbstverständlich für sie war, dass ich Dänisch gelernt hatte. Sie bewunderten mich erst recht dafür, dass ich nach relativ kurzer Zeit Anamnesen schreiben konnte und hielten mich deswegen für ein Sprachgenie. Dabei war es gar keine Wunderleistung, Anamnesen zu verfassen: Man brauchte nur den Namen des Patienten schreiben, dann "foedt" (geboren) plus Datum, und dann die Namen und Daten der bisherigen Krankheiten, die natürlich fast identisch mit den deutschen oder englischen Bezeichnungen waren. Zusätzlich lernte ich folgenden Zaubersatz: "Kann du vaer saa venlig at taele langsomt og tyddelig med mig, saa jeg kann forstaa dig?" ("Kannst du so freundlich sein, langsam und deutlich mit mir zu sprechen, sodass ich dich verstehen kann?"). Diesen Satz konnte ich nun schnell und richtig aussprechen, so dass meine Gesprächspartner sicher waren, dass ich die Sprache verstünde und nur sehr bescheiden wäre…

1966 absolvierte ich ein medizinisches Praktikum im Regional-Krankenhaus in Hilleroed. Anders als in Unikliniken in Deutschland konnte ich eine Bescheinigung über mein Praktikum bekommen **und** wurde noch dazu für meine damaligen Verhältnisse gut bezahlt. Diese Klinik hatte einen sehr menschlichen Umgang mit moribuden Patienten. Es wurden Studenten zu "Faestvagt" (Wacht) eingeteilt, um dort neben sterbenden Patienten zu sitzen, Puls und Blutdruck zu messen und ansonsten sie nicht alleine sterben zu lassen.

Eines Tages wurde ich gebeten, bei einer 83-jährigen Patientin zu wachen, die wohl nach einem Herzinfarkt im Sterben lag. Als ich neben ihr saß, hörte ich, dass sie, wenn sie Schmerzen hatte, mit Deutschen Worten stöhnte. Ich fragte sie, wie es dazu käme, und sie antwortete, dass sie eigentlich Deutsche sei, aber seit ihrem 7. Lebensjahr in Dänemark lebe. Sie sagte mir, dass sie keine Angst vor dem Tode habe. Ihr Mann sei vor 20 Jahren gestorben, und sie freue sich, ihn wieder zu treffen, wovon sie überzeugt war. Sie hatte aber eine

Bitte an mich: Sie hätte fünf Töchter in Hilleroed, aber einen Sohn, der auf dem Weg von Fünen nach Seeland wäre. Er sollte um 23.00 h eintreffen, und sie bitte mich, aufzupassen, dass sie nicht vorher stürbe. Das versprach ich ihr: wir unterhielten uns gut, und wenn sie Schmerzen hatte, hielten wir unsere Hände und sagten laut, "Unkraut vergeht nicht!" bis es ihr besser ging. Ihr Sohn kam um 2 Uhr früh, und sie lebte noch bis 5 Uhr morgens.

Was ich nicht wusste: Sie war die Witwe eines ehemaligen dänischen Premierministers und war als solche in der Kleinstadt Hilleroed bekannt und respektiert. (Kein Wunder, dass ich es nicht wissen konnte: In Dänemark gibt es im Wesentlichen nur vier Namen: Andersen, Olsen, Petersen, Jacobsen…) Irgendwie sprach sich diese Geschichte in der Kleinstadt herum, und fortan wurde ich von vielen Menschen, die ich gar nicht kannte, herzlich begrüßt und überall eingeladen.

Die Zeit in Hilleroed habe ich noch immer als sehr glücklich in Erinnerung: Ich liebte meine Arbeit dort und fühlte mich von Patienten und Kollegen gemocht, und verliebte mich in eine dänische Medizinstudentin, die ebenfalls in der Klinik in Hilleroed famulierte. Wir hatten eine wunderschöne Zeit zusammen. Ich wollte gerne weiter in Dänemark bleiben, aber das war unmöglich: Ich konnte meine Ausbildung dort nicht fortsetzen (es gab damals nur eine kleine psychoanalytische Arbeitsgruppe in Kopenhagen, in der ich meine Ausbildung nicht hätte fortsetzen können), und ich hätte meine finanzielle Förderung verloren – die Stiftung hätte mein weiteres Studium im Ausland nicht bezahlt – und ich wollte meine Hunger-Erfahrungen der ersten Studienjahre nicht noch einmal erleben. Meine Freundin, die nicht Deutsch gesprochen hat, wollte ihr Studium nicht unterbrechen und mit mir nach Giessen kommen. Ich kehrte allein und traurig nach Gießen zurück. Wir blieben zwar in Briefwechsel geblieben, allerdings konnten wir unsere Beziehung über die Entfernung nicht retten, allmählich endete sie.

Die Prüfungsvorbereitungen liefen gut an. Ich hatte ein sehr gutes Gefühl, das Lernen fiel mir leicht. Ich hatte eine sehr freundliche Examensgruppe, es sah alles problemlos aus.

Der 6-Tage-Krieg 1967

Im April 1967 kam es zu erhöhten Spannungen zwischen Ägypten und Israel. Nasser – der damalige ägyptische Herrscher – schloss die Tiran Meeresenge zwischen dem Golf von Aqaba und dem Roten Meer, wodurch die südliche Seefahrt und die Energiezufuhr von und nach Israel abgeschnitten wurden. Täglich gab es Meldungen, was die arabischen Staaten mit Israel vorhatten, nämlich das Land zu zerstören und seine Bewohner zu töten. Dieser Zustand dauerte vier Wochen, die man in Israel "Hamtana" – "Warten" – nannte, bevor Israel zuschlug. In diesen Wochen war es für mich kaum möglich, mich zu konzentrieren und auf die Examina vorzubereiten, aber ich schaffte es irgendwie doch – bis zum 05.06.1967, als der Krieg begann. An diesem Tag hatte ich eine Hygiene- und Virologie-Prüfung. Ich war nicht in der Lage, überhaupt etwas zu lernen, außer einem Thema in Virologie. Glücklicherweise fragte der Prüfer mich genau zu diesem Thema.

Unglücklicherweise stellte er auch noch andere Fragen, sodass ich die Prüfung zwar bestand, aber nicht mit Glanz und Gloria - was mir aber ziemlich egal war. Ab dem zweiten Kriegstag war Israel siegreich, sodass ich ein wenig ruhiger wurde, Allerdings konnte ich mich nicht optimal auf die Examina konzentrieren. Nach einer Woche war der Spuk vorbei, ich konnte mich wieder besser auf die Prüfungen vorbereiten und fieberte meiner Reise nach Israel – nach Beendigung der Examina – entgegen.

Ich hatte vor, als Arzt mit Kriegsverletzten zu arbeiten. Allerdings hatte ich nicht mit der israelischen Bürokratie gerechnet.

Ich versuchte – wie ich vorher angekündigt hatte - in den drei Wochen Aufenthalt mit Verletzten zu arbeiten. Dafür musste ich eine Bescheinigung haben, die ich in der "Kirya" (einem Teil von Tel Aviv) erhalten sollte von einem Beamten namens – sagen wir - Moshe Cohen (der Name stimmt nicht, aber ich kann und will mich nach über 50 Jahren nicht an den Namen erinnern). Als ich sein Büro fand, hieß es, er sei im Urlaub, ich solle im Nebenbüro anfragen. Ein recht gelangweilter Beamter erklärte mir, dass er die Bescheinigung für die Übersetzung meiner Papiere von Deutsch in Hebräisch vorlegen müsste, und es war eine via Dolorosa, bis ich die notarielle Bescheinigung bekommen hatte. Als ich mit allen notwendigen Unterlagen wieder in die Kirya kam, war Moshe Cohen da. Er prüfte meine Papiere und erklärte mir, ich solle in sechs Wochen wiederkommen.

"Sorry, aber ich bin nur für drei Wochen hier und will als Arzt mit Verletzten arbeiten, eine Woche habe ich schon verloren, weil Sie in Urlaub waren, nicht ich!"

"Ihr Pech!"

"Nein, das ist das Pech der Verletzten, die einen Arzt weniger haben, weil Sie mit deren Schicksal spielen!"

Da blähte er sich auf wie ein Frosch und sagte: "Für was halten Sie sich, für einen Nationalschatz?"

Ich sah nun rot, und erwiderte: "Ich mag wohl kein Nationalschatz sein, aber ich sage Ihnen, wofür ich Sie halte: Für ein Stück Scheiße!"

Nun war es nicht mehr möglich, in Tel Aviv die Bescheinigung zu bekommen...

Eine Woche später riet mir mein Vater: "Es wäre vielleicht vernünftig, im Gesundheitsministerium in Jerusalem zu versuchen, die Bescheinigung zu bekommen". Das tat ich auch und kam zu meinem Erstaunen sehr schnell zu einer sehr freundlichen Beamtin, die – nach Prüfung meiner Zeugnisse – mich fragte, wofür ich eigentlich eine notarielle Bescheinigung bräuchte: "Man versteht doch Deutsch in Israel! Für wann brauchen Sie die Bescheinigung? An sich brauchen wir zwei Tage dafür, aber wenn es dringend ist, können Sie sie in einer Stunde bekommen!" Ich war völlig verdutzt und sagte: "Aber in Tel Aviv sagte man mir…"

"Ach, Tel Aviv! Die sind doch bescheuert!"

Damit endete meine medizinische Karriere in Israel noch bevor sie angefangen hat und ich konnte leider nicht mit Verletzten arbeiten, was ich mir so gewünscht habe

Medizinalpraktikant in Gießen

Nun war ich ein "Jungarzt" – das bedeutete: Schon Arzt, aber noch nicht so ganz... Wir mussten erst zwei Jahre als Medizinalpraktikanten (MPs) verbringen, davon mindestens ein Jahr jeweils ein Praktikum in der Inneren Medizin, in der Chirurgie und in der Gynäkologie.

Da ich mein Studium beendet hatte, endete auch die finanzielle Hilfe seitens der Friedrich-Ebert-Stiftung. Ich verdiente nunmehr mein eigenes Geld, allerdings nur 450 DM monatlich, brutto. Davon konnte ich nicht meinen Lebensunterhalt plus Lehranalyse bezahlen, so sehr Richter mir finanziell entgegenkam. Ich besserte also meinen Etat mit Blutspenden auf. Allerdings, anstatt ein Mal in acht Wochen zu spenden, wie vorgeschrieben, tat ich es separat in der Uniklinik einerseits, beim Roten Kreuz andererseits, also jede vierte Woche. In der Zwischenzeit schluckte ich fleißig Eisentabletten. Ich war damals gewarnt, dass das meiner Gesundheit schaden könnte, aber das war bei mir nicht der Fall, und 60 DM monatlich extra waren mehr als 30.

Nach dem Praktikum in den Pflichtfächern arbeitete ich ein Jahr als Stationsarzt in der Tuberkulose-Heilstätte "Seltersberg" in Giessen. Die Institution "Tbc-Heilstätte" existiert heute nicht mehr, denn heute gibt es viel weniger Tuberkulose- Patienten als damals.

Im Prinzip war die Heilstätte eine andere Form von Rehabilitationszentrum: Die Patienten sollten sich ausruhen, gut und viel Essen (als Massnahme gegen die Bezeichnung "Schwindsucht"), ansonsten die damals klassische dreier Kombination von Paraxin, PAS und IHN.

Meine Vorstellung von einer "Heilstätte" war aus Büchern von Thomas Mann und Erich Maria Remarque geprägt. In der Realität sah alles ganz anders aus: Die meisten Patienten waren keineswegs schwindsüchtige Adelige oder Millionäre, sondern chronisch Kranke, die neben Medikation keine weitere Beschäftigung in der Klinik erhielten. Man stelle sich vor: 35 Männer um 35- 45 Jahre alt, die ohne eine Beschäftigung monatelang in einer Heilstätte sitzen (oder liegen). Der einzige Ausgang war abends in die Kneipe gehen, ansonsten gab es keinen Treffpunkt, der abends offen war. Ich nehme an, dass sie deswegen mehr Wein tranken als sonst. Häufig haben sie ihre notwendigen Medikamente zeitweise nicht eingenommen, da das eine Medikament (INH) den Wein bitter schmecken ließ. Die Folge war eine Resistenzbildung gegen dieses Medikament was wiederum zu Chronifizierung der Krankheit führte.

Natürlich versuchte ich, solche Patienten abends zum Gespräch einzuladen. Es gelang auch bei einigen, ihr Alkohol Konsum zu begrenzen. Aber ich fürchte, dass im Ganzen betrachtet meine Anstrengungen zu gross und die Erfolge zu klein waren.

Die medizinische Arbeit für mich war ziemlich leicht. Ich hatte meine täglichen Dienstpflichten (Infusionen legen, Visite) schnell beendet und genug Zeit, mich auf meine analytische Ausbildung zu konzentrieren. Ich verdiente auch besser als in der Uniklinik, hatte zudem eine Mini-Wohnung (gratis!) auf dem Gelände der Heilstätte, und konnte sogar einen Gebrauchtwagen kaufen. Es ging aufwärts.

1968, ein Jahr, das in Deutschland große Bedeutung hatte

Im Jahre 1968 kam es erst in Frankreich, dann in Deutschland zu gewaltigen Protesten gegen die jeweiligen Regierungen. Man nannte diese Bewegung zunächst die "Studentenrevolution", Jahre später hieß sie "die 68er Zeit". Die damals jungen Leute nannten sich "die 68er". Im Vordergrund stand anfangs die Forderung der Studenten, mehr über die Nazizeit zu erfahren, das Schweigen darüber zu brechen.

Die weitere Entwicklung ging aber in Richtung sozialer Forderungen. Es bildeten sich mehrere politische Gruppen, die meist links bis sehr links waren, damals von uns "K-Gruppen" genannt. Ich stand dieser Bewegung recht distanziert gegenüber. Obwohl ich mich – wie die meisten jungen Akademiker damals - links wähnte, waren die Wünsche und Forderungen der Studenten mir persönlich, ehrlich gesagt, nicht so wichtig. Ich sympathisierte nur mit den Forderungen der Studenten, mit der Nazizeit aufzuräumen. Das war sehr wichtig, denn in Deutschland war damals ein ehemaliger Nazi (Kiesinger) Kanzler. Aber das Bearbeiten der Deutschen Vergangenheit war meines Erachtens ein deutsches Problem. Ich war über diese Zeit ohnehin informiert, und es war nicht direkt mein Anliegen, diese Zeit zu bearbeiten. Viel beunruhigender für mich war die Erfahrung, dass die Linksgruppen eine politische Entwicklung nahmen, die immer mehr antiisraelisch, ja sogar antisemitisch wurde. Die besiegten Araber waren nun die Underdogs, die Israelis waren die blutrünstigen Unterdrücker. Ich war damals eingeladen zu Vorträgen und Diskussionsabenden, in deren Verlauf ich persönlich massiv attackiert wurde. Ich gehörte aber auch deswegen nicht dazu, weil ich "ein Arrivierter" war und 30 Jahre alt. Eine Parole der 68er hieß u.a.: "Traue keinem über 30!" Kurz, ich war ein Fremder. Ich musste akzeptieren, dass ich ein Fremder gewesen war und ein solcher bleiben werde. Anfangs war ich davon unangenehm überrascht. Es traf mich allerdings nicht wirklich. Ich hatte andere, private Probleme, die mir näher lagen und wichtiger waren: meine analytische Ausbildung und berufliche Entwicklung und wie ich sie finanzieren konnte. Hinzu kam später die lebensbedrohende Krebserkrankung meines Vaters.

Ähnlich wie mir gegenüber gestaltete sich die Beziehung der 68er zur Psychoanalyse. Anfangs wurde die Psychoanalyse dort hofiert und hochgeschätzt, mit der Wunschvorstellung, dass man mit der Psychoanalyse die Welt, oder zumindest die Gesellschaft, ändern könnte. Man konnte sich mit der Psychoanalyse, die damals noch nicht so salonfähig wie heute war, identifizieren. So wurde Freud, der seinerzeit ein Rebell gegen die arrivierte Psychiatrie gewesen war, auch idealisiert. Die großen Persönlichkeiten der deutschen Psychoanalyse dieser Zeit waren anfangs sehr begehrt, vor allem Mitscherlich, Richter und Cremerius. Sehr schnell aber wurde die Psychoanalyse als "bürgerliche Wissenschaft" abgelehnt. Idealisiert wurde nun Wilhelm Reich, nicht zuletzt weil er als "Rebell" von den Psychoanalytikern in der Internationalen Psychoanalytischen Association (IPA) unterdrückt worden sei. Seine Orgon-Therapie wurde empfohlen, obwohl niemand wirklich wusste, was diese Therapie bedeutete und wie sie tatsächlich wirkte. Eine der politischen K-Gruppen nannte sich MRI = "Marxistisch-Reichistische Initiative" deren Mitglieder sich nicht von einem IPA-Mitglied behandeln lassen durften. Es ist mir bis heute nicht bekannt, welche Therapeuten für die MRI eigentlich koscher waren

Eine ähnliche Entwicklung bezüglich Psychoanalyse nahm die Frauenbewegung der 70er Jahre um Alice Schwarzer. Eine Frauenzeitung namens "Courage" riet sogar den Frauen, keine Psychotherapie bei einem männlichen Analytiker zu machen, denn die männlichen Freudianer wollten ja die Frauen wieder "anpassen" – an die männliche Herrschaft. Empfohlen war hingegen Margarete Mitscherlich. Ich glaube, sie ahnte damals nichts von diesem ihrem "Glück".

(Ich hielt diese Aussage damals wie heute für eher politisch denn wissenschaftlich. Die Wahl eines oder einer Psychotherapeutin oder einer Psychotherapeuten ist sehr persönlich, das Geschlecht des Therapeuten spielt nur einen kleinen Teil der Eigenschaften, die mir ein Gesamtbild des Therapeuten ergibt, mit dem man eine Arbeitsbeziehung eingehen möchte.

Und im Übrigen sind Menschen verschieden, also auch Therapeuten/innen).

Mein Vater mit Orna, meiner Nichte und Ziehtochter 1966, heute renommierte Dermatologin in Tel Aviv

Abschied meines Vaters

Im Frühjahr 1968 schrieb mir meine Mutter, dass mein Vater Darmblutungen habe. Der Arzt hatte bei ihm ein "gutartiges" Magengeschwür diagnostiziert. Sie aber glaubte nicht daran und fürchtete das Schlimmste. Leider behielt sie Recht. Einige Monate später wurde ein größerer, maligner Tumor in seinem Magen gefunden, der wahrscheinlich schon metastasiert hatte. Ich flog sofort nach Israel, um vor und nach der Operation bei ihm zu sein. Es berührte ihn sehr, und ich war froh darüber. Leider war die postoperative Entwicklung sehr schlecht. Er verlor schnell an Gewicht, und Anfang 1968 entwickelte sich bei ihm eine Gelbsucht. Es war mir klar, dass er Lebermetastasen hatte und dass er nicht mehr lange Zeit leben würde. Ich fuhr dann mit dem Wagen und per Schiff nach Israel. Ich nahm mir drei

Wochen Urlaub von der Klinik mit der Option, diese Urlaubszeit zur ot verlängern zu können. Ich betete zu Gott, dass ich noch rechtzeitig käme, dass er nicht in der Klinik sterben müsse und dass ich die Möglichkeit hätte, seine Schmerzen zu lindern. All diese Wünsche erfüllten sich.
Diese drei Wochen gehörten zu den intensivsten und wichtigsten Zeiten meines bisherigen Lebens. Ich war mit meinem Vater Tag und Nacht zusammen, konnte ihn pflegen und beruhigen. Wenn ich einkaufen ging, musste ich ihm sagen, wann genau ich zurückkommen würde. Wenn ich 10 Minuten zu spät kam, zitterte er vor Angst. Wir sprachen viel miteinander, aber viel wichtiger war die Nähe, auch die körperliche, denn er ließ sich wie ein Kleinkind von mir pflegen, duschen, reinigen. Nur von mir.

Am Tag vor dem Pessach-Fest sagte er mir: "Ich muss bald sterben oder gesunden, damit du rechtzeitig zu Deiner Klinik zurückfahren kannst!" Ich antwortete: "Mach Dir keine Gedanken, es geht schon in Ordnung." Dann sagte er mir: "Geh zu Deiner Schwester Pessach feiern, ich kann es nicht mehr." Kaum war ich bei ihr, rief meine Mutter an und sagte, es ginge ihm sehr schlecht. Ich fuhr sofort zurück. Er war bewusstlos, hatte massive Schmerzen und stöhnte laut. Ich gab ihm Morphin, und er schlief ein. Ich wachte die Nacht und den nächsten Morgen neben seinem Bett. Am Mittag wachte er auf und umarmte mich. Ich rief meine Mutter zu ihm, und er umarmte auch sie und dann meine Schwester. Dann starb er ruhig in meinen Armen.

Es ist traurig, seinen Vater zu verlieren, aber ich war nicht nur traurig. Ich war froh und dankbar, dass wir noch zueinander gefunden hatten und dass er sich von mir so hat verabschieden können. Das ist eine der wichtigsten Erfahrungen in meinem Leben, die ich meiner Analyse verdanke und die ich nicht missen möchte

Bad Nauheim

Ende 1968 war meine Stelle in der Heilstätte ausgelaufen. Ich suchte eine Stelle in der Psychiatrischen Landesklinik in Gießen, aber alle Stellen dort waren angeblich besetzt.

Meine psychologische und psychotherapeutische Ausbildung halfen mir dabei nicht. Ich vermute, dass meine psychoanalytische Ausbildung für die damalige Psychiatrie eher hinderlich war: Die Psychiatrie Chefs waren nicht unbedingt Psychoanalysefreundlich (nicht unähnlich wie zur Zeit Freuds!). Als ich kurze Zeit später um die Hilfe der Psychiatrischen Universitätsklinik bat (ich musste einen Patienten für kurze Zeit in stationäre Behandlung überweisen) weigerte sich der damalige Oberarzt mit folgender Begründung: "Die Analytiker machen unsere (!) Patienten verrückt und dann brauchen sie uns!"

Ich konnte meine Stelle in der Heilstätte als Ausnahme letztmalig, um weitere drei Monate verlängern, aber die Zeit danach drohte schwer zu werden. Ich wollte eine Arbeitsstelle in der Nähe von Gießen finden, denn dort fanden meine Vorlesungen und Seminare zur psychoanalytischen Ausbildung und meine supervidierten Analysen statt, die ich für meine Abschlussprüfungen brauchte. Ich fand keine Stelle in der Nähe von Gießen. Die einzig noch mögliche Stelle gab es in der Kleinstadt Weilmünster ca. 120 km von Gießen entfernt. Das wäre mit meiner Ausbildung in Gießen kaum zu vereinbaren gewesen, denn ich müsste dann täglich 240 Kilometer Berg- und Talstrasse fahren.

Im April 1969 musste ich endgültig meine Dienstwohnung in der Heilstätte ausräumen und wusste nicht wohin. Am vorletzten Arbeitstag in der Heilstätte ging ich zum damaligen Oberarzt der psychosomatischen Klinik in Gießen, Gerd Heising, und sagte: "Herr Heising, ich brauche eine Stelle!" Zu meinem Erstaunen sagte er: "Soeben hatte ich einen Anruf von einem Dr. Dickhaut, Chef einer psychotherapeutischen Klinik, Burghof-Klinik in Bad Nauheim, der einen Arzt braucht." Eine halbe Stunde später war ich in Bad Nauheim, 30 km südlich von Gießen. Eine Stunde später hatte ich den Vertrag für die Stelle als Stationsarzt in der Burghof-Klinik in der Tasche. Ich bin dort bis Oktober 1972 geblieben

Als ich meine Arbeit in der Burghof-Klinik aufnahm, war sie eine Kurklinik für psychiatrische Patienten. Sie sah aus wie ein Sanatorium in älteren Fellini-Filmen: Kaum Psychotherapie, dafür mehr Medikamente. Die 20 Patienten – es waren vorwiegend ältere Privatpatienten – hatten einen Kuraufenthalt, Visiten, Psychopharmaka, aber kaum Psychotherapie, wie ich sie verstand. Dr. Dickhaut war ein Psychiater der alten Schule, ein freundlicher Mann, der sehr gerne die Arbeit an mich delegierte, wofür er aber mein Gehalt erhöhte. Ich verdiente zum ersten Mal sehr gut, bekam zudem eine gratis Dienstwohnung, ganz nah bei der Klinik, sodass ich die vielen Nachtdienste nicht in der Klinik verbringen musste.

Als der damalige Oberarzt gleich darauf die Klinik verließ, wurde ich Funktionsoberarzt. Mein bester Freund Peter Hasenknopf wurde von mir als Stationsarzt angestellt.

Peter und seine damalige Frau Odrun waren gute Freunde seit der Studienzeit. Beide waren Bayern, also ebenfalls fremd im hessischen Gießen. Nach ihrer Praktikantenzeit hatten beide eine psychoanalytische Ausbildung in Gießen begonnen. Peter und ich standen uns besonders nah.

Peter war als Sohn einer Nonne geboren und dementsprechend unkonventionell aufgewachsen. Da er ein Jahr jünger war als ich, sah er mich als seinen großen Bruder an und nannte mich auch so, und so war ich zum ersten Mal der ältere Bruder. Die Freundschaft ist trotz späterer Entfernungen über Jahrzehnte eng geblieben. In den Klinikjahren waren wir ein ausgesprochen gutes Team. Neben der gemeinsamen Arbeit haben wir viel gefeiert, nicht zuletzt im Hause unseres Chefs Dickhaut und seiner Frau, mit denen wir uns sehr schnell auch persönlich und privat befreundeten. Es war eine schöne, intensive Zeit.

Der Apomorphin-Versuch

In der 68er-Zeit wurde der immer häufigere Gebrauch von bewusstseinserweiternden Drogen über die Medien bekannt. Wie sehr viele andere, auch und vor allem Ärzte, hatte ich damals so gut wie keine Ahnung von Drogen, kannte die Unterschiede zwischen "weichen" und "harten" Drogen nicht, und das bedeutete, dass wir alle Konsumenten von Drogen in einen Topf warfen. Bis wir eines Tages den Schriftsteller Jörg Fauser kennenlernten.

Jörg kam zu uns, weil er sich überlegte, bei mir eine Therapie zu machen. Er war aber sehr ambivalent und besuchte uns mehrmals in der Klinik und erzählte uns über seine Erfahrungen mit seiner Opiatensucht. Er empfahl uns, das Buch "Naked Lunch" von William Burroughs zu lesen. Burroughs schildert dort seine Erfahrung mit Apomorphin [2] als Antidot bei Opiatentzug. Minimale Dosen von Apomorphin sollten die schlimmen Begleiterscheinungen des Entzugs, den

[2] Apomorphin ist eine Methylform von Morphin, die keine rauscherzeugende Eigenschaften hat und damals als Brechmittel bei der Bekämpfung von Vergiftungen diente.

sogenannten "Cold Turkey" verhindern. Jörg berichtete von einem Dr. Feldmann, einem Psychiater in Genf, der seit Jahren mit Apo-morphin bei Alkoholentzug arbeitete. Wir - es waren Dr. Dick-haut und Frau, Christoph von Gierke, ein junger Kandidat aus Frankfurt und ich – fuhren nach Genf, um mit besagtem Dr. Feldmann über seine Erfahrungen zu sprechen. Wir waren so angetan von seinen Berichten, dass wir beschlossen, einen Versuch mit opiatsüchtigen Jugendlichen zu wagen.

Die ersten Erfahrungen waren begeisternd. Die Patienten – es waren damals vier Jugendliche – bestanden den Entzug ohne Komplikationen. Nach acht Tagen waren sie "clean" – oder so dachten wir. Es dauerte nicht lange, bis wir entdecken mussten, dass die Patienten nach den Entzug keineswegs "geheilt" waren. Sie waren vielleicht nicht mehr körperlich abhängig. Die seelische Abhängigkeit war jedoch schwerwiegender. Unsere Patienten waren seelisch völlig unreif, in ihrer frühkindlichen Entwicklungsphase fixiert. Sie waren nicht in der Lage, ohne Hilfe von Drogen oder Medikamenten die kleinsten Frustrationen zu überstehen, die zur normalen Entwicklung gehören.

Wir versuchten, sie analytisch zu behandeln, wofür sie nicht geeignet waren. Ein wenig besser ging es mit Gruppentherapie Diese Besserungen waren aber minimal und schon gar nicht stabil.

Mittlerweile kamen immer mehr Jugendliche zu uns, einige die wirklich mit deren Drogen Missbrauch aufhören wollten, andere, weil sie zeitweise keinen Stoff kaufen konnten und den erzwungenen Entzug ohne "Cold Turkey" (die massive körperliche Reaktion beim Absetzen von Opiaten, begleitet mit starken Schmerzen und inneren Frieren) überstehen wollten. Wir behandelten sie stationär, was der Klinik massive finanzielle Schäden verursachte: Die Stammpatienten der Klinik, die privat versichert waren, wollten nicht zusammen mit den "Hashishniks" wohnen. Die Kassen unterstützten uns nicht. Ich bewunderte den Mut und die Geduld von Dr. Dickhaut, der diese finanziellen Verluste erlitt und uns trotzdem erlaubte, weiter zu wursteln.

Wir – es waren vor allem Peter und ich – versuchten Informationen und Supervision zu erhalten, wir waren jedoch nicht sehr erfolgreich, wir mussten auch Polizeikontrollen und Rauschgiftdezernat-Untersuchungen über uns ergehen lassen und obwohl wir uns als "Wegweiser" sahen, konnten wir nicht mehr lange so weitermachen, zumal die therapeutischen Erfolge minimal waren.

Ende 1971 entdeckte die Polizei, dass eine Reihe von Apotheken- Einbrüchen in Bad Nauheim und Friedberg von unseren Patienten ausgeführt worden waren. Diese leugneten es zwar hartnäckig, aber die Polizei fand einige blutige Spritzen neben den Betten unserer Patienten. Wir konnten nicht mehr darüber hinwegsehen, dass hinter unserem Rücken die Klinik zum Ausgangspunkt der Einbrüche geworden war. Ich war enttäuscht, wütend und traurig. Es war mir aber klar, dass wir so nicht weitermachen konnten, dass ich nicht so weitermachen wollte. Ich sagte mir: "Du bist doch kein Masochist!" Ich fühlte mich auch verpflichtet, den finanziellen Schaden der Klinik einigermaßen zu begrenzen. Deshalb haben wir unser Experiment schweren Herzens abgebrochen und nahmen wieder mehr bezahlende, Privatpatienten auf. Das Leben normalisierte sich wieder. Ich war erleichtert, aber nicht wirklich froh.

Das Colloquium der Psychoanalyse

Während dieser Zeit setzte ich meine psychoanalytische Ausbildung fort. Das Vorcolloquium, d.h. die Zwischenprüfung, bestand ich 1965, begann aber erst nach dem Ende meines Medizinstudiums 1967 Patienten unter Supervision zu behandeln. Wir, damaligen Ausbildungskandidaten, suchten am liebsten die geeigneten, selbstzahlenden, "klassisch – hysterischen" Patientinnen (anders als heute bedeutete diese Benennung tatsächlich die Diagnose einer seelischer Erkrankung, vorwiegend bei weiblichen Patienten und nicht bewusst eine Kränkung. Und: das Wort "Hysterie" stammte doch vom Griechischen "Hystericus" – Gebärmutter).

Da ich nicht in der psychosomatischen Klinik arbeitete, musste ich mich mit dem "ungeliebten Rest" begnügen. Dieser ungeliebte Rest waren vorwiegend Patient/innen mit zwangsneurotischen Störungen. An sich wollte niemand mit zwanghaften Patienten arbeiten, weil deren Behandlung sehr schwer sein sollte, deren Prognose bestenfalls unsicher. Aber solche Patienten wurden von der psychosomatischen Ambulanz an mich weitergeleitet. Ich wollte sie ablehnen, aber das hätte bedeutet, dass meine Ausbildung unendlich dauern würde. Das wollte ich natürlich nicht. Ich ging mit meinem Dilemma zu Cremerius, der mein Supervisor und Freund werden sollte. Er hörte mich an und sagte: "Nehmen Sie diese Patienten. Sie werden Ihre Karriere mit ihnen machen!" So begann ich 1968 mit der Behandlung eines depressiven, zwanghaften Patienten, unter Supervision meines Lehrers und Freundes Cremerius.

In der Anfangszeit war die Arbeit mit Zwangsneurotischen Patienten wirklich schwer. Mein erster Patient war sehr ambivalent, was die Behandlung bei mir betraf: Er fand mich zu jung um ihn zu behandeln. Ich sei kein fertiger Psychoanalytiker.

Eigentlich stimmte es: Ich war damals 29 Jahre alt und sah wirklich nicht wie ein erfahrener Therapeut aus. Ich war es auch nicht. Ohne Cremerius hätte ich die Behandlung bestimmt abgebrochen. Der Patient seinerseits drohte auch mit Abbruch. Ich verdankte es Cremerius, dass ich cool und ruhig blieb, weil ich verstanden hatte, dass mein Patient diese Drohungen gegen sich selbst richtete, genauer gesagt gegen seinen Wunsch, angenommen zu werden. Ich deutete es, und er konnte es allmählich akzeptieren. So bin ich Herrn Cremerius und meinem Colloquium-Patienten bis heute dankbar, dass ich die Möglichkeit hatte, mit einer Zwangsneurose zu arbeiten, denn ich fand heraus, dass ich diese Arbeit gerne mache und dass ich in der Lage bin, meine Freude an die Arbeit mit zwanghaften Patienten an meine Schüler weiter zu vermitteln.

Am 03.04.1971 hatte ich meine letzte berufliche Prüfung, das psychoanalytische Colloquium, bestanden und war nun Mitglied der Deutschen Psychoanalytischen Vereinigung (DPV), die damals noch klein und übersichtlich war. Ich verwandte nun meine Anstrengungen gezielt darauf, die finanzielle Notlage der Burghof Klinik - nach den Verlusten mit den Suchtpatienten - auszugleichen, und gleichzeitig eine weitere Supervision in Gießen zu beginnen, bei Samir Stephanos.

Stephanos wurde in Ägypten in einer griechischen Familie geboren. Er kam 1969 nach Gießen, seine Ausbildung hatte er – zumindest zum Teil – in Paris gemacht.

Er war eine auffallende Erscheinung, passte nicht zum üblichen Therapeuten-Bild und wirkte auf viele Kollegen sehr arrogant. Ich sagte damals im Scherz: "Wir sind uns beide einig, dass er ein Genie ist!" Der Meinung bin ich heute noch. Die Supervision bei ihm war nämlich wirklich faszinierend. Ich lernte bei ihm, Ahnungen und Gefühlen bei mir (und bei meinen Patienten) zu vertrauen, auch wenn sie bei Realitätskontrolle absolut unlogisch zu sein schienen, was bei schwer gestörten oder gar psychotischen Patienten häufig der Fall ist.

Diese Erlebnisse haben mir keine Angst gemacht, denn Stephanos kannte sie auch, und so konnte ich mich vergewissern, dass ich zwar mit den Patienten sognannte psychotische Erlebnisse teile, doch nicht selbst psychotisch geworden bin. Parallel dazu entdeckte ich, dass ich immer besser mit psychotischen Patienten umgehen konnte, weil ich deren Hallu-zinationen verstehen oder, genauer, auch bei mir wiedererkennen konnte, ohne Angst zu bekommen.

Nach Beendigung meiner psychoanalytischen Ausbildung verspürte ich den Wunsch, den Klinikbetrieb zu verlassen und eine eigene Praxis zu eröffnen. Auch wurde Bad Nauheim immer langweiliger für mich. Das einzige, was mich noch in der Klinik hielt, war das Gefühl der Verantwortung Dickhaut gegenüber, denn es wurde immer sichtbarer, dass er alkoholabhängig war und meine Hilfe brauchte. Ich fühlte mich verpflichtet, denn er hatte mir ja geholfen, als ich arbeitslos war und obdachlos zu werden drohte. Ich blieb also noch ein halbes Jahr in der Klinik und überließ die Leitung weitgehend der Verwaltung, wurde jedoch immer unzufriedener. Das Dilemma besprach ich dann mit Cremerius. Er sagte mir, dass Dickhauts Abhängigkeit nicht mein Problem wäre, dass mein Verbleiben in der Klinik ihm nicht hülfe, sondern eher in eine Abhängigkeit von mir ausarten könnte.

Freiburg

Es war also Zeit, meine Zelte abzubrechen. Cremerius war Ende 1971 nach Freiburg umgezogen, und ich beschloss daraufhin, ebenfalls nach Freiburg zu gehen. Ich hatte eine Einladung vom Psychoanalytischen Seminar in Freiburg, im Ausbildungsausschuss mitzuarbeiten und später als Lehranalytiker zu fungieren. Gleichzeitig erhielt ich ein Angebot für eine Halbtagsstelle an einem "Wissenschaftlichen Institut des Jugendhilfswerks an der Universität Freiburg", wo ich neben der Stelle meine Doktorarbeit machen könnte. Das Institut würde für mich eine Wohnung besorgen. Ich sollte mir auch keine Sorgen um meine Arbeitserlaubnis machen, alles wird gut! – hieß es. So zog ich im Oktober 1972 mit fliegenden Fahnen nach Freiburg, um – wieder – eine Reihe von Enttäuschungen zu erleben.

Es fing damit an, dass das besagte Institut weder wissenschaftlich, noch der Universität Freiburg angeschlossen war. Es bestand aus fünf Psychologen diverser Richtungen, die "wissenschaftlich" beweisen sollten, dass wir jugendliche Delinquenten psychologisch heilen könnten. Diese schöne Vorstellung hatte einen Schwachpunkt: die Delinquenten, die wir in ihrer Untersuchungshaft kennenlernten, fühlten sich gar nicht krank, hatten keinen neurotischen Leidensdruck und dementsprechend keinen Wunsch, von uns behandelt zu werden, was ich durchaus verstanden habe. Nach der Entlassung aus der U-Haft zeigten sie sich nie wieder bei uns. Selbstverständlich konnten wir so auch keine Forschungen anstellen, die für meine anvisierte Doktorarbeit von Nutzen gewesen wären. Hinzu kam, dass es Komplikationen mit der Arbeitserlaubnis gab: Ich konnte keine Arbeitserlaubnis bekommen, wenn ich keine "Aufenthaltsberechtigung" hatte, die aber konnte ich nicht bekommen, wenn ich keine Arbeitserlaubnis hatte.

(Dieses bürokratische Labyrinth konnte ich nur dadurch bewältigen, dass ein Rechtsanwalt einen Bekannten im Arbeitsamt anrief und schon klappte es. Es gibt nichts Besseres als eine Vitamin-B = Beziehung!) Das Institut fand auch weder eine Wohnung für mich, noch Praxisräume. Deshalb musste ich meine Analyse-Patienten anfangs in der psychosomatischen Klinik bei Cremerius behandeln.

Viel schlimmer war für mich das Alleinsein in Freiburg, ich kannte dort keinen Menschen. Zwar hatte ich im Seminar eine Reihe von Kollegen kennengelernt, mit denen ich aber so gut wie keine gemeinsamen Themen außerhalb der Analyse hatte. Es bestand die Gefahr, dass ich direkt oder indirekt vollständig von meinen Patienten abhängig geworden wäre, was ich als ungut ansah.

Ich musste erkennen, wie ich die vielen Freunde in Gießen und Bad Nauheim vermisste. Meine Wochenenden verbrachte ich in Gießen, was der Nähe zur Freiburger Gruppe nicht gerade förderlich war. Das Freiburger Psychoanalytische Seminar war zu dieser Zeit noch klein und dem Begründer der Gruppe, Dr. Auchter, sehr verbunden. Ich fand mich in der Gruppe nicht zurecht und fühlte mich deprimiert und unglücklich.

Ich beschloss dann, eine Analysentranche bei Auchter zu versuchen. Der Versuch scheiterte: Wir waren uns viel zu unähnlich und verstanden einander kaum.

Ich erlebte, wie wichtig die Chemie zwischen Analytiker und Analysand ist, viel wichtiger als alle psychologischen Deutungen. Und die Chemie stimmte zwischen uns gar nicht. Diesen Versuch brach ich dann ab, wohl wissend, dass das Scheitern mir zu Last gelegt werden würde. Es hatte für mich aber kaum eine Bedeutung mehr, denn 1973 fing der Yom Kippur Krieg (zwischen Israel und Ägypten, auch Oktoberkrieg genannt) an; meine Unzufriedenheit mit dem Psychoanalytischen Seminar blieb zwar bestehen, sie verlor aber an Wichtigkeit.

Selbstverständlich änderte es sich meine Lage im Laufe der Zeit. Ich habe Freunde gefunden, Familie gegründet und so lebe ich sehr gerne in Freiburg heute. Diese positive Entwicklung dauerte jedoch sehr langsam, was nicht zuletzt an der Dynamik der Freiburger Psychoanalytische und an meinen Erwartungen gelegen hat.

Als ich mich als Arzt in Freiburg niederlassen wollte, kam der nächste Schlag: Die ärztliche Approbation wurde mir verweigert, weil ich "als Ausländer nicht die Lebensart und die Lebensweise des deutschen Volkes verstehen konnte" – so die wörtliche Begründung des baden-württembergischen Innenministeriums. Als niedergelassener **Psychologischer** Psychotherapeut war ich offensichtlich in der Lage, das deutsche Volk zu verstehen, nicht jedoch als Arzt. Allerdings müsste ich auch als Psychologe eine Zulassung als Heilpraktiker beantragen, um Kassenpatienten behandeln zu können. Gleichzeitig wurde mir vorgeschlagen, als ärztlicher Psychotherapeut in einem Gefängnis nahe bei Stuttgart zu arbeiten. Offensichtlich konnte ich als Ausländer die inhaftierten Deutschen verstehen, nicht jedoch die entlassenen. Das leuchtete mir nicht ein, aber Bürokratie braucht offensichtlich keine Logik, und meine Anträge auf Approbation wurden immer wieder – gebührenpflichtig – abgelehnt.

Ich verklagte das Innenministerium und behielt Recht. Es wurde dem Innenministerium untersagt, diese Argumente gegen meine Approbation zu benützen. Leider konnte das Gericht aber nicht die Kassen zwingen, mir der Niederlassung zuzustimmen, und das bedeutete, dass ich noch immer keine Kassenzulassung bekam.

Es blieb mir nichts anderes übrig, als die deutsche Staatsbürgerschaft zu beantragen, was nach vielem Hin und Her gelang, woraufhin ich meinen Stipendiums - Betrag für Entwicklungsländer - an den deutschen Staat zurückzahlen musste. Das tat zwar weh, aber ich konnte es einsehen. Daraufhin wurde mir bescheinigt, dass ich nunmehr in der Lage sei, das deutsche Volk zu verstehen!

(Sollte ich die deutsche Bürokratie als ausländerfeindlich angesehen haben, so musste ich mich an die israelische Bürokratie 1967 erinnern. Beide stehen einander in nichts nach).

Meine Situation erhärtete sich wegen Unterschieden zwischen Freiburg und Giessen in den Vorstellungen über die psychoanalytische Ausbildung.

Um dies zu erklären, muss ich kurz auf die Ausbildung zum Psychoanalytiker in der damaligen Zeit, d.h. in den siebziger Jahren, eingehen:

Der Anwärter (Arzt/Ärztin, Dipl.Psych.) bewirbt sich als Ausbildungskandidat bei dem örtlichen Ausbildungsausschuss = (AA). Nach drei Interviews, bei drei Lehranalytikern, wird er im positiven Fall als AT (=Ausbildungsteilnehmer) akzeptiert.

Nun muss er mehrere Seminare und Vorlesungen belegen, gleichzeitig eine eigene sog. Lehranalyse bei einem Lehranalytiker seiner Wahl anfangen.

Nach einigen Hunderten Lehranalyse-Sitzungen (die genaue Zahl variiert, je nach Lehranalytiker und Lehrinstitut) darf er eine Zwischenprüfung (gen. Vorcolloquium) bei dem örtlichen AA und mit deren Bewilligung beantragen.

Nach Bestehen dieser Prüfung darf er sich Ausbildungskandidat (AK) nennen und Patienten psychoanalytisch behandeln unter der Supervision eines Lehr- und Supervisions-Analytikers. Auch für diese Stufe muss eine Bewilligung des örtlichen AA vorliegen.

Während dieser Zeit - genauer gesagt, zu Beginn dieser psychoanalytischen Behandlungen – sollte er die eigene Lehranalyse parallel zu ihnen weiterführen. Nach wiederum einigen Hunderten Sitzungen (Lehr- und Supervisions-Analyse) darf er nun eine abschließende Prüfung (das Colloquium) beantragen. Erst nach Bestehen des Colloquiums darf er sich "Psychoanalytiker der DPV" (=Deutsche Psychoanalytische Vereinigung) nennen.

Diese Ausbildungsplanung war im Prinzip in allen Ausbildungsinstituten in der BRD gleich. Die Unterschiede lagen im Detail, genauer gesagt in der Beziehung zwischen Ausbildungsausschuss AA und Kandidat. In Gießen konnte der AK selbst seinen Lehrplan bestimmen, d.h. er selbst sollte die Zwischenprüfung beantragen, wenn er sich fit genug fühlte. Der Antrag wurde dann meist bewilligt. bzw. von der AA geprüft.

In Freiburg hingegen bestimmte ausschließlich der AA, ob und wann der Kandidat zur Prüfung zugelassen wurde.

Ich hielt dies für eine Unterdrückung der Autonomie der Kanndidaten. Ich habe häufig den Satz – von Ausbildungskandidaten – gehört: "Erst wenn ich mit der Ausbildung fertig bin, kann ich so arbeiten, wie ich es will!"

Ich aber sah die eigene Psychoanalyse als eine Möglichkeit, diese Wünsche zu erkennen, verstehen und offen zu bearbeiten, auch – und besonders – bei Ausbildungskandidaten.

Hinzu kam, dass die Lehranalytiker – deren gab es 1972 drei – an den AA-Sitzungen teilnahmen, wodurch manchmal einige intime Informationen aus der Lehranalyse einiger Kandidaten in die Entscheidungen des AA durchgesickert sind.

Dieser Missstand war bekannt, wurde aber als neurotisch bzw. paranoid abgetan. In meinem Fall, als fertig ausgebildeter Analytiker, der diesen Missstand bekämpfte, wurde es als "Populismus" gesehen.

Im Übrigen war mein Wunsch, als Lehr- und Supervisions-Analytiker (die höchste Stufe der psychoanalytischen Ausbildung) zu lehren, ebenfalls von einer Beantragung der AA Freiburg abhängig. Ich habe dies damals ebenfalls als einen Eingriff in meine Autonomie erlebt.

Als ich 1972 (also zu Beginn meines Aufenthalts in Freiburg) mit der "Expertengruppe" für die "Erforschung und die Behandlung junger Delinquenten", beauftragt wurde, beging ich die folgenden Fauxpas:

Wir, also die "Experten", sollten Jugendliche, die von der Staatsanwaltschaft in die Untersuchungshaft eingewiesen waren, psychologisch betreuen, bzw. "erforschen".

Einigen der Jugendlichen wurde der Gebrauch von Marihuana (Cannabis) vorgeworfen. Ich sollte sie nun wegen des Kiffens **behandeln** (so war die Haltung gegenüber Kiffern in 1972!). Unvorsichtigerweise äußerte ich, dass ich Kiffen nicht als eine Krankheit sähe und weigerte mich, diese Jugendlichen zu "therapieren".

Diese meine Äußerung wurde an die Justiz weitergegeben. Der Staatsanwalt RA Adam war mit dem Institutsleiter, Dr. Auchter befreundet und erzählte ihm von meiner Verfehlung. Erschwerend hinzu kam die Tatsache, dass ich mich geweigert habe, Details aus den "Patienten Akten" an die Staatsanwaltschaft weiter zu leiten: Nicht nur würde die Schweigepflicht dadurch verletzt, auch würde die Voraussetzung einer Psychotherapie, nämlich der Schutz der Privatsphäre, zunichte gemacht.

Damit war ich wieder das schwarze Schaf, das die fruchtbare Zusammenarbeit von Forschung und Justiz sabotierte.

Es ist verständlich, dass der AA Freiburg sich weigerte, mich der DPV als Lehranalytiker zu empfehlen.

Nachdem mir allmählich klar wurde, dass ich über das hiesige Psychoanalytische Seminar nicht in absehbarer Zeit mit einer Empfehlung rechnen konnte, begann ich zu überlegen, was ich eigentlich im Freiburger Seminar mache. Ich durfte ja nicht Lehranalyse praktizieren, es wurden keine Patienten vom Seminar an mich weiterempfohlen, und ich konnte mich mit dem hiesigen Lehrplan nicht identifizieren.

Dafür aber musste ich an wöchentlichen, langweiligen Sitzungen teilnehmen und obendrein noch 600 DM pro Jahr als Mitgliedsbeitrag bezahlen.

Ich habe lange hin und her überlegt, ob – und wenn ja warum – ich im Psychoanalytischem Seminar Freiburg als Mitglied bliebe: Ich suche die Ursache meiner Schwierigkeiten mit meinen Kollegen bei mir, blieb jedoch ambivalent.

Mitte 1992 beschloss ich endgültig, auf meine Mitgliedschaft im psychoanalytische Seminar Freiburg zu verzichtn. Stattdessen meldete ich mich in ein Orchester an.

Das habe ich nie bereut.

Die Geige

Ich war 6 Jahre alt, als ich beschloss, dass ich das Geigenspiel erlernen wollte.

Meine Eltern waren nicht sehr begeistert davon, auch, weil sie das nötige Kleingeld dafür nicht hatten. Ich übte massiven Druck aus, ich schrie und weinte, bis sie mich zu einem Geigenlehrer brachten, der mich testen sollte, ob ich genug Talent hätte und musikalisch wäre. Er war von mir sehr begeistert und schlug meinen Eltern vor, mich sechs Monate gratis zu unterrichten. Das überzeugte meine Eltern schlussendlich.

Ich war überglücklich und übte freiwillig Etüden. Vermutlich hatten unsere Nachbarn Einiges zu ertragen. Wenn ich allein mit meiner Geige war, befand ich mich in einer anderen Realität, gleichsam auf einer goldenen Wolke, die für mich das Glück symbolisierte.

Ich wurde gelobt von meinen Eltern, was für mich von großer Bedeutung war. Hier war mein Bruder nicht das Beispielkind. Er hatte kein Interesse an Musik, und da musste ich nicht seine Konkurrenz befürchten. Meine Selbstsicherheit war jedoch nicht sehr stabil – wie sollte sie auch? - Als ich 15 war, hatten wir – wie üblich – das Jahreskonzert der Musikschüler. In dem Alter verfolgte ich auch andere Interessen, und daher hatte ich nicht sehr viel geübt, zumal das Stück, das ich spielen sollte, eine relativ leichte (und nicht besonders schöne) Beethoven-Etüde war. Es kann sein, dass ich an diesem Nachmittag nicht besonders gut spielte. Meine Mutter im Publikum war von meinem Vorspiel sehr enttäuscht und erklärte anschließend, ich hätte furchtbar schlecht gespielt, schlechter als alle anderen.

Daraufhin sagte ich meine Geigenstunden prompt ab und beendete damit meine Musikkarriere Ich geigte zwar später noch ab und zu, aber die ganz große Begeisterung war dahin.

Als ich 1959 nach Deutschland kam, nahm ich meine Geige mit. Als ich kein Geld hatte, verkaufte ich sie für 50 DM, damit ich etwas zu essen hätte. Ich versuchte zwar immer wieder, auf geliehenen Geigen zu üben, meine Intonation wurde aber im Laufe der Jahre immer schlechter. Den Traum gab ich aber nicht auf.

1985 unterstützte ich eine Kollegin bei den Vorbereitungen für ihr analytisches Colloquium. Sie lieh mir zum Dank die Geige ihrer Tochter. Ich fand eine Geigerin im Theaterorchester, die bereit war, mir bei der Klärung zu helfen, ob ich, nach einer so langen Pause in der Lage wäre, wieder zu spielen. Es klappte offensichtlich. Nach meinem Austritt aus dem Freiburger Seminar fing ich an, als 2. Geiger in einem Freiburger Amateur-Orchester zu spielen. Es folgten andere Orchester.

Mein aktives musikalisches Leben veränderte sich, als ich Arnold Goutman kennengelernt habe, im Jahre 1993.

Ich spielte damals die zweite Geige in einem "Senioren-Salonorchester" alte Schlager- und Salonmusik. Zu einer Probe dieses Orchesters kam Arnold als Gast eines Orchestermitglieds, mit einer billig klingenden Fabrikgeige, die von Profimusikern "Zigarrenkiste" genannt wird. Seine wertvolle Geige hatte er wegen Zollformalitäten vorerst in Russland zurücklassen müssen. Deswegen hat er in dieser Zeit auf der "Zigarrenkiste" gespielt.

Arnold war ein sog. "Kontingentflüchtling". (Die Kontingentflüchtlinge waren einige tausend russische und ukrainische Juden, die in den 80er und 90er Jahren in die Bundesrepublik einreisen und bleiben durften).

In Moskau war Arnold Konzertmeister gewesen. Als die jüdischen Musiker das Orchester verlassen mussten, (siehe auch den Film "das Konzert" 2009, Regie Radu Mihaileanu) ging er mit seiner Familie in eine Stadt namens Mineralnyi Wody (= Mineralwasser) im Nord Kaukasus. Später siedelte er nach St. Petersburg um, wo er ebenfalls Konzertmeister war. 1992 kam er mit Frau und Sohn nach Deutschland.

Arnolds Leben bestand - außer seiner Familie – ausschließlich aus Musik. Als er nach Freiburg kam, suchte er sofort nach einem Orchester, mit welchem er arbeiten konnte. So traf ich ihn in besagtem Orchester, das gar nicht seinem Niveau entsprach. Das war ihm aber egal. Die Hauptsache für ihn war: Musik machen.

Wegen seiner fehlenden Deutschkenntnisse hatte er grosse Schwierigkeiten mit der in Deutschland üblichen, nun notwendigen Bürokratie gehabt. Zum Glück konnten wir uns mit Jiddisch besser verständigen, und so kamen wir über Jiddisch und Musik einander näher. Später konnte ich ihm helfen seine jungverwitwete Tochter mit ihren zwei Kindern nach Deutschland nachkommen zu lassen

Er war mir dafür sehr dankbar und versprach, mir Geigen-Unterricht zu geben solange er lebe. Er weigerte sich hierfür Geld zu nehmen. Tatsächlich arbeiten wir bis heute (fast 30 Jahre danach) zusammen.

Eines Tages erzählte ich ihm, dass ich eine bessere Geige kaufen möchte und bereit sei für eine solche Geige gut zu bezahlen. Arnold bot mir seine Hilfe bei der Suche an.

Nach einigen Wochen teilte er mir mit, dass er erfahren hatte, ein jüdischer Orchester-Kollege in Russland wolle – oder müsse - seine Geige verkaufen: er wäre nun zu alt für professionelles Geigen und bräuchte dringend Geld.
Dieser Geiger nannte einen sehr hohen Wunsch-Preis für das Instrument, aber nachdem Arnold ihm sagte, dass er die Geige für einen jüdischen Kollegen kaufen möchte, ging der Besitzer mit dem Preis wesentlich herunter; so dass ich die Summe zusammenkratzen konnte.

Die Reise von Straßburg nach Freiburg dauert ca. 1½ Stunden. Ich konnte kaum erwarten, die Geige genauer zu sehen und zu spielen. Ich war sehr enttäuscht, als ich sie dann sah: verdreckt und verstaubt, die Saiten nicht gestimmt oder gar gerissen, der Steg stand erschreckend schief usw.

Nachdem das Geld über Dritte überwiesen war, blieb nur noch die Frage offen, wie wir die Geige aus Russland hinausschmuggeln könnten (Russland erlaubte nicht, "Kulturgegenstände" außerhalb seiner Grenzen zu veräußern).

Nun stellte sich das nächste Problem, nämlich das Kultusministerium Russalands: Man durfte kein Kulturgegnstand aus Russland herausnehmen und schon gar nicht ans Westen verkaufen. Ein Vergehen würde schwer bestraft.

Wie könnten wir nun die Geige hinausschmuggeln?

Not macht bekanntlich erfinderisch, und so wurde (ähnlich wie in dem Film "das Konzert") ein Auslands-Konzert dafür benutzt, die Geige über die Grenze zu schmuggeln.

Das Konzert sollte in Barcelona stattfinden. Die Reise dorthin begann mit einem Flug nach Paris, wo die Musiker in den Zug nach Barcelona umstiegen.

Arnold arrangierte mit seinem russischen Kollegen den folgenden Plan: In Paris wartete ein Mittelsmann, der die Geige entgegennahm, mit ihr von Paris nach Straßburg fuhr, wo wiederum ich auf ihn erwartete und die Geige endlich an mich nehmen konnte.

Ich wusste natürlich, dass die Geige auf "billig" getrimmt war, für den Fall, dass der russische Zoll sie doch entdeckt hätte, was nicht passierte. Es dauerte aber zwei Wochen, bis mit Hilfe meines Geigenbauers ihre alte, glänzende Schönheit wieder zum Vorschein kam.

Jeder Geiger - ob Amateur oder Profi – träumt von einer Geige, die "persönlich" wäre, im Klang genau seinem musikalischen Geschmack entspricht und mit welcher er schöne Töne produzieren kann.

Die geschmuggelte Geige hat tatsächlich meine Träume wahr gemacht mit ihrem tiefen, warmen Klang. Sie begleitete mich in den drei Orchestern, in denen ich seither mitspielte: In Freiburg, Kehl und als Mitglied der "Bavarian Classics".

Das Bavarian Classic Orchester

Im Jahre 1992 haben Musiker aus München und Lübeck ein Workshop-Orchester gegründet: Es haben sich jeden Sommer mehrere Musiker (Professionelle und Amateure) aus der ganzen Republik in anderen Ländern bzw. Städten getroffen, wo sie dann eine Woche blieben und täglich musiziert haben. Am Ende dieser Woche gaben wir einige Konzerte, deren Erlös einen Teil der Ausgaben gedeckt hat.

Ich wurde über ein Orchester Mitglied eingeladen mitzumachen, was ich sehr gerne getan habe. Diese Woche war tatsächlich ein wirklicher Urlaub, echte Entspannung für mich: sechs bis acht Stunden musizieren täglich, danach einige Stunden zur freien Verfügung.

Auf dieser Weise kamen wir nach Trani, Val d'Elsa, Florenz und Siena (Italien), Menton (Monaco), Brixen (Südtirol), Kalamata (Griechenland), Monschau, Lübeck und Görlitz. In den sechs Jahren, in denen ich mitgespielt habe, lernte ich Städte, Länder, aber vor allem verschiedene Menschen kennen.

Die Pandemie hat dem Orchester den Todesstoß versetzt. Das geplante Treffen und die Konzerte wurden storniert, danach wollte niemand die Leitung des Orchesters übernehmen. und so war das Konzert 2021 der Schwanengesang dieses Orchesters.

Paula Heimann (1899 – 1982)

Paula Heimann wurde vor allem dadurch bekannt, dass sie das Element der Gegenübertragung als wichtigen Bestandteil der psychoanalytischen Behandlungstechnik etablierte.

Geboren und aufgewachsen in Deutschland, wo sie auch ihre Staatsexamen ablegte, musste sie als Jüdin Deutschland 1933 verlassen und emigrierte nach London.

Sie machte ihre psychoanalytische Ausbildung bei Melanie Klein, von der sie sich 1949 trennte, weil ihre Auffassung von der Bedeutung der Gegenübertragung von der klinischen Auffassung darüber sich in eine andere Richtung entwickelte.

Sie wandte sich der Gruppe der "Independent" zu und wurde 1957/59 die Lehranalytikerin unter anderem von Margarete Mitscherlich.

Ich erlebte Paula Heimann zweimal: Im Jahr 1964 war sie als Gastrednerin bei der Feier zur Namensgebung des psychoanalytischen Institut Frankfurt im "Sigmund-Freud-Haus" (von uns Kandidaten auch liebevoll das "Freudenhaus" genannt...) eingeladen. Sie trug die Behandlung eines jungen Patienten vor.

Eine Passage des Vortrags habe ich bis heute gut in Erinnerung: der junge Patient brachte ihr Blumen mit.

In der Diskussion über den Vortrag fragte ein Kollege, was sie mit den Blumen getan hatte. Hatte sie sie abgelehnt? Und wie hatte sie die Ablehnung gedeutet? Eigentlich dürfte sie doch keine Blumen von Patienten akzeptieren!

Paula lächelte und sagte: "Ach wissen Sie, ich bin eine mittelaltrige Jüdin. Schön war ich nie. Und nun bringt mir ein junger Mann Blumen. Soll ich sie wirklich ablehnen? Natürlich habe ich die Blumen dankend angenommen. Deuten konnte ich diese Geste später!"

Zum ersten Mal habe ich verstanden, dass der Therapeut seine eigene Person und seine eigene Lebenserfahrung in Betracht ziehen sollte. Das also war die Gegenübertragung!

Ein zweites Mal traf ich Paula 1982 kurz vor ihrem Tod. Sie war zur Kur in Baden-Baden und wurde als Gast vom Freiburger Psychoanalytischen Seminar eingeladen. Auch diesmal trug sie einen Behandlungsfall vor. (Allerdings auch viel von ihrem Leben): Ein Winterabend in London. Der Regen gefror zu Glatteis. Ein junger Patient kam völlig durchnässt und frierend. Paula – eine jüdische Mutter - gab ihm ein Handtuch und ein frisches Hemd von ihrem Schwiegersohn, sowie eine Tasse heißen Tee.

Auch diesmal fragte ein Teilnehmer, warum sie das getan hatte. Das sei ja für die Psychoanalyse ein No-Go.

Paula lächelte und sagte: "Ich würde es für meine Putzfrau (cleaning lady) selbstverständlich tun. Warum also nicht für einen Patienten?"

Nun fragte der leicht gekränkte Kollege: "Frau Heimann, Ihr Vortrag hieß ja Gegenübertragung. Wann sprechen Sie über die Gegenübertragung?[3]

---

[3] Übertragung in der Psychologie bedeutet, dass unsere Entdeckung,, Beurteilungen und Gefühle heute von unseren früh(=kindlichen) Erfahrungen beeinflusst sind: sie werden von der Vergangenheit in die Gegenwart übertragen. Als Beispiel. *"Ich erlebe meinen Therapeuten als schwerhörig, da er mich an meinen Vater erinnert, der schwerhörig gewesen ist."* So eine Übertragung findet auch beim Behandler statt, wie er seinen Patienten erlebt und wie er mit ihm/ihr arbeitet. Die Übertragung beim Behandler nennen wir daher "Gegenübertragung."

Paula schmunzelte und antwortete: "Was glauben Sie, tue ich die ganze Zeit?"

Nach dem Vortrag bat ich sie um eine Supervision bei ihr. Wir vereinbarten einen Termin. Es kam aber leider nicht mehr dazu.

Paula verstarb in London, fünf Wochen nach diesem Treffen.

Joyce McDougall (1920 – 2011)

Joyce traf ich zum ersten Mal 1985 beim Psychoanalyse Kongress in Hamburg. Sie hat einen Vortrag über ein Thema vorgetragen, das relativ selten erforscht wurde, weil es sich um Krankheitsbilder handelte, die sehr Therapieresistent waren, nämlich Persönlichkeitsstörungen, mit symptomatischen Anomalien und Perversion.

Ihr Vortrag hat mich fasziniert, weil ich gerne mit Patienten arbeitete, deren Prognose angeblich sehr schlecht war, nämlich Zwangsneurosen, die angeblich zu Persönlichkeitsstörungen zählten und daher unbehandelbar wären.

Nach dem besagten Vortrag habe ich mich bei Joyce vorgestellt und vereinbarte mit ihr, dass ich bei ihr einige meiner Behandlungen supervisionierte, und sie deswegen in Paris besuchte, wo sie lebte und arbeitete.

Ich nahm zu diesen Wochenenden jedes Mal eines der Kinder mit, und wir hatten ein schönes Wochenende in Paris. Wir sind aus Basel bzw. Strasbourg am Freitagvormittag nach Paris geflogen, vom Flughafen mit der Metro zu Joyce gefahren. Der erste Flug und die Fahrt mit der Metro bedeutete für meine Kinder ein Abenteuer, das sie in Freiburg nicht haben konnten.

Nach der Supervisionsstunde bin ich mit dem jeweiligen Kind ins Stadtzentrum gegangen, wo wir alles getan haben, was Spaß gemacht hat. Ich hoffe, dass meine Kinder sich ebenfalls gerne an diese Wochenenden in Paris erinnern.

Was mich in dieser Supervision bei Joyce faszinierte, war ihre Arbeit mit ihrer eigenen Phantasie – ähnlich wie bei Stephanos. Auch sie ließ ihre Phantasie in den Behandlungen ungefiltert und frei schweben, um

ihre Assoziationen dazu für ihr Verständnis des jeweiligen Patienten zu benutzen und eventuell zu deuten.
Joyce Mc Dougall wurde in New Zealand geboren, heiratete nach Europa und machte ihre Ausbildung in London und Paris. In Deutschland wurde sie durch ihr Buch "Plädoyer für eine gewisse Anomalität" ("Pladoyer pour une certrain Anomalité") bekannt. Sie war Mitglied der Societè Psychoanalytique de Paris und der New York Freudian Society.

Allerdings hat sie mir kaum von ihrem Ausbildungsinstituten erzählt, vielleicht, weil sie diese als ein notwendiges Übel betrachtete.

In diesem Zusammenhang hat sie mir folgende Geschichte erzählt:

"Die 12-jährige Tochter eines Analytiker-Ehepaares in Paris fragte ihre Eltern, was Psychoanalytiker so reden, wenn sie nicht im Dienst sind.

Daraufhin beschlossen die Eltern ein Treffen zum Abendessen zu veranstalten, luden noch 10 Psychoanalytiker ein und die Tochter dazu.

Der Abend verlief gut, gutes Essen und Trinken, längere Unterhaltungen.

Am nächsten Morgen fragten die Eltern ihre Tochter, wie sie den Abend gefunden hatte.

"Oh, die sind alle irre!"

"Wieso meinst Du das?"

"Sie haben den ganzen Abend nur von Penis und Psychoanalytischer Vereinigung gesprochen!"

Dazu Joyce:

"Je älter ich werde, reden sie mehr und mehr von der Analytischen Vereinigung und weniger von Penis, was ich sehr schade finde!"

Joyce ist am 24.August 2011 in London 91-jährig verstorben.

Familienleben

1975 lernte ich meine spätere Frau kennen. Sie wohnte nach ihrer Scheidung zusammen mit ihrer fünfjährigen Tochter in Wohngemeinschaft mit einer Freundin, die für meine Praxis Schreibarbeiten erledigte. - Wir zogen zusammen und heirateten 1977.

Menachem mit seiner Frau Ruth (Ursula, Uschi) 2015

Bei der Familienplanung waren wir uns einig, dass wir mehrere Kinder haben wollten, was vor allem der Wunsch meiner Frau war, die als Einzelkind aufgewachsen war und dieses Schicksal unseren Kindern ersparen wollte.

Dafür wollte sie dann auch als Hausfrau zu Hause bleiben. - Sie sagte, es sei nicht einzusehen, eine Arbeit aufzunehmen, um dann mit der Hälfte des Verdienstes eine Kinderfrau bezahlen zu müssen, die mit den Kindern nicht halb so gut umgehen könne wie sie als Mutter. Diese Begründung war 1976 natürlich politisch nicht korrekt und wurde von vielen Freundinnen negativ beurteilt, was meiner Frau aber nicht wichtig war. Ich wiederum wünschte mir/uns ein Kind bevor ich

40 Jahre alt würde. Diese Fixierung auf eine Jahreszahl lag wohl daran, dass ich meinen Vater als einen alten Vater erlebte. Er war zum Zeitpunkt unserer Geburt 38 Jahre alt und ich versuchte die mangelnde Verständigung zwischen uns damit zu erklären.

Erst später habe ich eingesehen, dass 38 Jahre damals viel älter bedeuteten als 38 Jahre zum Zeitpunkt der Geburt meiner Kinder.

Im September 1977 wurde unsere Tochter Nurith geboren, unser Sohn Jonathan im August 1980, da war ich schon 42 Jahre alt, doch ich habe nie das Gefühl gehabt, als Vater zu alt zu sein. Ich denke, dass meine Kinder derselben Meinung sind.

Meine Praxis lag bis Ende 1979 in der oberen Etage eines Einkaufzentrums, ca. 10 Minuten von unserer Wohnung entfernt. Meine Tochter konnte ich während der Woche kaum sehen. Ich hatte nur eine Stunde Mittagspause, und wenn ich abends nach Hause zurückkam, schlief sie schon. Ich war also ein Wochenend-Vater. Mit diesem Zustand war ich ganz unzufrieden. Ich wollte meine Kinder länger und häufiger sehen, für sie da sein.

Kurz vor der Geburt von Jonathan zogen wir in eine größere Wohnung um, und ich hatte die Möglichkeit, im Souterrain des Hauses, direkt unter unserer Wohnung, zu praktizieren.

Natürlich wurde diese Entscheidung von wohlmeinenden Kollegen kritisiert: Man sollte den Patienten ermöglichen, auf mich zu übertragen und das hieße, dass sie von meinem Privatleben nichts wissen oder gar sehen sollten. Das konnte ich nicht nachvollziehen. Ich hatte meine eigene Analyse in der Praxis von Gerda Barag gemacht, die in ihrer Wohnung lag. Ich sah manchmal ihre Tochter zwischen Tür und Angel. Das störte mich nie dabei, meine Übertragung auf sie zu entwickeln. Auch mein väterlicher Lehrer Ulrich Ehebald, ein Hamburger Kollege und Freund, praktizierte zeitlebens Analyse in seinem Hause. Und: Wie wir alle wissen, machte ja Freud seine Analysen ebenfalls in seinem Hause in der Berggasse 19, Wien.

Ich richtete also meine analytische Praxis im Souterrain meiner Wohnung ein und erlebte nie, dass eine Behandlung daran scheiterte.

Diese Konstellation genoss ich sehr. Auf dieser Weise hatte ich das Glück, meine Kinder ganztägig zu sehen und ihr Aufwachsen begleiten zu können.

Unsere Kinder haben also beide Eltern ständig zu Hause erlebt. Es spielte für sie keine Rolle, dass ich nur 10 Minuten in der Stunde – die berühmten 10 Minuten Pause – für sie ansprechbar war. Für sie war ich immer da!

Meine Tochter sagte mir Jahre später: "Erst als ich in die Schule ging, habe ich begriffen, was ich für ein Glück hatte. Ich dachte vorher, dass natürlich alle Kinder **beide** Eltern immer zu Hause hätten!"

Dieses Glück war und ist mir viel wichtiger als die Meinung meiner Kritiker.

Als die Kinder noch recht klein waren, war unsere religiöse Ausrichtung noch kein Thema. Ich war nicht sehr religiös und die religiöse Orientierung der Kinder war mir nicht wichtig - oder so dachte ich damals. Formell haben meine Frau und ich besprochen, dass die Kinder das später, mit 12 Jahren für sich selbst entscheiden sollten. Heute weiß ich, dass eine derartig weitreichende Entscheidung Kinder völlig überfordert.

Das Thema wurde zwar in der Schule erwähnt (in welcher Richtung der Religionsunterricht erfolgen sollte – R-Katholisch, Evangelisch oder Ethik) aber von uns damals weitgehend verleugnet.

Jonathan hat als erster das Thema angesprochen, indem er mit 13 erklärte, er möchte eine Bar Mitzwa* haben. Als ich ihn fragte warum, antwortete er: "Weil ich an Gott glaube!" Nurith äußerte einen ähnlichen Wunsch und so suchte ich den Stadt- Rabbiner auf, um Informationen hierzu einzuholen. Es wurde mir erklärt, dass ein Übertritt für die Kinder viel leichter wäre, wenn die Mutter jüdisch ist. Meine Frau ließ mich wissen, dass sie seit langem zum Judentum konvertieren wolle und der Wunsch unserer Kinder ihr sehr entgegenkomme.

Das Judentum ist keine missionierende Religion und dementsprechend ist die Übertritt-Prozedur "Giur" sehr streng und schwierig. Ich hatte Mitleid aber auch großen Respekt für meine Frau und Kinder, dass sie diesen schwierigen Weg auf sich genommen haben. Ich wusste ja auch, dass sie es z. T. wegen mir und für mich taten.

---

* "Sohn der Pflicht". Synagogales und familiales Fest, bei dem ein jüdicher Junge mit 13 Jahren religiös volljährig wird; im liberalen Judentum werden Mädchen mit 12 Jahren "Bat Mitzwa" ("Tochter der Pflicht").

Diese schwierige Prozedur dauerte 2 ½ Jahre, nach denen wir – 2002 - nochmals heirateten - diesmal religiös.

Menachems Sohn Jonathan mit Frau Fiona

Ich stellte fest, dass diese Übertritte mich sehr gefreut und entlastet haben, und bemerkte, dass diese Frage mir doch nicht gleichgültig war.

Meine Frau übernahm nach ihrer Konvertierung mehrere ehrenamtliche Aufgaben in der jüdischen Gemeinde Freiburg. Zu dieser Zeit hat die jüdische Gemeinde Freiburg mehrere Asylbewerber aus der ehemaligen Sowjetunion aufnehmen müssen und die Hilfe meiner Frau wurde sehr geschätzt.

Im Laufe der Zeit nahmen immer öfter israelische und jüdische Studenten an unseren Schabbath-Abenden teil, ähnlich wie es in Gießen bei Familie Weiss der Fall gewesen war: sie fanden in unserem Haus Ersatzeltern und einen sicheren Hafen in Freiburg – was wir für unsere Kinder im Ausland, die nach und nach für ihre Ausbildung und für ihre Autonomie das Haus und die Stadt verlassen hatten - auch wünschten. Für uns waren die Schabbath Abende mit diesen Studenten eine Art Prophylaxe von Empty Nest Syndrome.

Dayne-Shimon pflanzt ein Pflänzchen zu Tu Bischwát (Neujahr der Bäume)

"Geschichtsstunde" – Mama Fiona liest ihren Kindern Ariel und Vivienne

Sohn Jonathan mit Frau Fiona und den Kindern Ariel und Vivienne

Tochter Nurith und ihr Sohn Dayne-Shimon

Mein amerikanischer Enkel Dayne-Shimon

aspire martial arts
Aspire Tiger's Certificate of Rank
This is to certify that
Dayne Amitai - Crawford
Has been awarded the Rank of
Orange Belt
on Dec 10th, 2022

Ohne Worte

Omas Augen

Meine Frau hat nicht nur ihre Tochter, sondern auch ihre Mutter mit in die Ehe gebracht.

Es wird allgemein angenommen, dass Schwiegermütter und Schwiegersöhne sich spinnefeind sein sollen. Die Schwiegermutter wird so zur grotesken Witzfigur in Komödien und Farcen.

Das war bei mir nicht der Fall. Wir kamen miteinander gut zurecht und im Laufe der Jahre hat sich eine richtige Freundschaft entwickelt. Die geografische Distanz (ca. 150 Kilometer) erleichterte dabei sicher die gegenseitige Akzeptanz.

Die Schwiegermutter, von uns allen Oma genannt, ähnelt sehr Sophia, die Mutter in der Kultserie "Golden Girls": Klein, energisch, mal sehr engagiert, sie konnte aber auch sehr giftig sein, besonders gegenüber ihrer Tochter, meiner Frau.

Als sie mich zu Anfang meiner Ehe mit einigen Giftpfeilen attackiert hat, fand ich es als witzig und habe darüber laut gelacht. Das hat sie zuerst sehr irritiert, dann aber ihr imponiert. Dann musste sie selbst lachen. Nicht, dass sie aufgehört hat giftige Bemerkungen zu machen, aber nun konnten wir beide darüber lachen.

Als ich sie kennenlernte, lebte sie in ihrem eigenen Reihenhaus in einem Vorort von Karlsruhe. Damals war sie noch rüstig und selbständig, worauf sie sehr stolz war. Ihr damaliger Freund war ein um 16 Jahre jüngerer Kollege von ihr, doch hat diese Beziehung nicht lange gehalten – sie hat ihn verlassen, weil seine Nähe-Wünsche ihr zu lästig wurden. Sie kümmerte sich um ihre Freunde, wenn die krank oder traurig waren, und die Freunde kümmerten sich um sie, als sie älter wurde. Allerdings überlebte sie fast alle Freunde.

Als sie 96 Jahre alt und zunehmend gebrechlicher wurde, brauchte sie noch mehr Hilfe. So engagierten wir eine Agentur, die polnische Hilfskräfte vermittelt und baten um eine Altenpflegerin für die Oma. Diese Altenpflegerin sollte 24/7 bei Oma wohnen, ihr helfen beim Anziehen, duschen, essen usw. Mit etwas Glück konnte sie sogar einigermaßen gut kochen.

Diese Hilfspflegerinnen waren meist ältere polnische Frauen im Rentenalter, die ihre kleine Rente aufbessern wollten. Sie absolvierten einen Schnellkurs im Umgang mit älteren Patienten, vorwiegend die körperliche Pflege. Leider konnten die meisten kaum Deutsch sprechen. Sie haben die Stelle nach drei Monaten verlassen und fuhren zurück nach Polen - für eine mehrwöchige Pause, oder sie kündigten, weil sie vorerst genug Geld verdient hatten. Die Agentur sorgte dann für Ersatz. Das bedeutete neue Pflegerinnen, die ebenfalls nach 3 Monaten kündigten, usw.

Anfang 2015 verschlechterte sich der körperliche Zustand der Oma zusehends. Sie konnte nun nicht mehr ohne Gehhilfe gehen. Ab 2017 war sie auf einen Rollstuhl angewiesen.

Zusätzlich zu dieser Einschränkung der Mobilität kamen neue Beschwerden. Sie klagte immer häufiger, immer schlechter sehen zu können.

Ich muss zugeben, dass ich diese Klagen anfangs nicht ernst genommen habe, weil sie sich in ihrer Wohnung auffallend sicher bewegen konnte, aber auch, weil ich diese Entwicklung wohl verleugnete, weil ich ohnehin glaubte, ihr nicht helfen zu können. In ihrem Wohnort kannte ich keinen Augenarzt. Die nächste Behandlungsmöglichkeit - d.h. Diagnostik - wäre nur in der Universität Augenklinik in Karlsruhe möglich und eine Reise - mit dem Krankentransport - von ihrem Wohnort aus nach Karlsruhe - wäre sehr kompliziert zu organisieren gewesen und im Übrigen sehr teuer.

Bei einem späteren Besuch 2019 konnte ich die Tatsache, dass die Oma nun vollständig blind war, nicht mehr verleugnen. Ihre Augen waren bewegungslos, sie konnte nicht selbstständig essen, war unsicher und musste von ihrer jeweiligen Pflegerin gefüttert werden. Kurzum: sie war nun von ihren wechselnden Pflegerinnen vollstänig abhängig, also von Frauen, die sie nicht kannte, weil sie sie nicht gesehen hat und mit denen sie sich meist kaum sprachlich verständigen konnte.

Diese Situation war nur deswegen einigermaßen erträglich, weil befreundete Nachbarn, aus dem gleichen Haus ihr lange und intensive Hilfe anboten: Sie besuchten sie täglich, erledigten die alltäglichen Bedürfnisse, versuchten sich mit den Pflegerinnen sprachlich zu verständigen und auch sonst kümmerten sich sehr intensiv um sie. Das war der Status Quo bis zum Frühjahr 2021.

Wir waren Ostern 2021 gerade auf dem Weg, um die Oma zu besuchen, als ihre Nachbarn anriefen, um uns mitzuteilen, dass sich Omas Zustand sehr verschlechtert hatte. Sie liege nun wegen massiver Dehydrierung in der Klinik in Bruchsal und sie (die Nachbarn) wären nun nicht mehr in der Lage, sich wie bisher um sie zu kümmern: da die Oma die Uhr nicht mehr sehen konnte, hatte sie ihre Nachbarn Tag und Nacht telefonisch um Hilfe gebeten, und die treusorgenden Nachbarn waren nun am Ende ihrer Kräfte. Auch die polnische Pflegerin war völlig hilflos.

Als wir Omas Haus erreichten, sprachen wir mit den Nachbarn und es wurde uns klar, dass Oma einer Ganztages-Pflege bedürfe. Die Entscheidung, sie in einer Pflegeeinrichtung anzumelden, fiel uns nicht leicht. Wir hatten bis dahin nur erschreckende Berichte über solche Einrichtungen gehört. Für die Oma würde es den letzten Verlust ihrer Autonomie bedeuten und damit die größte Kränkung. Aber nun war es so weit. Es ging nicht wie bis bisher: eine Entscheidung musste getroffen werden.

Glücklicherweise fanden wir ein Pflegeheim in Freiburg, eine "Senioren-Residenz". Wir konnten die Oma überzeugen, dass es keine Alternative gäbe, sie stimmte schweren Herzens dem Umzug nach Freiburg zu und wir mieteten ein Einzelzimmer mit Bad und Balkon für sie in der besagten Residenz.

Sehr schnell bemerkten wir, wie grundlos unsere Befürchtungen (weil Vorurteile) gegen Pflegeeinrichtungen waren. Die Residenz wurde kompetent und freundlich geführt. Mitarbeiter schauten mehrmals am Tag für ein Schwätzchen vorbei, um zu fragen, wie es ihr ginge. Vor allem aber freute sie sich darüber, dass die Mitarbeiter und auch die ausländischen Azubis sehr gut deutsch sprachen. So konnte sie schnell mit ihnen Kontakt aufnehmen. Da sie zu den wenigen Bewohnern gehörte, die mit über 99 Jahren noch nicht dement war, war sicher von Vorteil. Ihr persönliches, ehrliches Interesse an den Pflegekräften haben sie recht populär gemacht.

Hinzu kam für uns natürlich die Möglichkeit entgegen, sie häufiger zu besuchen, genauer gesagt dreimal wöchentlich statt wie bisher dreimal jährlich.

Diese Entwicklung war sehr erfreulich, denn nun konnte ich das tun, was ich mir vorgenommen habe, den Zustand ihrer Augen, ihre Blindheit abzuklären, ob etwas und wenn ja, was getan werden könnte.

Die ersten Reaktionen auf meine Entscheidung waren deprimierend. "Lass das sein... Es lohnt sich nicht... Sie ist ohnehin zu alt... was will sie mit 100 Jahren anfangen?"

Einzig meine eigene Augenärztin riet mir, es zu versuchen. "Die Frau ist lebendig, wach und kämpferisch. Lassen Sie es versuchen!" Diese Ermutigung war für mich sehr wichtig. Endlich eine positive Reaktion von einem kompetenten Menschen!

Ich habe wenig Kenntnis von Augenmedizin, war aber nicht bereit zu akzeptieren, dass man blind wird und bleiben muss, nur weil man sehr alt ist.

Ich wusste bereits damals, dass es im Wesentlichen drei Ursachen für dieses Art Erblindung gäbe: Entweder sind die Linsen undurchsichtig geworden (z.B. wegen Grauen Stars) oder ist die Netzhaut, insbesondere die zentralliegende, Makula, degeneriert (AMD) oder die Sehnerven sind betroffen.

Die erste Untersuchung bei meiner Augenärztin war weitgehend unmöglich, da die Linsen völlig undurchlässig waren. Die Ärztin riet uns, die Netzhaut und die Sehnerven in der Augenklinik mit Ultraschall weiter zu untersuchen. Sie machte für uns einen Termin in der Augenklinik zwei Wochen später.

Zwei Wochen Wartezeit für einen Klinik-Termin sind an sich relativ kurz, aber für uns bedeuteten sie eine kleine Ewigkeit. Sowohl Oma als auch ich versuchten, die Angst zu verleugnen, dass unser Vorstoß nicht klappen könnte, aus verschiedenen, z.T. absurden Gründen. Wir haben unsere Ängste jedoch nicht dem Anderen mitgeteilt, um uns nicht gegenseitig zu beunruhigen. So war die Wartezeit eine Gratwanderung zwischen Zweifel und Hoffnung.

Die Untersuchung in der Augenklinik dann hat gezeigt, dass Netzhaut und Sehnerven nicht betroffen waren, die Linsen waren jedoch völlig trübe und undurchsichtig.

Sie waren also der Grund für die Erblindung! Es wäre früher relativ einfach gewesen, sie durch Kunststofflinsen zu ersetzen. Aber wir hatten die Beschwerden der Oma nicht ernst genommen. Nun waren die Linsen allerdings so verhärtet, dass eine Operation unter Vollnarkose notwendig wurde. Diese an sich erfreuliche Nachricht setzte nun neue Ängste frei, dass der Anästhesist eine Vollnarkose bei einer 99-jährigen Frau nicht wagen würde. Aber auch diese Angst war überflüssig und am 18.08.2021 fand die Operation am linken Auge statt.

Ich wartete nach der Operation in der Klinik bis der Verband abgenommen wurde, um die erste Reaktion nach der - gelungenen - Operation mitzuerleben.

Aber die erste Reaktion war alles andere als erfreulich. Oma konnte nur sehr verschwommen etwas sehen. "Alles ist grau! Ich weiß nicht, ob sich das alles gelohnt hat!"

Ich war sehr betroffen. Mit einem solchen Ergebnis hatte ich nicht gerechnet. Ich wusste nicht, was ich sagen sollte. Ich schob ihr Rollstuhl ans Fenster. So saßen wir eine Weile schweigend. Was konnte man sagen?

Plötzlich sagte Oma erstaunt: "Du, das Dach vom Nebenhaus wurde rot! Noch ein Dach und noch eines! Ich glaube, ich sehe wieder!"

(Ich versuche mir diese Zeitverschiebung zu erklären. Ich vermute, dass die Sehnerven, nach fast zwei Jahren Inaktivität, von Reizen überflutet wurden und diese Zeit brauchten, um diese Reize zu verarbeiten).

Aber egal wie auch immer: die Oma sah wieder!

Tags drauf kehrte die Oma wieder in ihre "Residenz" zurück – und war wieder enttäuscht. "Du, ich hatte mir innerlich ein Bild von den Menschen um mich herum gemacht und jetzt in der Realität sehen sie ganz anders aus. Ich komme mir vor, als käme ich vom Mond!"

Ich antwortete darauf mit dem Witz: "Wie geht's Dir?" - "Danke, ich kann klagen!"

Sie meinte: "Mal ehrlich, ich habe Angst zu schlafen, denn es könnte sein, dass ich beim Aufwachen erlebe, dass alles nur ein Traum war!"

Darauf ich: "Tja, mit dieser Angst musst du nun leben!"

Am 11.11.2021 feierte Oma im Heim ihren 100. Geburtstag Der Hausverwalter fragte mich: "Haben Sie sich überlegt, was Sie ihr zum 100sten Geburtstag schenken wollen?"

"Klar, ihr Augenlicht!" sagte ich.

Weitere Freundschaften

Die Trulla

Ich habe die Trulla Ende 1987 kennengelernt.
Eigentlich hieß sie Trude, oder – schlimmer noch – Gertraude. Aber sie bestand darauf, von uns, ihren Freunden, Trulla genannt zu werden, denn "nur wenig Frauen tragen freiwillig diesen Namen!"

Ich habe sie im Haus von Professor Cremerius - mein Doktorvater und väterlicher Freund - getroffen. Sie besuchte seine Familie in den letzten fünf Jahren ihres Lebens und wohnte bei ihnen über die Sommerzeit, wenn sie nicht allein in Neapel bleiben wollte.

Geboren 1890 im Rheinland in eine wohlhabende Familie, zog sie früh nach Berlin um. Dort arbeitete sie als Lehrerin, später als Restauratorin und Sekretärin eines renommierten Psychoanalytikers - ein direkter Schüler Freuds.

Sie erzählte, mit glänzenden Augen, von einer Schiffsreise nach Amerika, an der sowohl die Ehefrau als auch vermögende Patienten des besagten Analytikers teilgenommen hatten, die ihre Psychoanalyse während der Schiffsreise einfach fortgesetzt hätten:

"Die Kultur- und Theaterszene der 20er Jahren war mit der psychoanalytischen Szene befreundet, und so habe ich mehrere Schauspieler und Literaten kennengelernt, so z.B. die Schauspielerin Brigitte Horney, Tochter der Karen Horney, einer bekannten Psychoanalytikerin der ersten Generation nach Freud".

In Berlin, während des zweiten Weltkrieges hat sie – laut Cremerius – einen Künstler vor dem KZ und eventuell Tod gerettet. Dieser Künstler war homosexuell, was damals Lebensgefahr bedeutete. Daraufhin zog sie mit ihm zusammen, als seine Geliebte, bis Ende des Kriegs. So wurde er als heterosexuell vom KZ gerettet.

Als ich diese Geschichte hörte, meinte ich, es muss sehr romantisch gewesen sein. "Keineswegs", sagte Trulla, "er war nicht nur schwul sondern auch Alkoholiker. Es war nicht schön!"

Nach Ende des Krieges zog sie nach Neapel um, wo sie die Söhne ihrer Schwester betreute, da die Schwester wegen schwerer rheumatoider Erkrankungen dies nicht alleine schaffte.

Die Schwester war mit einem älteren, adligen italienischen Bildhauer verheiratet, der sich nach nur sechs Jahren Ehe, mit 72 Jahren, umbrachte.

Sie hatten zwei Söhne: den Schauspieler und Regisseur Antonio Cifariello, der in Italien in den Fünfzigern Jahren sehr erfolgreich war und seinen Bruder Filippo, der das Vermögen der Familie verwaltete und jährlich einige Monate in den USA war, wo er den Herbst mit einem langjährigen Freund verbrachte.

Antonio spielte in einigen Filmen mit Sophia Loren und Antonella Lualdi.

Auf diese Weise hat Trulla die Loren kennengelernt: "Weißt du, sie war damals, in Neapel, sehr arm. Wenn sie aber auf wichtige Treffen oder Partys eingeladen war, musste sie schöne Kleider tragen. Sie hat dann schöne Stoffe gekauft, ich habe ihr die Kleider genäht!"

Antonio ist bei einem Flugzeugunfall mit 38 Jahren gestorben. Seine Frau Patrizia hatte eine leitende Position im RAI. Ihr Sohn Fabio ist Komponist. Seine Texte wurden von Trulla vom Italienischen ins Deutsche übersetzt.

Patrizia und ihr Sohn Fabio lebten in Rom und Trulla mit ihrem Neffen Filippo in Neapel.

Als Trulla immer älter wurde, suchte sie für sich einen Platz in einem Seniorenheim, was in Neapel kaum möglich war. Diese Institutionen dort waren kaum zumutbar, bessere Seniorenheime unbezahlbar. Und so suchten wir (Familie Cremerius und ich) nach einer passenden Unterbringung in Freiburg.

Darüber freuten sich meine Kinder, denn sie hatten sich die Trulla ins Herz geschlossen und auch sie liebte meine Kinder. Besonders den Jonathan. "Ich will so gerne noch 10 Jahre leben, um ihn als jungen Mann zu sehen!"

Anfang 1989 kamen Patrizia und Fabio zu Besuch nach Freiburg. Patrizia, eine schöne, 50-jährige Frau, fragte mich: "Woher kanntest du die Trudi?" Ich antwortete, "Durch Cremerius, mein Ziehvater." - "Und du warst sofort verliebt in sie? Das sind alle Männer!" - "Ja, aber vor allem mein Sohn Jonathan, der ist ja nur 80 Jahre jünger als sie!".

Meine Mutter Hannah 1966

Kurz bevor ich die Trulla kennenlernte, 1987, war meine Mutter in Israel an einem Herzinfarkt gestorben. Die Zeit **vor** ihrem Tod war nicht einfach. Ich flog nach Israel und verbrachte dort drei Wochen mit ihr. Sie war klagsam, enttäuscht und frustriert – beschwerte sich über alles und jeden.

Ich nahm mir daraufhin vor, sehr alte Menschen am Ende ihres Lebens zu "studieren", besonders solche, die freundlich und zufrieden waren und keine Angst vor dem Tod hatten. Trulla war ein solches Studienobjekt.

Was war ihr Geheimnis? Warum hatten die Kinder sie derart ins Herz geschlossen?

Ich lauschte ihren Gesprächen mit Trulla. Sie interessierte sich für die Kinder, fragte sie, was sie Neues erlebt hätten, welche Blumen sie auf dem Weg zu ihr sahen und dergleichen.

Sie hat nie über ihre Altersbeschwerden geklagt, nie über Ärzte oder Medikamente. Hier waren die Kinder die Hauptpersonen. Die Kinder haben es ihr bis heute nicht vergessen.

Das war also ihr Geheimnis. Eigentlich gar kein Geheimnis sondern ihre Geisteshaltung: Interesse für ihre Mitmenschen.

Man könnte meinen, dass wir Psychotherapeuten dies ohnehin – beruflich - haben. Leider ist das nicht immer der Fall.

Während des zweiten Freiburg-Aufenthaltes 1988 wurde sie krank, bettlägerig und hatte Irritationszustände. Man hatte einen rheumatischen Knoten an einer Jugulararterie, die eine Gehirnseite mit Blut versorgt, festgestellt. Nach der kausalen Behandlung besserte sich jedoch ihr Zustand nicht. In der Klinik war sie unruhig, halluzinierte und wurde handgreiflich gegenüber den Krankenschwestern. Ich wurde gerufen sie zu beruhigen, was nicht einfach war.

Als die Nachtschwester kam und "Frau Marcell, Ihr Nachttrunk" sagte, wurde ich hellhörig. "Was bekommt sie für die Nacht?", fragte ich.

"Neurocil" war die Antwort und da schrillten bei mir die Alarmglocken. Dieses Mittel – ein niederpotentes Antipsychotikum, das als starkes Sedativum dient und bei Unruhezuständen appliziert, hat allerdings massive Nebenwirkungen, die besonders bei hochbetagten Patienten zu beachten sind. Es kann den Erfordernis-Blutdruck des Gehirns absenken, das Gehirn wird dann ungenügend mit Blut versorgt, woraufhin die Unruhe stärker wird, der Neurocil Dosis wird erhöht und damit ebenso die Unruhe. Dieser Vorgang – wenn fortgeführt – kann lebensbedrohlich sein.

Ich habe diese Medikation sofort absetzen lassen, was die Nachtschwester sofort machte – zu meiner Überraschung ohne Widerspruch: ich war ja nicht der Stationsarzt und hatte an sich nicht das Recht mich einzumischen. Stattdessen verordnete ich Tavor, was sofort wirkte: Der Zustand von Trulla besserte sich. Sie wurde ruhiger, halluzinierte nicht mehr und schlief ruhig ein. Ich besuchte sie am Tag darauf auf Station und konnte wieder normal mit ihr sprechen.

Kommentar der Stationsschwester: "Gut, dass Sie vorbeikamen, Herr Professor! Allein konnte ich ja die Rezeptierung nicht ändern.

"Herr Professor?"

"Ja, sind Sie nicht Professor Cremerius?"

Ich überlegte kurz, ob ich mich demaskieren sollte und evtl. die Trulla damit gefährde und beschloss zu antworten; "Doch, doch!"

Sehr schnell hat sie sich dort im Seniorenresidenz Augustinum akklimatisiert. Sie hat die Übersetzungsarbeit für ihren Enkel Fabio von dort aus weitergeführt und einem Mitbewohner (und mir) Italienisch-Unterricht gegeben. Als ich sie fragte, ob ihr das nicht zu viel wäre - sie war inzwischen 91 Jahre alt -, antwortete sie: "Wenn ich mein Gehirn nicht benutze, degeneriert es, und zudem macht mir die Arbeit Spaß." Ich fragte sie, ob das Leben im Augustinum nicht langweilig wäre, und sie meinte: "Mir ist nie langweilig. Wenn ich alleine bin, ziehe ich meine alten Freunde an mich, wie die Spinne die Fliegen, und spreche mit ihnen. Und sie können sich nicht dagegen wehren, sie sind ja alle tot."

Als aber Margarete Buber-Neumann, ihre letzte langjährige Freundin, am 06.11.1989 starb, war Trulla sehr betroffen und sagte mir: "Ein Kapitel ist damit abgeschlossen."

Margarete Buber-Neumann, Von Potsdam nach Moskau, Stationen eines Irrweges, 1981 Hoheim Verlag, 1985 Fischer Verlag, Seite 54.

"Im Spätsommer des Jahres 1920 befreundete ich mich mit einer Lehrerin des Pestalozzi-Fröbel-Hauses, mit Trude Marcell. Ihre winzige Wohnung gleich neben dem Seminar, war der Treffpunkt vieler junger Leute. Trude Marcell hatte die beneidenswerte Eigenschaft, verschiedenartige Menschen um sich zu sammeln und bei allen Debatten ruhender Mittelpunkt zu bleiben. Bei ihr begegnete ich zum ersten Mal Mitgliedern der jüdischen Wandervogel-Organisation "Blau-Weiß", hörte von Zionismus, von ihren Plänen sprechen, nach Palästina auszuwandern und dort zu siedeln".

Anfang Dezember 1989, erlitt Trulla einen Herzinfarkt und wurde in die Medizinische Klinik eingewiesen, wo sie einen Herzschrittmacher bekam, ansonsten keine weitere medizinische Maßnahme. Als ich sie in der Klinik besuchte, war meine Frau bereits dort. Unsere Kinder hatten Bilder gemalt, die sie dort am Krankenbett anbrachte. Dann verabschiedete sich meine Frau mit den Worten: "Ich lasse den jungen Mann bei Dir!" - Trulla schaute mich prüfend an und meinte dann: "Von wegen junger Mann! Schau man den an, der ist doch ganz grau!". und wir lachten.

Als wir alleine waren, sagte Trulla: "Wenn Schluss ist, ist Schluss!" und ich entgegnete:" Lass gut sein - lass es Dir gut gehen."

"Es geht mir eigentlich gut, aber meine Füße frieren." Dieses Gefühl kannte ich bei moribunden Patienten und da ich keine Heizdecke hatte, bedeckte ich ihre Beine mit zwei Decken vom leeren Zweitbett im Zimmer und massierte ihre Füße. Trulla sagte: "Du weißt, das ist ein großer Liebesdienst von Dir."

Ich erwiderte: "Klar! Weil wir Dich lieben!" Sie lächelte und sagte: "Ich habe es gut." Es kamen dann Annemarie und Johannes Cremerius, um sich zu verabschieden. Nachdem sie gegangen waren schlief Trulla ein und auch ich bin kurz eingenickt.

Als ich nach einigen Minuten aufwachte, lief zwar der Schrittmacher noch, aber das Herz reagierte nicht mehr. Trulla war im Schlaf entschlafen.

Am Abend nach der Beerdigung trafen sich am alten Friedhof. Annemarie und Johannes Cremerius, Filippo, Fabio und Patrizia Cifariello und ich zu einem persönlichen Abschied. Fabio spielte auf einem elektronischen Klavier ein Stück von Brahms' Requiem und danach "Guten Abend, gute Nacht" - **Brahms‘** "Wiegenlied". Es war Abend, kalt und traurig, Ich bin danach allein nach Hause gegangen und habe mich auf diesemWege endgültig von ihr verabschiedet.

Thousand Oaks, Fran

Nach dem 6-Tage-Krieg hatte ich die amerikanisch-jüdische Familie eines Sergeant-Major der amerikanischen Armee in Gießen kennengelernt, die schnell zu meiner "Adoptiv-Familie" wurde.

Theodor Weiss' Frau Evelyn wurde zur Mutter der israelischen Studenten in Gießen. Schabbath und Feiertage wurden mit ihrer Familie jüdisch gefeiert. Evelyn hatte eine gewisse Ähnlichkeit mit Golda Meir. Aber ich glaube, dass diese Ähnlichkeit eher äußerlich war: Evelyn war weich, mütterlich und fürsorglich für uns alle.

Ted und Evelyn hatte eine Tochter, Franchon, genannt Fran. Sie war damals 19 Jahre alt, also für mich (damals 32) viel zu jung. Dementsprechend entwickelte sich unsere Beziehung rein geschwisterlich. Ich war dann, wie sie mich nannte, ihr "Alter Bruder" eine Rolle, die ich sehr schätzte und fast fünfzig Jahre mit ihr innehatte.

Durch Familie Weiss kam ich in Kontakt mit jüdisch-Amerikanischen Armeeangehörigen, die damals pro forma "Besatzungsmacht" genannt wurden. Diese Armeeangehörigen wohnten in einem trostlosen Stadtteil von Gießen, der "Housing Areas" genannt war: eine Art Klein-Amerika, ein Ausland in Deutschland.

Als ich 1969 keine Arbeitsstelle in Gießen fand, bewarb ich mich für eine Stelle in der amerikanischen Armee – als Psychologe. Aber auch In der US-Armee mussten eine Menge bürokratischer Hürden genommen werden, sodass ich eine andere, bessere Stelle in Bad Nauheim noch vor der Zusage der Amerikaner antreten konnte.

Während dieser Zeit, bis 1972, habe ich amerikanisch-jüdische Soldaten kennengelernt, die froh waren, Kontakte mit Juden außerhalb der Baracks zu haben. Wir unternahmen Reisen, besuchten Kinos – aber auch Bars. Ich ging gerne zu Gottesdiensten in den Frankfurter "Tempel" – ein gemeinsames Gebetshaus für Juden und Christen. Der Umgang mit den Amerikanern war sehr locker. Überhaupt waren die Jahre 1970-1972 in Gießen sehr schön für mich. 1969 habe ich meine Psychoanalytische Kolloquiums- Prüfungen, bestanden, die meine letzten Pflichtprüfungen waren.

Alles schien problemlos und leicht.

Im Jahr 1972 bin ich von Bad Nauheim nach Freiburg umgezogen. Familie Weiss wurde im selben Jahr nach Amerika zurückbeordert. Ted wurde pensioniert, und die Familie ließ sich in Thousand Oaks, einer Satellitenstadt von Los Angeles, nieder.

Kurze Zeit danach hörte ich, dass Evelyn an Mb. Hodgkins (bösartige Entartung des Lymphsystems) in Oktober 1972 verstorben sei. Sie war lange krank gewesen, hatte aber darauf bestanden, uns nicht über ihre Krankheit zu informieren und damit zu belasten.

Zu dieser Zeit lernte Fran ihren späteren Mann Harvey kennen und heiratete ihn. Sie bekamen zwei Töchter, Chava und Devorah.

1994 bereitete ich mich zu einer Reise nach Israel vor, um meine kranke Mutter zu besuchen. Einen Tag vor meinem Abflug erhielt ich eine Mitteilung von Fran, dass ihre gesamte Familie auch nach Israel wollte, um die Bat Mitzwa von Chava in Jerusalem zu feiern.

Ich habe sie dann in Jerusalem getroffen. Erst dort lernte ich Harvey kennen. Wir waren uns auf Anhieb sympathisch. Er war gerührt, als ich ihm erzählte, wie sehr ich Evelyn vermisste. Er erzählte mir, dass er seine Mutter im frühen Alter verloren hatte und von Evelyn als Sohn "adoptiert" worden war. Auch er vermisste sie schmerzlich. Ich bin überzeugt, dass die Liebe zu derselben Mutter mit ein Grund für unsere jahrzehntelange Freundschaft war.

Als 1998 mein 60. Geburtstag ins Haus stand, beschloss ich, statt einer Geburtstagsparty eine Amerika-Reise mit meinem Sohn zu unternehmen: Jonathan hat sich eine Reise nach Amerika gewünscht, was mir tatsächlich entgegenkam. Natürlich besuchten wir bei dieser Gelegenheit meine Thousand Oaks Freunde und Jonathan verliebte sich in den "American Way of Life" und "meine" Familie in Thousand Oaks.

Als meine Tochter Nurith ein Auslands-Semester in den USA absolvieren wollte, war klar, dass sie dieses Semester in Thousand Oaks machen würde. Infolge dieses Aufenthaltes äußerte sie den Wunsch in den USA zu studieren, und zwar in Stanford, was wir ihr mit Hilfe unserer Freunde in Thousand Oaks ermöglichen konnten.

1998 verbrachte Jonathan ein Auslands-Semester in den USA, wohnte in Thousand Oaks und schloss eine enge Freundschaft zu Harvey, der ja keine Söhne hatte. (Jonathan sprach von ihm als seinem "amerikanischen Vater"). Sie fanden gemeinsame Interessen (Oldtimer Autos, LKWs) die Harvey mit seinen Töchtern nicht so hat teilen können wie mit ein em Ziehsohn Jonathan

Eine besondere Freundschaft verband ihn mit Grandpa Ted. Es war rührend zu sehen mit wie viel gegenseitigem Respekt sie sich begegneten. (Jonathan hatte bis dahin keinen Großvater erlebt, was er sehr vermisst hatte).

Im Jahr 1997 begann meine Tochter Nurith ihr Biologie-Studium in Stanford. Es war klar, dass Thousand Oaks nun ihr zweites Zuhause war. Sollte sie jemals akute Schwierigkeiten und/oder Probleme haben, konnten sie sich auf Fran und Harvey verlassen, ehe meine Frau und ich aus Deutschland anreisen könnten.

Unsere Jahresreisepläne gestalteten sich in diesen Jahren konstant:

Im September flogen wir an den jüdischen Hohen Feiertagen nach Israel.

Ende November (zu Thanksgiving) flog **ich** allein in die USA, um meine Tochter zu besuchen, den Urlaub von zuhause zu genießen und die Freunde in Thousand Oaks zu besuchen, bei denen ich dann 3 – 4 Tage blieb.

Meine Frau besuchte Tochter und Freunde in den USA im Februar und/oder März.

Diesen Zeitplan behielten wir in schöner Regelmäßigkeit bis 2008 bei.

Die ersten Warnschüsse hatten sich schon in 2004 gezeigt: Fran litt an rezidivierender aplastischer Anämie, die vorerst nur mit 1 – 2 x jährlich Bluttransfusionen behandelt wurde.

Fran – und wir alle – haben die Lebensbedrohung dieser Erkrankung nicht wahrhaben wollen. Im Gegenteil: ich konnte während der stundenlangen Transfusion in der Klinik neben ihr sitzen, wir konnten miteinander reden oder miteinander schweigen.

Es waren sehr schöne Momente der Nähe. Wir bedachten nicht, wie bedrohlich diese Erkrankung ist. Zumal Fran eine strahlende Fassade und einen optimistischen Eindruck vermittelte.

Wir haben, wie gesagt, die Bedeutung der Diagnose "aplastische Anämie" verleugnet.

Diese Verleugnung funktionierte bis 2008/2009.

Ab dann wurde die Anämie begleitet von Schwächeanfällen, Gewichtsverlust und Schmerzen. Die Diagnose lautete nun AML (Akute Myeloische Leukämie).

Natürlich wusste ich, was die Diagnose bedeutet, aber ich versuchte, dieses Wissen zu verdrängen. Es konnte doch nicht sein, dass diese strahlende, lustige Frau todkrank wäre!

Am stärksten aber verdrängte Harvey die Bedeutung dieser Krankheit. Er versuchte mit ihr so weiterzuleben, als ob nichts wäre.

Der erste Behandlungsversuch mit IST (Immune Supressive Therapie) scheiterte und es wurde nun ein/e Spender/in gesucht, um eine Stammzellentransplantation zu versuchen.

Die Suche dauerte einige Wochen, aber dann wurde eine Spenderin (Jane, eine jüdische Journalistin aus Denver) gefunden, deren Blutwerte genau zu Fran passten. Wir feierten dies, als wäre Fran nun geheilt!

Wie wenig wussten wir, wie schwer und steinig der Weg noch sein würde, um ein bisschen länger zu leben.

Zuerst musste Fran's krankes Immunsystem zerstört werden, um die gesunden Stammzellen nicht zu gefährden. Erst nachdem das eigene Immunsystem am Boden lag, wurden neue Stammzellen injiziert.

Die Klinik, in der diese Behandlung stattfand ("City of Hope") feierte diese Implantation als "Rebirth" (04.08.2010). Gleich danach fingen die massiven Nebenwirkungen an.

Sie verlor ihre Haare, worauf wir vorbereitet waren. Aber auch kranke Blutzellen, Drüsen, Geschmacksknospen... Kurz gesagt: das gesamte Abwehr-, Ess- und Verdauungssystem war zerstört und brach zusammen.

Als ich sie einige Wochen später besuchte, war sie verzweifelt, weil sie einerseits hungrig war, andererseits aber alle Essversuche scheiterten, weil die Geschmacksdrüsen zerstört waren und das Essen nach nichts schmeckte.

Ich schlug vor, es mit Knäckebrot zu versuchen. Das schmeckte zwar auch nach nichts, aber vermittelte das Gefühl von Berührung und Piksen im Mund.

Dazu kamen größere Mengen von American Ice-Cream (Amerikanische Eiscreme, ist extrem süß!) und da spürte sie die Kälte und einen Hauch von Süße im Mund.

Diese "Erfindung" feierten wir mit Matzen und (noch mehr) Icecream!

Noch während sich die Geschmacksknospen und das Verdauungssystem langsam regenerierten, kamen die nächsten Plagen: Frans Beine schwollen monströs an. Schuhe und Hose passten kaum noch und sie hatte Schwierigkeiten beim Gehen. Nun suchten wir nach einer Lymphdrainage, was in Kalifornien nicht sehr einfach war. Tatsächlich fanden wir eine sehr gute Physiotherapeutin und Fran teilte mir später mit, dass sie 6 Liter Flüssigkeit verloren hatte und mailte mir ein Bild von ihren "neuen" Beinen. Mein Kommentar war: "Sofort an Hollywood weiterleiten!"

Wir trafen Fran 2014 wieder zur Hochzeit unserer Tochter Nurith. Fran sah sehr krank, abgemagert und blass aus, war jedoch bester Laune, tanzte fast den ganzen Abend und fuhr dann die 300 km zurück von San Diego nach Thousand Oaks.

Im Frühjahr 2016 heiratete Fran's älteste Tochter Chava in LA. Wir flogen dorthin. Es war Freitagnachmittag und wir waren überrascht, in unserem Hotelzimmer Schabbath-Kerzen, Schabbath-Wein und Challe* vorzufinden, natürlich von Fran per Internet für uns organisiert.

Am Abend des Hochzeitstages konnte ich merken, wie krank sie war, abgemagert, blass und müde. Sie verabschiedete sich recht früh und ging schlafen.

Einige Tage danach bin ich mit ihr und Chava nach Malibu gefahren und wir haben den Nachmittag in einem Strand-Café verbracht. Diese Stunden am Strand waren schön, entspannt. Chava war so fürsorgend zu uns, fotografierte uns am Strand liegend.

Das Bild ist die letzte visuelle Erinnerung an Fran, die ich von ihr habe.

Später erzählte sie mir, dass sie unter "Graft versus Host" litte (eine systemische, zytotoxische Reaktion von implantierten bzw. transfundierten Immunzellen gegen den Wirtsorganismus). Diese Komplikation manifestiert sich als unstillbare Juckreiz, Entzündungen und Schmerzen in verschiedenen Gelenken.

Fran versuchte, diese Schmerzen zu unterdrücken, um Harvey nicht zu belasten, auch fürchtete sie, dass man ihr nicht glaubte, wie schlimm die Schmerzen sind.

"Aber dir kann ich es erzählen, du bist Arzt".

"Nein, hier bin ich kein Arzt, sondern dein "Alter Bruder", der dir zuhören kann.

Wir verabredeten ein neues Treffen zum Thanksgiving Day 2016 und sie freute sich darauf.

Am 19. August 2016 rief Harvey an, Fran gehe es sehr schlecht, sie könne nicht mehr kämpfen und hatte gebeten alle Medikamente (außer Schmerzmittel) abzusetzen.

Wir wussten beide, was das bedeutete. Harvey sagte, dass sie nicht telefonieren könne, so dass wir ihn baten, sie in unserem Namen zu grüßen.

Am nächsten Tag habe ich dann doch einen Anruf von ihr bekommen. Mit sehr schwacher Stimme sagte sie: "Ich wollte mich von 'Alter Bruder' verabschieden".

---

* Schabbatbrote, die zum religiösen Zeremoniell des Schabbat gehören.

Daraufhin ich:" Wir sehen uns aber zu Thanksgiving im November". Ich wollte einfach daran glauben.
Leise sagte sie: "Yes" - und legte auf.

Am nächsten Tag verstarb sie.

Da die Beerdigung nach einem jüdischen Brauch noch vor Schabbath stattfinden sollte, konnten meine Frau und ich nicht an der Beerdigung teilnehmen. Nurith hat uns vertreten.

Es war recht so.

Thousand Oaks, Harvey

Ein Jahr nach Fran's Tod fuhr ich wieder nach San Diego um meine Tochter zu besuchen, und im Anschluss nach Thousand Oaks, wo ich 3 Tage bei Harvey bleiben wollte. Mir war etwas unheimlich bei dem Gedanken, Harvey allein zu treffen.
Er war nie wirklich ein großer Redner gewesen und ich befürchtete, dass er ohne Fran gar nicht sprechen würde, und wir drei Tage schweigend nebeneinander verbringen müssten.
Aber es war dann gar nicht so schlimm. Zwar sprachen wir wenig, aber das Schweigen war nicht unangenehm, eher relaxed. Er war froh, abends nicht allein zu sein.

Als wir am nächsten Tag Fran's Grab besuchten, sahen wir am Horizont die großen Brände nördlich von Thousand Oaks, in und um Ventura. Der Himmel war gespenstig rot-schwarz, die Santa-Ana-Winde stark und trocken. Wir standen an Fran's Grab und weinten, Harvey, seine Töchter und ich. Es war gut zusammen weinen zu können.

Als ich ihn 2019 besuchte, sah er schlecht aus. Seine Gesichtszüge verfallen. – aber er freute sich, mich zu sehen.

Einige Wochen später erhielten wir die Nachricht, dass er in die Klinik musste.
Eine kleine Verletzung am Bein hatte größere Bereiche infiziert, verursachte eine Bakteriämie. Diese Bakteriämie führte zu Sepsis und letztlich zu einem generalisierten Organversagen. Eine Antibiose

wirkte wenig. Schlimmer noch: Er hat nicht um sein Leben gekämpft und starb nach drei Tagen – wie ich meine, an gebrochenem Herzen.

Auch diesmal, hat Nurith uns bei der Beerdigung vertreten. Wir waren per Zoom dabei.

Damit endete das Leben in Thousand Oaks für uns. Beide Töchter zogen aus.

Unsere Familien bleiben jedoch bis heute in engem Kontakt.

Meine Korrespondenz mit Georg Kreisler (1922-2011)

Georg Kreisler war ein in Deutschland sehr populärer Künstler, Kabarettist, Liedermacher, Schriftsteller, Musiker, Pianist, Komponist und Sänger. 1922 in Wien geboren, musste er 1936 Österreich verlassen, weil er Sohn einer jüdischen Familie war. Nach Jahren des Asyls in den USA kam er zunächst als Angehöriger der amerikanischen Armee zurück nach Europa. Er lebte viele Jahre in Österreich, wo er langsam seine Karriere im deutschsprachigen Raum aufbaute. Er wurde vor allem durch seine Lieder bekannt, die zum Teil makaber waren ("böse alte Lieder"), z.T. lustig, manche traurig oder romantisch ("Seltsame Liebeslieder"), immer aber intelligent und humorvoll. Es waren, soviel ich weiß, über 600 Lieder. Außerdem schrieb er einige Opern, Musicals sowie einige Bücher, die kommerziell nicht sehr erfolgreich waren.

Ich hörte zum ersten Mal in den 60er-Jahren einige Songs von ihm. Seine ersten großen Erfolge in Deutschland waren damals die Grusellieder "Tauben vergiften im Park", "Biddla Buh" (Massenmörder Rock'n'Roll), "Zwei alte Tanten tanzen Tango". Ich war begeistert und schickte sie auch an Gerda Barag. Damit trat ich aber massiv in einen Fettnapf. Sie fand schon den Titel, "Massenmörder Rock'n'-roll" grauenvoll, den Inhalt nicht weniger. Ich hatte nämlich nicht daran gedacht, dass sie, als Überlebende der Nazizeit, keinen Spaß an Liedern über Massenmörder haben konnte.

Trotzdem blieb ich sein Fan und sammelte die Schallplatten mit seinen Liedern. Insbesondere fand ich seine Alben "Seltsame Gesänge" und "Seltsame Liebeslieder" menschlich großartig und psychologisch sehr interessant.

Als meine Tochter Nurith mit 4 Jahren sein "Lied über gar nichts" hörte, war sie ebenfalls begeistert. Wir schrieben an ihn, baten um den Text, den er uns postwendend schickte. Ab Ende 1996 nahm ich Gesangstunden und singe seitdem in Krankenhäusern und Alterheimen, neben jiddischen Liedern auch viele seiner Lieder, mit Vorliebe die jüdischen (nicht jiddische!) Lieder, "Nichtarische Arien". Als er 1998 ein Konzert in Neuenburg bei Müllheim im Markgräfler-Land gab, begegnete ich ihm zum ersten (und letzten) Mal persönlich. Wir wechselten einige höfliche Worte, und ich beschloss Briefkontakt mit ihm zu halten. Ich wusste vorerst nicht, wie ich es anstellen sollte. Ich musste herauszufinden, ob und wie kontaktfreudig er wäre. Also überlegte ich mir einen guten psychologischen Trick, um an ihn heranzukommen. Ich schrieb an ihn und fragte ihn nach der Bedeutung eines seiner Lieder, "Die Tigerfest". In dem Lied werden viele bekannte, berühmte und reiche Leute zu einem Abendessen eingeladen. Nach einem ausgiebigen Abend – mit Essen, Musik und Tanz, werden hungrige Tiger hereingelassen, die alle Gäste fressen. Die Gastgeberin hält die Party für sehr gelungen und bereitet einen wieteres Tigerfest vor, zu welcher sicherlich viele Leute kommen werden. Natürlich stellte ich mir vor, es handelte sich um Künstler und die Kritik danach. Ich wusste ja, dass Kreisler Kritiker überhaupt nicht mochte und auch einige Spottlieder über sie geschrieben hatte.

Er freute sich über meinen Brief und antwortete: "Wie bei den meisten meiner Lieder – vielleicht auch wie bei den meisten Kunstwerken überhaupt – liegt die Interpretation im Auge des Publikums…

Aber man kann die Tiger auch anders interpretieren. Wesentlich ist die Verlockung, der die Leute erliegen und die dann zu ihrem Verderben wird. Das kann auch, wenn Sie wollen, die Psychoanalyse sein, von der sich manche mehr versprechen als gehalten werden kann." (13.08.2001)

Ab dann kam es zu einer Korrespondenz mit ihm, die gut 10 Jahre andauerte.

Obwohl es kaum möglich ist, von dem Inhalt einer so ausführlichen Korrespondenz zu berichten, will ich einige Themen herausgreifen. Er erzählte Einiges von sich, was ich aber bereits aus seinen diversen Biographien wusste. Er berichtete von seiner religiösen

Erziehung, die nicht sehr orthodox war. Wir diskutierten über die Frage, was es heißt, Jude zu sein (und blieben verschiedener Meinung).

Seine Kenntnis von - und sein Verhältnis zur - Psychoanalyse kommen in folgenden Zitaten zum Ausdruck (die er mehrmals "Psychiatrie" nennt, wohl deswegen, weil seinerzeit sowohl in den USA als auch in Israel nur Psychiater zur psychoanalytischen Ausbildung zugelassen wurden):

"Mit der Psychiatrie und der Analyse kenne ich mich für einen Laien gut aus, habe viel gelernt und war mit einigen Psychiatern eng befreundet, z.B. mit dem Prof. Ringel in Wien, einem Selbstmordspezialisten mit vielen Büchern und mit Max Lüscher, dem Farbpsychiater aus der Schweiz. Kennen Sie ihn?

All das – Graphologie, Farben und das präsuizidale Syndrom – scheint mir oberflächlich hilfreich, aber nicht mehr..."

"Ich weiß nicht, ob man in der Psychiatrie in der letzten Zeit viele Fortschritte gemacht hat. Wahrscheinlich ist es so wie in den übrigen Naturwissenschaften: Je mehr Fortschritt man verzeichnet, umso mehr neue Fragen tun sich auf."
(21.12.2007).

"Als ich Anfang zwanzig war, hat mich die Psychiatrie ungeheuer beeindruckt. Damals war Freud in New York in aller Munde, wurde überall diskutiert, und ich habe nicht nur ihn, sondern auch Adler und vor allem Karen Horney mit großer Begeisterung gelesen, habe mich allerdings nie einer Analyse unterzogen und trotzdem viel gelernt. ... Aber wenn man freischaffender Künstler ist, führen Psychoanalysen wahrscheinlich nicht weiter, könnten vielleicht sogar schädlich sein. Man lebt und denkt einfach anders, und dieses Außenseitertum ist nicht wegzukriegen, ist wohl auch nicht zu beschreiben" (01.06.2009)

"Mit den heutigen Psychiatern kann ich nicht viel anfangen. Man hat Freud überholt und ist trotzdem steckengeblieben. Die in letzter Zeit sehr weit fortgeschrittene Gehirnforschung oder die immer besser werdenden Psychopharmaka haben ja mit Psychiatrie, meiner Ansicht nach, nur am Rande zu tun. Man sticht in die Menschen hinein und findet nichts" (ebenda).

Seine Beziehung zum Staat Israel war ambivalent. Er war dort fast ein ganzes Jahr (1972) und lernte Hebräisch, aber seine Hebräisch-Kenntnisse waren sicher nicht ausreichend, um dort Karriere zu machen. Er fuhr frustriert zurück und schrieb das Lied "Ich fühl mich nicht zu Hause". Bei Diskussionen während der Intifada nahm er stets eine Position für Israel ein. Dann schrieb er, dass er keine Angst vor Antisemitismus habe, er lebe immer damit, und das habe ihn nicht gestört. Anderseits spürte er sehr schnell antisemitische Regungen um sich und benannte sie als solche. Er schrieb, dass Antisemitismus immer schon da gewesen sei, auch in Ländern, in denen kaum Juden wohnten.

Im Laufe der Jahre merkte ich, wie er immer depressiver wurde. Als ich ihm zum 80-sten Geburtstag gratulierte, schrieb er mir: "Ich fühl mich gar nicht wie achtzig, aber die Leute sagen: 'Er ist schon…'". Später kamen Altersgebrechen, kleinere und größere Erkrankungen. Parallel dazu enthielten seine Briefe immer häufiger Verbitterung über die heutigen Menschen, vor allem über den heutigen Kunstbetrieb. Er wollte auch nicht akzeptieren, dass die heutigen Jugendlichen völlig andere Vorstellungen von Kultur und Unterhaltung haben als er. Für ihn blieb die Kunst dasselbe, ob vor 50 Jahren oder heute. Einer seiner Briefe in dieser Zeit wirkte so deprimiert, dass ich alarmiert war und fragte, ob ich ihn besuchen könnte (er wohnte damals in Basel, ca. 60 km von Freiburg). Er antwortete nicht darauf, so dass ich es dabei bewenden ließ.

Zunehmend fühlte er sich alt und vergessen, obwohl er seine Leseabende (mit seiner Frau Barbara) immer vor vollen Sälen gab. Ich schrieb ihm, dass ich viele Klagen von Patienten höre oder lese, dass sie nur wegen ihrer Leistungen gemocht oder geliebt werden. "Sie werden geliebt ohne leisten zu müssen." Diese – ich gebe zu – schwache Deutung tröstete ihn nicht besonders. Er war enttäuscht, dass "nur" seine Lieder so erfolgreich waren, "Dabei sind sie fast 60 Jahre alt!" Ich weiß nicht, ob das der alleinige Grund dafür war, dass er 2010 beschloss, keine Leseabende mehr zu veranstalten.

In den letzten Jahren seines Lebens litt er zunehmend an einer Polyneuropathie, die ihn sehr einschränkte. Da diese Erkrankung altersbedingt war, konnten ihm die Ärzte keine Heilung oder wenigstens Besserung versprechen. Anfang 2010 schien es besser zu werden. Ein deutscher Arzt verschrieb ihm ein "Zaubermittel" (wahrscheinlich war es Gabapantin), und die Symptome besserten sich schlagartig. Er war begeistert, ich war skeptisch, behielt es aber für mich. In relativ kurzer Zeit kam es zu massiven Nebenwirkungen, die ihn zwangen, diese

Kur abzusetzen. Die Symptome kamen zurück, diesmal schlimmer. Eine Besserung war nicht in Sicht.

Die Einschränkungen mit dem zunehmenden Alter verstärkten seine depressive Reaktion, die er aber zu verbergen suchte: "Sie sehen, trotz meines hohen Alters, bleibe ich interessiert, ich lese, ich schreibe, ich äußere mich. Was ich allerdings ohne meine Frau täte, weiß ich nicht. Außerdem wird man im Alter immer mehr Zuschauer, statt Teilnehmer, das ist nicht zu ändern. Es ist ein Zustand, der Ihnen noch bevorsteht, lieber Herr Amitai, er ist schwer zu beschreiben. Aber es ist keineswegs Resignation. Man lernt abzuwarten. Man schaut sich und den anderen beim Sterben zu. Wie gesagt... (05.08.2010) Dann beklagte er sich über das Alter: "Der Tod ist überall!"

Ich dachte an ein seine "Seltsamen Gesänge", das Lied hieß "Unheilbar Gesund", das er 50 Jahre vorher geschrieben hatte, über "einen sehr, sehr alten Portier, der bewegt sich so wenig wie möglich, weil die Füße tun ihm weh": Der Portier sitzt vor seiner Tür und träumt davon, wie er seiner Nichte über sein Leben erzählt. Eine Geschichte voll Phantasie, Humor und Weisheit. Ich glaube aber, dass er jetzt, mit 88 Jahren, und krank, dieses Lied nicht so schätzte wie ich.

Mitte 2011 informierte er mich begeistert über das Angebot eines deutschen Verlags: "Ich weiß nicht, ob ich Ihnen schon geschrieben habe, dass der Schott Verlag alte Klavierwerke von mir veröffentlichen wird und eine amerikanische Pianistin Ende Oktober in Berlin ein Konzert damit geben wird. Jedenfalls komponiere ich wieder ernste Musik. Ich wiederhole meine Jugend. Es geht langsam, weil ich es nicht gewöhnt bin und – wie immer – streng mit mir bin. Aber es ist ein schönes Erlebnis: Wenn man komponiert, muss man nicht nach Worten suchen und ich finde keine Worte mehr für die heutige Zeit" (12.10.11).

Am Abend des 22.11.2011, während meines alljährlichen Besuchs bei meiner Tochter in San Diego, erfuhr ich, dass Georg Kreisler verstorben war. Da er mir einmal geschrieben hatte, dass ein Thema seiner religiösen Erziehung die Todesbegleitung – genannt Kaddisch – war, und da ich nicht wusste, ob ein von seiner Kindern für ihn den Kaddisch sagen würde, beschloss ich, das für ihn zu tun. Ich nahm Kontakt mit seiner Frau Barbara auf und fragte nach einem eventuellen hebräischen Namen, den er aber nicht hatte. Sie schrieb mir aber, dass der Briefwechsel für ihn sehr wichtig gewesen war. Das hat mich sehr gefreut.

Das Gutachtenverfahren und ich

Im Jahre 1967 wurde ein Abkommen zwischen den Krankenkassen und der Kassenärztliche Bundesvereinigung (KBV) geschlossen, nach welchem die Krankenkassen die Kosten einer Psychotherapie unter bestimmten Umständen übernehmen. Eine dieser Voraussetzungen war eine Qualitätskontrolle, durchgeführt von erfahrenen Kollegen, als Gutachter. Dieses Abkommen, auch die Psychotherapie-Richtlinien genannt, erweckte natürlich keine große Begeisterung bei den Psychotherapeuten. Viele sahen es als eine zusätzliche Belastung, sogar eine Kränkung, als fertige Ärzte (damals waren die meisten Psychotherapeuten Mediziner) wieder "geprüft" zu werden. Aber man nahm es eben hin, denn damit konnte man Psychotherapie oder sogar Psychoanalyse Bevölkerungsschichten anbieten, die dies nie selbst hätten bezahlen können. Das war damals und ist heute einzigartig in der Welt (vielleicht mit Ausnahme der Schweiz und Hollands).

Auch ich war anfangs nicht sehr begeistert von der Notwendigkeit, meine Zeit für diese Berichterstattung zu opfern. Allerdings reizte mich der Vorgang des Aufschreibens, zumal ich meine Phantasie für das Schreiben der Lebensgeschichten benutzen konnte, was mir wiederum beim Verstehen der Patienten half: Gewisse Ereignisse in den Therapien tauchten immer wieder auf, ich konnte meine Deutungen und deren Wirkung besser kontrollieren.

Im Laufe der Zeit baten mich viele Kollegen darum, sie beim Schreiben der Antragsberichte zu supervidieren, und ich erinnerte mich daran, wie unser Lehrer im Gymnasium mir vorgeworfen hatte, nur Plagiate meines Bruders zu produzieren, was mich damals sehr getroffen hatte. Jetzt schrieb ich für meine "Brüder"(oder besser: Ich brachte ihnen das Berichteschreiben bei).

Einige Jahre später bat mich ein anerkannter Psychoanalytiker und Gutachter um eine Unterredung. Er kannte mich nur von meinen Kassenanträgen und fasste Vertrauen zu mir, obwohl wir uns nicht persönlich kannten. Er hatte persönliche Probleme, über die ich hier natürlich nichts schreiben möchte, aber unter anderem erzählte er mir von seiner Arbeit als Gutachter, was mich sehr interessierte.

Nach der Wiedervereinigung schossen viele neue Ausbildungsinstitute für Psychotherapie und Psychoanalyse wie Pilze aus dem Boden, Konkurrenz für die altehrwürdigen klassischen Ausbildungsinstitute (Deutsche Pychoanalytische Vereinigung, Deutsche Psychoanalytische Gesellschaft, Jung- und Adler-Institute). Die Kassenärztliche Bundesvereinigung (KBV) gründete eine Kommission, welche die Qualität der neuen Institute beurteilen sollte, anhand von deren Ausbildungsprogrammen/-Plänen. Ich wurde 1999 mit Hilfe der Empfehlung meines Freundes Dr. Ehebald gewählt, an dieser Kommission teilzunehmen (was im Freiburger Seminar großen Ärger verursachte, weil ich nicht die Billigung meiner Seminarkollegen beantragt, und ohne ihre Billigung diese Stelle bekommen habe).

1997 bewarb ich mich bei der KBV als Gutachter und war damit erfolgreich: 1998 wurde ich zum Gutachter ernannt, 2003 zum Obergutachter. Die Arbeit bereitete mir anfangs viel Spaß, sicherlich auch aus persönlichen Gründen, die mit meinem Bruder zu tun hatten. Da ich das wusste (und weiß) nahm ich mir vor, auf der persönlichen Ebene mit den Berichteschreibern fair zu verfahren und keine phantasierte (virtuelle) Macht auszuleben. Ich war und bin immer bereit, mich telefonisch mit den Kollegen zu unterhalten, was meistens gutgeht. Natürlich gibt es Kollegen, die polemisch und aggressiv sind, aber wo gibt es sie nicht?

Im Jahre 1999 wurde das Psychotherapeutengesetz verabschiedet, das den Psychologen einen leichteren Zugang zu den Kassenleistungen ermöglicht. Die Zahl der Patienten nahm zu, und in der Folge wiederum die Anzahl der Anträge. Ich sah diese Entwicklung mit einem lachenden und einem weinenden Auge. Einerseits ist es gut, dass es genügend Therapiemöglichkeiten für breitere Schichten der Bevölkerung gibt. Andererseits habe ich den Eindruck, dass einige Therapeuten Therapien anbieten, die eigentlich überflüssig sind.

Als Gutachter ist man da in einer virtuellen "Machtposition", da der Gutachter den Patienten ja gar nicht kennt, sondern nur die Beschreibung des Therapeuten vor sich hat. Aber genau deshalb kann man Einiges erahnen, was in der beschriebenen Behandlung notwendig ist und was nicht. Im gewissen Sinne ist dies auch eine Arbeit mit dem Unbewussten.

Im Laufe der Jahre kamen Bücher und Software auf den Markt, die Standard-Berichte zum Nachschreiben anbieten. Nun kann man von einem Therapeuten nicht fordern, auch noch Schriftsteller zu sein, daher kann ich nicht gegen diese "Hilfsmittel" stänkern. Was ich vom Berichtsverfasser allerdings erwarte, ist, dass der Bericht – egal mit welchen stilistischen Hilfsmitteln geschrieben - persönlich ist, muss ich mir doch ein individuelles Bild vom Patienten machen können. Im Jahre 2003 habe ich eine Software-Form entdeckt, die in vielen Berichten diverser Patienten auftauchte, und die kaum eine Beziehung zu den jeweiligen Patienten hat. Mittlerweile sind diese Plagiate raffinierter geworden, aber noch immer erkennbar (Diese detektivische Arbeit ist manchmal aufregend - sicherlich auch für den jeweiligen Therapeuten).

In den letzten Jahren kam es häufig zu Diskussionen über die Zukunft des Gutachterverfahrens. Da ich nicht in der Zukunft lesen kann, möchte ich hier keine Stellung dazu nehmen.

Mein Judentum

Ich bin in Tel Aviv geboren und aufgewachsen, der ersten jüdischen Stadt Israels, einer Stadt, die damals fast nur jüdische Einwohner hatte. Da ich aus einem jüdischen Haus stamme, war es für mich nie eine Frage, welcher Religion ich angehöre. Ich war halt Jude, weil meine Familie es war. Mein Vater war sehr religiös, meine Mutter nicht. Das verursachte manchmal eheliche Auseinandersetzungen, die aber nie schwerwiegend waren. Meine Identität ist jüdisch. Sie stand auch nie zur Debatte. Auch als ich in der Armee und im Krieg war, spielte die Religion für mich keine bewusste Rolle. Ich fühlte mich als Israeli bekämpft, unsere Gegner waren für mich Araber, nicht Muslime. In Israel habe ich keine antisemitischen Äußerungen gehört - natürlich nicht. Erst in Deutschland hörte ich solche Äußerungen. Diese machten auf mich keinen besonderen Eindruck.

Meine Eltern sprachen bis 1948 nicht über den Holocaust, obwohl ein großer Teil der Familie meines Vaters im Holocaust vernichtet wurde. Als Kinder wussten wir zwar, dass zwei seiner Brüder in Australien lebten, nicht aber, dass sie noch Brüder und Schwestern hatten, die in der Schoah umgekommen waren. Ich vermute, dass unsere Eltern uns damals nichts erzählten, weil sie uns schonen wollten. Erst 1948 hörten wir, als ein Neffe meines Vaters über Zypern nach Israel emigrierte, dass er als Partisan den Holocaust überlebt hatte. Erst in diesem Zusammenhang hörten wir das Wort "Shoah". Trotz allem trug mein Vater nie einen Hass auf Deutschland. Er lehrte uns, nie einen Menschen nach seiner Religion oder Volkszugehörigkeit zu beurteilen. Er hatte daher nichts gegen meine Studienpläne in Deutschland gesagt.

Als ich 1959 in Bad Salzdetfurth im Kali-Bergwerk arbeitete, sagte eine ältere Frau in meiner Gegenwart über mich: "Da kommen die Juden wieder! Wir müssen aufpassen!" Ich dachte nur: "Dumme Kuh!" Solche Äußerungen waren selten, und ich machte mir nichts daraus. Ich konnte mich ja zur Not verteidigen.

Antisemitismus

Ich bin der Überzeugung, dass der Antisemitismus kein jüdisches Problem ist, vielmehr ist es ein Problem des Antisemiten. Demzufolge bin ich davonüberzeugt, dass Antisemitismus nicht allein **mein** Problem ist.

Wenn mir jemand sagt, dass ich eine minderwertige Person bin, weil ich Menachem Amitai bin, da habe ***ich*** ein Problem. Wenn er aber sagt, ich sei minderwertig, weil ich ein Jude bin, so hat *er* ein Problem.

Der Antisemitismus existiert, wie wir wissen, so lang wie das jüdische Volk existiert. Ein jüdisches Gebet sagt: "In jeder Generation versuchte man uns zu vernichten, aber der Heilige Gott, gelobt sei er, rettet uns von ihnen."

Tatsächlich ist die Geschichte des jüdischen Volkes von Verfolgungen, Verletzungen, Erniedrigungen bis zu Mord begleitet: Von Pharao, den alten Griechen, den Römern, der spanischen Inquisition – bis hin zum Holocaust und dem 7. Oktober 2023 sind dies Beweise für die Richtigkeit dieses Gebets.

In der sogenannten "goldenen Zeit" in Europa und Nordafrika waren die Juden zwar vor Verfolgungen geschützt, jedoch meist nur als

Bürger zweiter Klasse toleriert. Für sie war der Antisemitismus ein Problem. Es wäre auch kein Trost für sie zu wissen, dass der Verfolger die größeren Probleme hatte.

Alan Dershowitz, der weltberühmte Star-Anwalt, beschreibt in seinem Buch "Chuzpe" die Angst der Juden, etwas zu unternehmen, was den Nichtjuden nicht gefallen würde. Er nennt diese Angst "Schande for di Goyim".

(Diese Angst war verständlich, wenn man weiß, dass die Juden sehr dankbar waren, dass sie in den USA frei und gleichberechtigt mit den anderen leben konnten, und sie wollten diese Großzügigkeit nicht aufs Spiel setzen).

Diese Situation der Juden hat sich grundsätzlich verändert mit der Ausrufung des Staates Israel als ein jüdischer Staat. Von nun an mussten die dort lebenden Juden niemandem dankbar sein, weil sie dort als gleichwertige Bürger leben.

Amos Oz, der berühmte israelische Schriftsteller beschreibt diese Veränderung in seinem legendären Buch "Eine Geschichte von Liebe und Finsternis" mit den Worten seines Vaters, Prof. Klausner, am Tag der Ausrufung:

"Rüpel können dich wohl eines Tages attackieren, auf der Straße überfallen. Sie können es genau deswegen tun, weil du ein wenig wie ich bist. Aber seit heute, seit dem Moment, wo wir einen eigenen Staat haben, wirst du nie mehr attackiert, bloß weil du Jude bist und Juden seien so-und-so. Nicht das! Nie wieder! Seit heute Nacht ist das beendet, für immer!"

Die Hoffnung aber, dass der Antisemitismus nach dem Ausrufen des Staates Israel beendet wird, hat sich leider nicht erfüllt: Nun aber wurde der Staat Israel zum Ziel des Antisemitismus was am und nach dem 07.10.2023 offensichtlich wurde.

Seit hunderten von Jahren versuchen Forscher und Gelehrte, Politiker und sonstige Interessenten das Phänomen Antisemitismus zu verstehen. Vielleicht mit der Hoffnung, ihn zu besiegen. Und seit Jahrhunderten gelingt es ihnen nicht.

Der Antisemitismus bleibt bestehen, die Antisemiten sterben nicht aus.

Was hat man nicht alles versucht, um die Antisemiten zu "bekehren": Man erforschte deren Vergangenheit und hat herausgefunden, dass sie eine schwere Kindheit hätten. Man hat ihnen erzählt, wie viel Positives die Juden für die Länder brachten, in welchen sie wohnen durften: In der Literatur, Musik, Medizin etc. Genützt hat es gar nichts. Eine "Aufklärung" oder (Um-)Erziehungsversuch der Antisemiten brachte bis jetzt nichts.

Dass der Antisemitismus nicht zu vernichten ist, ist verständlich, wenn man weiß, dass **die Antisemiten eigene** Probleme haben, die sie gerne projizieren, am liebsten auf die Juden, auch wenn keine Juden da sind.

Wir wissen seit langem von der Psychoanalyse, dass ein bloßes Verstehen der Neurose gar nichts bringt: es gehört die Arbeit an der Übertragung dazu, um eine Entwicklung in Bewegung zu setzen. Und: es ist viel leichter, die eigenen Probleme zu projizieren, als sie zu bearbeiten und zu lösen.

Ein Jahr nach der 11.09.2001 Katastrophe fuhr ich nach New Orleans, zu einer Tagung. Unterwegs las ich einen brillanten Artikel von Bassam Tibi (ein renommierter syrischer Politikwissenschaftler). Es ging um Verständnis für die Entwicklung von islamistischen Terroristen.

Der Artikel war so gut, so dass ich das irrige Gefühl hatte, so könnten wir dem Terror begegnen und ihn sogar besiegen. Als wir in New Orleans landeten, hörte ich von dem Terroranschlag am Bahnhof von Madrid, mit über 200 Toten.

Verstehen Sie mich nicht falsch: auch wenn ich sage, dass Antisemitismus **nicht mein** Problem ist: Natürlich ist die Sicherheit meiner Familie und mir mein Problem. Sollte diese Sicherheit nicht mehr gewährleistet sein, kann ich meine Koffer packen. Und ich habe eine Adresse, wohin ich flüchten kann, nämlich Israel.

Weil ich diese Adresse habe, kann ich mir die Einstellung erlauben, dass ich in Deutschland ein gleichberechtigter Bürger bin, der seine Steuern zahlt, der gute Dienste an Patienten leistet und deswegen keinen Anlass hat, sich für all dies extra bedanken zu müssen.

Ich habe aber gelernt, diese Tatsache, dass ich hier fremd bin, zu akzeptieren und mit ihr gut zu leben. Menschen sind eben verschieden, also auch bin ich es auch. Ich finde es gut so, wie es ist. Genauer gesagt, wie ich bin: Ich habe sehr lange Zeit gebraucht, um zu lernen, mich zu akzeptieren, wie ich bin, also nicht "nimm ein Beispiel an Deinen Bruder!" oder an wen auch immer. Ich bin nicht besser als die anderen, aber auch nicht schlechter.

Auch nicht als Psychotherapeut: Frieda Fromm-Reichmann hat in einer ihrer Schriften geschrieben, dass wir Therapeuten uns von unseren Patienten nur damit unterscheiden, dass wir etwas gelernt haben, da wo sie eine Störung haben. Ansonsten sind wir gleichwertig mit ihnen. Dies ist auch meine persönliche Meinung, meine persönliche Erfahrung. Das hat mit meiner Person und natürlich auch mit meinem Judentum zu tun. Aber ich beobachte dieses Gefühl, nicht dazu zu gehören, bei vielen meiner Patienten. Das hat vielleicht nicht mit deren Religion zu tun, wohl aber mit ihrer persönlichen Entwicklung. Das Gefühl des Fremdseins ist aber gleich. Ich kann gut mit ihm leben. Vielleicht kann das die relativ hohe Zahl an jüdischen Psychotherapeuten und Psychoanalytikern erklären.

1993 erhielt ich einen Anruf von einem mir bis dahin unbekannten jüdischen Analytiker. Er erzählte mir von der Existenz einer kleinen Gruppe jüdischer Psychoanalytiker, die sich jährlich träfe. Er fragte mich, ob ich teilnehmen möchte.

Das wollte ich, und ab dann machte ich mit. Die Gruppe besteht aus jüdischen Analytikern und Kinderanalytikern. Die Themen unserer Treffen sind verschieden. Alles in allem haben sie etwas mit der Frage zu tun, wie wir hier leben und arbeiten und was unsere Arbeit mit unserem Judentum zu tun hat. Die Gruppe existiert nunmehr seit 30 Jahren, ist größer geworden und trotz Verschiedenheiten der Charaktere blieb sie weitgehend stabil. Vielleicht, weil sie keinen Vorstand und keinen Schatzmeister hat, d.h. kein Verein ist. Die Gruppe hat für mich die Bedeutung, dass ich eine Adresse habe, spezifische Themen zu besprechen. Sie war mir eine große Hilfe, als meine Schwester ermordet wurde.

Meine Schwester kam am 26.07.1995 bei einem Suizidanschlag in einem Autobus in Tel Aviv ums Leben. Der einzige Grund für diesen Mord war die Tatsache, dass sie eine Jüdin war. Weder hatte sie etwas gegen Araber, noch tat sie etwas gegen sie. Damit reiht sich dieser

Mord ein in die Ermordung der Familie meines Vaters. Auch sie wurden ermordet, weil sie Juden waren.

Dieser brutale Mord hat mich sehr tief getroffen. Nicht nur deswegen, weil ich meine Schwester sehr geliebt habe. Hinzukam, dass ich plötzlich völlig schutzlos wurde gegen die Angst. Vorher konnte ich mir nicht vorstellen, dass mir so etwas passieren würde. Es war so etwas wie eine narzisstische Schutzhaut, die mir ermöglichte, Ängste zu verleugnen. Die Verleugnung ist eine uns bekannte Abwehrform gegen Ängste und Schmerzen, die einen zu überfluten drohen. So z.B. kann ein Raucher angstfrei weiterrauchen oder ein Jugendlicher weiter ungeschützten Sex haben. Diese Schutzhaut ist bei mir nun gerissen. Viele Jahre darauf war ich nach jeder schlimmen Nachricht völlig fertig. Ich musste mich sehr konzentrieren, um analytisch arbeiten zu können, um die Angst so weit zu verdrängen, dass sie die Übertragung nicht in eine Richtung lenkte, mit der meine Patienten nichts zu tun hatten. Aber das Konzentrieren auf die Arbeit half mir wiederum, die Angst zu bewältigen. Ich merkte während der Sitzung, wie meine Unruhe allmählich wich, wie mein inneres Zittern langsam aufhörte. Ich dachte häufig an meinen Vater, der uns vor seiner Angst um seine Familie in Polen geschützt hatte, bis wir in der Lage waren, diese Angst zu ertragen

Die Jahre danach

Außer diesem schlimmen Verlust meiner Schwester verliefen die Jahre, nach meiner Approbation 1987, reibungslos. Ich arbeitete analytisch und supervidierte in diversen Kliniken, was mir viel Spaß machte. Meine Praxis boomte, ich war – und bin – sehr zufrieden.

Vor allem aber bereiteten mir meine Kinder Freude. Da ich im Souterrain meines Hauses Praktizierte, hatten sie mich immer bei sich, wenn auch in den Pausen zwischen Therapiestunden (jeweils 10 Minuten). Es tat mir – und ihnen – gut.

Ich konnte auch meiner ehemaligen Analytikerin, Gerda Barag, meinen Dank indirekt abstatten, als sie in Nöten war. In den 70-er Jahren unterstützte ich meine Nichte, die Tochter meiner Schwester, während ihres Medizinstudiums finanziell. Als sie 1981 selbst Ärztin im Praktikum war, wurde sie zum Krankenbett von Gerda Barag gerufen, die an Pankreas-Ca litt. Orna, meine Nichte, kannte Gerda durch meine Erzählungen und wusste, was sie für mich bedeutete und wie dankbar ich ihr war. Sie besuchte Gerda und pflegte sie bis zuletzt. Gerda starb kurz danach an einem Herzinfarkt (zum Glück, denn Pankreas Krebs ist extrem schmerzhaft). Ich war – ähnlich wie bei meinem Vater – froh, dass ich, dieses Mal indirekt, der Frau helfen konnte, die für mein Leben so eine große Bedeutung hatte.

Ende 1987 starb meine Mutter an einem Herzinfarkt. Sie war 85 Jahre alt. Kurz danach starb Marie Langer, eine analytische Mutterfigur und Freundin, an Lungenkrebs: Sie war Jahrzehnte lang eine passionierte Raucherin. "Im Übrigen", sagte sie, "das Leben über 80 wäre zu langweilig!" Sie war damals 79 Jahre alt.

Marie war in Wien geboren, wo sie ihre psychoanalytische Ausbildung begann. 1933 flüchtete sie nach Spanien, dann nach Südamerika. Sie war bis zum "Putsch der Generäle" in Argentinien, dann flüchtete sie nach Mexiko. Von dort unternahm sie mehrere Reisen nach Nicaragua, wo sie nach der Revolution der Sandinisten gegen Somosa junge Ärzte psychoanalytisch ausbildete. Sie besuchte öfter Freiburg und Zürich, um mit Supervisionen harte Währung für die Sandinisten zu sammeln, und so lernte ich sie kennen. Sie war noch mit 79 eine wunderschöne Frau. Als es Ende 1987 klar war, dass sie nur noch kurz zu leben hatte, kehrte sie von Mexico nach Argentinien zurück, um bei ihren vier Söhnen ihre letzten Monate zu verbringen. Wir telefonierten in dieser Zeit mehrmals miteinander, bis sie mir eines Tages sagte, dass sie zu müde sei, um zu telefonieren. Ich hörte noch wie der Hörer auf den Boden gefallen ist.

Am nächsten Tag starb sie.

Es gehört zum Älterwerden, dass man Abschied nehmen muss, von Freunden, Wegbegleitern und Elternfiguren, die mir auf meinem analytischen Weg geholfen hatten, deren Freundschaft mir viel bedeutete. Es sind mein Supervisor und Freund Johannes Cremerius, mein Lehranalytiker Horst-Eberhard Richter, mein Freund und Förderer Ulrich Ehebald, Samir Stephanos, Hans Müller-Braunschweig sowie Margarete Mitscherlich und Joyce McDougall. Jeder von ihnen hatte auf seine oder ihre Art mich gelehrt, wofür ich mich bedanken möchte.

Rabbi Chanina schrieb in "Talmud-Bawly Buch" (Gemara): "Ich habe viel von meinen Lehrern gelernt, noch mehr von minen Freunden, und am meisten von meinen Schülern." (Bawly, Taanith, Seite 7, 71)

Ich möchte mich daher bei Freunden und Schülern besonders bedanken:

Joachim Bauer, mein ehemaliger Schüler, ist für dieses Buch (mit)-verantwortlich: Ohne ihn wäre es nie geschrieben. Er weckte bei mir Motivation, gab nir Ideen, kritisierte, motivierte und korrigierte. Ich bedanke mich besonders für seine Idee bezüglich des Titels dieses Buches.

Besonderer Dank gebührt meiner Mitarbeiterin und jahrzentelangen guten Freundin Monika Maiworm. Sie ist ebenso mitverantwortlich für diese Veröffentlichung: Sie begleitete meine Schreibarbeit mit common sense, kritischen Vorschlägen und Korrekturen, mit Optimismus und trockenem Humor, aber vor allem mit sehr viel Geduld!

Peter Hasenknopf und Hinrich Peters sind gute und verlässliche Freunde seit Studienzeiten. Mein guter Freund und lieber Kollege seit Studienzeit, Klaus Rees, ist leider 2023 verstorben.

Es sind aber auch meine Freunde von den jüdischen Psychoanalytikern, die in schweren Stunden geholfen haben, sie zu überstehen.

Tatsächlich aber lernte ich am meisten von meinen Schülern und Patienten, vor allem wie sehr produktiv und lehrreich die Neurose sein kann, wieviel versteckter Humor sie beinhaltet, der beim Genesungs Prozess aufblühen kann. Das Miterleben der Rückkehr des Humors ist eine Wiedergutmachung im wahrsten Sinn des Wortes. Dafür gilt mein besonderer Dank!

Mir ist klar, dass ich nun in der ersten Reihe derer stehe, die irgendwann Abschied nehmen müssen. Es ist daher für mich an der Zeit, auf mein bisheriges Leben zurückzublicken, also auch auf das, was mir die Psychoanalyse gegeben hat

Ich tue mir schwer mit dem Begriff "Analytischer Lebensweg". Mein Lebensweg war nicht analytisch, er war halt ein Lebensweg, der von der Psychoanalyse begleitet und manchmal gelenkt wurde. So gesehen, spielte die Analyse eine große Rolle in meinem Leben - sie tut es noch immer. Ich beschäftigte mich mit der Psychoanalyse seit meinem 19. Lebensjahr, also über sechs Jahrzehnte lang. Anfangs als Patient, später als Kandidat, dann als Psychotherapeut, dann als Supervisor und Lehranalytiker, seit 1998 als Gutachter, seit 2005 als Obergutachter.

Eine abschließende Bilanz

Als ich mit 19 Jahren aus der Armee entlassen wurde, war ich ein Loser. Ich hatte schon eine Reihe von Schulabbrüchen hinter mir und keine Vorstellung, was ich mit meinem Leben anfangen wollte. Es war mein Glück, von der Psychoanalyse gehört zu haben und, dass ich die Behandlung bei Gerda Barag anfing. Die Analyse veränderte mein Leben völlig. Ich konnte meine berufliche, aber vor allem meine persönliche Orientierung finden und realisieren, und es ist eine Privilegierte Arbeit. Nach über 55 Jahren finde ich meine Arbeit immer noch spannend. Ich weiß, dass es in dieser Arbeit Überraschungen gibt, und diese sind immer anders, weil die Menschen verschieden sind.

Schlusswort

Georg Kreisler erzählt in dem Lied die Leidensgeschichte eines Juden, der ein Zuhause in Berlin, New York, Buenos Aires und Israel sucht und nicht findet. Erst als er in seinem alten Schtetl verfolgt, verachtet, ausgenutzt und angegriffen wird, fühlt es sich an wie zu Hause:

"Hier kann man mich benützen und hier geh ich zu Grund."

Das Lied ist weitgehend autobiografisch: Kreisler wurde in Wien geboren, nach USA geflüchtet vor den Nazis, nach dem Krieg kehrte er zurück nach Wien, von dort nach Basel und dann, mit 85 Jahren nach Salzburg, um in Österreich zu sterben.

Das Lied heißt: "Ich fühl' mich nicht zu Hause".

Über dieses Thema haben wir korrespondiert, und ich sagte ihm, dass ich hier – d.h. in Deutschland, genauer gesagt in Freiburg, mich zu Hause fühle, obwohl Deutschland nicht meine Heimat ist: Meine Heimat war und ist Israel, zu Hause bin ich aber in Deutschland.

Arbeit im häuslichen Garten 2007

Es waren deutsche Institutionen, Stiftungen, auch Privatleute, die mir über Jahre geholfen haben, sorgenfrei zu studieren und einen Beruf zu ergreifen, der mich seit über 50 Jahre erfüllt.

Ich lebe seit 1959 in Deutschland, habe hier Familie und Freunde, Bekannte, Patienten und Schüler, mit/bei denen ich mich zu Hause fühle.

Man kann ein ½ Glas Wasser als halb voll oder halb leer sehen.

Mein Glas in Deutschland ist – mehr als halbvoll.

Hier fühle ich mich zu Hause.*

* Robert Habeck beendete seine Festansprache zur Verleihung des Karlspreises an Oberrabbiner Pinchas Goldschmidt am 9. Mai 2024 in Aachen mit den Worten: " Zu Hause. Angekommen. Heimat Europa."

Menachem Amitais Bibliographie

1. Von Menachem Amitai

Die Behandlung Drogenabhängiger, Menachem Amitai, Hans Dickhaut, Peter Hasenknopf, Jürgen von Scheidt (Hrsg.) Nymphenburg 1974.

Der Nervenarzt 1973.

Die Zwangsneurose, Psyche 33/1977.

Dr. Arthur Muthmann, Psyche 1984, Heft 8, Januar.

Spiegelprozesse in Psychotherapie und Kunsttherapie. Mit Joachim Bauer "Spiegelneuronen – Neurologische Basis", V&R Dezember 2013.

2. Über Menachem Amitai

Matthias Penzel, Ambros Waibel: "Rebell in Cola-Hinterland, Jörg Fauser Biographie" CB Langplayer, April 2014.

Simone Harre: "Vom Glück in Freiburg", emons 2013.

Georg Kreisler, 10 Briefe an Menachem Amitai:"Doch Gefunden Hat Man Mich Nicht", Atrium. Zürich 2014.

Erhard Roy Wiehn

MenschWerden

Mit *Kaddisch. Totengebet in Polen – Reisegespräche und Zeitzeugnisse gegen Vergessen in Deutschland* (Darmstadt 1984, 2. Aufl. 1987) ist in vierzigjährigem Rückblick ein für meinen ersten einschlägigen Band der *Edition Schoah & Judaica* ein Glückstitel gelungen, zu dem es kaum ein treffendere Art von Abschlusstitel geben konnte als den von Menachem Amitai: "Ich nehme es Ihnen nicht übel, dass Sie Jude sind."

Das ist ein Titel, der es in sich hat, der absolut passende Titel zu einer absolut außergewöhnlichen Biographie, nämlich der eines in Israel geborenen Juden, der nach seiner Kindheit in Israel seine Ausbildung als Arzt und sein Berufsleben als Psychotherapeut in Deutschland verbringt, um am Ende zu schreiben: "Hier bin ich fremd" - und "Fühle ich mich zu Hause". Ein fabelhafter Schlusssatz.

In Israel hatte Menachem Amitai seine Kindheit, Schulzeit und Militärzeit verbracht, hat am Suez-Krieg 1956 teilgenommen, erste Berufsversuche gemacht und Schiffbrüche überlebt, nicht zuletzt den Zweiten Bildungsweg in Israel geschafft – und dann eben den großen Schritt nach Deutschland gewagt, ehemalige NS-Parteigenossen erlebt bis hin zu einem Professor, der sich den öminösen Satz einfallen lässt und ausspricht: "Herr Amitai, ich nehme es Ihnen nicht übel, dass Sie Jude sind" – der schlagfertig antwortet: "Herr Professor, da fällt mir aber ein Stein vom Herzen!" (Hier S. 47)

Der Jude aus Israel erlebt in Deutschland vieles, was nur er hier erleben kann, wird hierzulande auch mit bedeutenden Persönlichkeiten bekannt und findet seine lebbare Einstellung zum Antisemitismus, nämlich schlicht und einfach: "Der Antisemitismus bleibt bestehen, die Antisemiten sterben nicht aus." (Hier S. 120). Vor allem bleibt er seinem Judentum treu: "Ich habe aber gelernt, diese Tatsache, dass ich hier fremd bin, zu akzeptieren und mit ihr gut zu leben. Menschen sind eben verschieden, also bin ich es auch. Ich finde es gut so, wie es ist. Genauer gesagt, wie ich bin." – "Meine Identität ist jüdisch. Sie stand auch nie zur Debatte." (Hier S. 118) Fabelhaft.

Menachem Amitai lässt uns manche letzte Stunde mancher naher Mitmenschen hautnah miterleben, aber auch das Glück glücklicher Momente seines Lebens und nicht zuletzt den Attentats-Tod seiner geliebten Schwester in Israel, er ihn tief berührt. Nichts oder zumindest wenig Menschliches scheint ihm fremd, so auch der Humor nicht. Er hat hiermit ein Buch vorgelegt, das Buch seines Lebens, ein denkwürdiges Zeitdokument, das man gewissermaßen als Krönung unsere Edition Schoah & Judaica von mehr als 400 Publikationen ansehen könnte und das bis jetzt absolut noch fehlte.

An der Vita Menachem Amitais kann man erahnen, was die jüdische Philosophin Margarete Susman meinte, als sie (1932) schrieb: "Und damit zeigt sich: das, wozu der Jude aufgerufen ist, nichts—absolut nichts: als: Mensch zu werden. Das Höre Israel! – ich bin der einzige Dein Gott – bedeutet dasselbe wie: Werde Mensch! Denn Mensch werden ist nichts anderes als sich Gott entgegenbilden."[*]

28./30. April – 10. Mai 2024[**]

[*] Margarete Susman; Vom Geheimnis der Freiheit. Darmstadt 1965, S. 116.; Margarete Susman "Das Nah- und Fernsein des Fremden" – Essays und Briefe. Frankfurt/M. 1992, S. S. 26ff.; dazu die Ansprachen zur Verleihung des Karlspreises am 9. Mai 2024 in Aachen an Oberrabbiner Pinchas Goldschmidt, besonders die Rede von Dr. Robert Habeck.

[**] Der Text wurde auf Rechtschreibung geprüft, für verbliebene Fehler ist der Herausgeber verantwortlich. (08.05.2024)

Anhang

Kommentar Dr. R. Walter

Ich habe einen Blick in den Text getan und ihn, in einem Zug, gelesen. Humor, Lakonie, Noblesse, Selbstzurücknahme, Erzählfreude haben mir gut gefallen. Nicht nur der zeitgeschichtliche Hintergrund im Blick auf die Erfahrungen in Israel, der Aspekt eines jüdischen Lebens in Deutschland und die Frage nach jüdischer Identität sind spannend, bewegend sind auch die menschlichen Aspekte, die Erinnerungen an Cremerius, Richter, Kreisler, Margarete Mitscherlich ua., auch die empathische Menschlichkeit (z.B. die Sterbegleitung: "Unkraut vergeht nicht"!) , die - anekdotisch - immer wieder durchscheint und freilich auch manches eher Private einschließt. (Ich kenne Menschen, die seinerzeit in Freiburg mit ihm gearbeitet haben und seine Art als sehr wohltuend empfanden.) Dr. Rudolf Werner, Herder Verlag.

Dr. med. Menachem Amitai

Arzt und Psychologe, Psychoanalytiker, Jahrgang 1938, seit 1959 in Deutschland, Studium der Medizin und Psychologie in München, Tübingen und Giessen; wohnhaft mit Familie in Freiburg.

Prof. h.c. Dr. Drs. h.c. Erhard Roy Wiehn, M.A.

Professor (em.) im Fachbereich Geschichte und Soziologie der Universität Konstanz; Veröffentlichungen vor allem zur Schoáh & Judaica:

https://de.wikipedia.org/wiki/Erhard_Roy_Wiehn
www.uni-konstanz.de/soziologie/judaica
www.hartung-gorre.de

Edition Schoáh & Judaica/Jewish Studies – seit/since 1984
von/by Prof. (em.) Erhard Roy Wiehn, Universität Konstanz
Hartung-Gorre Verlag/Publishers, Konstanz, Germany

2023

1) Erhard Roy Wiehn (Hg.), Jüdinnen und Juden in Sibirien – Ein fast vergessenes Verbrechen. Konstanz (Januar) 2023, 102 Seiten. ISBN 978-3-86628-782-2

2) Erhard Roy Wiehn (Hg.), Jüdinnen und Juden in Transnistrien – Ein fast vergessenes Verbrechen. Konstanz (Februar) 2023; 100 Seiten. ISBN 978-3-86628-783-9

3) Erhard Roy Wiehn (Hg.), Erinnerungsarbeit für die Zukunft – Frühe bis jüngste Vorworte der Edition Schoah & Judaica Konstanz (März) 2023, 154 Seiten. ISBN 978-3-985-3

4) Erhard Roy Wiehn (Hg.), Jüdisches Leben im Dorf und Schtetl. – Rückblicke auf vernichtete Welten. Konstanz (April) 2023, 90 Seiten. ISBN 978-3-86628-775-4

5) Matthias Messmer, Überraschende Judaica in der Welt – Reiseberichte, Analysen, Rezensionen. Konstanz (April) 2023, 232 Seiten. ISBN 978-3-86628-787-7

6) Erhard Roy Wiehn (Hg.), Leiden in Berlin - Überleben in Schanghai. Edition Schoah & Judaica. Vierzehn Einführungen. Konstanz (Mai) 2023, 122 Seiten. ISBN 978-3-86628-749-5

7) David Murlakov, Nevertheless In the Image of God. The true survival story during the Holocaust and after. Konstanz (Mai) 2923. ISBN-978-3-86628-79-1

8) Erhard Roy Wiehn (Hg.), Verdichtungen, Gedichte, Verse, Reime in der Edition Schoah & Judaica. Sieben Einführungen. Konstanz 71 Seiten. 71 Seiten. ISBN978-3-86628-793-8

9) Erhard Roy Wiehn (Hg.), Eltern und Kinder im Holocaust. – Erinnerungen Überlebender im Zweiten Weltkrieg. Konstanz. 2023., 315 Seiten. ISBN 978-5-86628-790-7

10) Marie-Elisabeth Rehn, Der Baron vom Konstanzer Hauptzoll – The Baron oft he Main Customs im Constance - Salomon Picard und seine Söhne – Salomon Picard and his sons 1885-1974, 97 Seiten, Fotos. ISBN 878-3-86628-794-5

11) Erhard Roy Wiehn (Hg.), Erinnert und gewarnt – Eine Zwischenbilanz 1992-2024, !07 Seiten. ISBN 978-3-86628-760-0

12) Erhard Roy Wiehn (H.), Ralf Dahrendorf Hommage – Zur neuen Ralf-Dahrendorf-Straße in der alten Stadt Konstanz. Erinnerungen. Mit weiteren Beiträgen. Konstanz (November) 2023, 112 Seiten. ISBN 978-3-86628-805-8.

2024

1) Erhard Roy Wiehn (Hg.), Gegen Vergessen III – Jahresarchiv 2023. Zehn Einführungen der Edition Schoáh & Judaica und Mails aus meinem Lebenskontext Postscript by Rabbi Peter Kasdan. Konstanz. *(*Januar) 2024, 205 Seiten, ISBN 978-3-86628-812-6

2) Irene Gabriele Gill, Ein Flüchtlingsleben – Erfahrungen einer dem Holocaust Entkommenen. Konstanz*)* 2024., 262 Seiten.

3) Erhard Roy Wiehn (Hg.), Hommagen an Menschen und anderes. Konstanz (März) 2024, 121 Seiten. ISBN 978-3-86628-795-2

4) Erhard Roy Wiehn (Hg.), Jüdischkeit im Holocaust – Erinnerungen. Konstanz (März) 2024, 153 Seiten. ISBN 978-3-86628-813-3

5) *Meachem Amitai, "Ich nehme es Ihnen nicht übel, dass Sie Jude sind." – Ein jüdischer Psychoanalytiker in Deutschland. Konstanz (Mai) 2024, 130 Seiten, Fotos. ISBN 978-3-86628-819-5*

6) Christel Wollmann-Fiedler, Judaica und Israelia – Biographische, Dichtung, Feste, Interviews, Kunst, Reiseberichte, Rezensionen. Sommer 2024.

7) Erhard Roy Wiehn Ug.), Kinder im Holocaust. Konstanz 2024, 222 Seiten.

8) Erhard Roy Wiehn (Hg.), Gretel Baum Merom – Hommage an eine zionistische Pionierin 1913-2019. Konstanz 2024, 112 Seiten, Fotos.

9) Erhard Roy Wiehn (Hg.), Schlomo Marcus 1910-2014 – Hommage an einen hebräischen Humanisten. Konstanz 2024, 92 Seiten, Fotos.

10) Geplant: Jahresarchiv 2024 – Neueste Einführungen u.a. Konstanz (Jahresende) 2024.

Zu beziehen bei/can be ordered from Verlagsbuchhandlung Hartung-Gorre 78465 Konstanz, Germany – Telefon +49 (0)7533/97227 – Fax 97228 E-mail: Hartung.Gorre@t-online.de & verlag@hartung-gorre.de oder durch den Buchhandel/or at your book shop http://www.hartung-gorre.de

Dazu separater Verlagskatalog 2023 der Schoáh & Judaica-Publikationen von Erhard Roy Wiehn.

135

Erhard Roy Wiehn (Hg.)

Jüdische Hommagen

an Menschen und anderes

Edition Schoáh & Judaica
Hartung-Gorre Verlag Konstanz
2024

136

Erhard Roy Wiehn (Hg.)

Jüdischkeit

im Holocaust

Überlebensgeist und Überlebenskraft

Hartung-Gorre Verlag Konstanz
2024